吴良镛院士主编：人居环境科学丛书

生态地区的创造：
都江堰灌区的本土人居智慧与
当代价值

**Creating Ecological Regions:
Indigenous Wisdom for Sustainable Living in Dujiangyan
Irrigation Region**

袁 琳 著

中国建筑工业出版社

图书在版编目（CIP）数据

生态地区的创造：都江堰灌区的本土人居智慧与当代价值／
袁琳著. —北京：中国建筑工业出版社，2018.9
（人居环境科学丛书）
ISBN 978-7-112-22475-3

Ⅰ.①生… Ⅱ.①袁… Ⅲ.①居住环境－研究－都江堰市
Ⅳ.①X21

中国版本图书馆CIP数据核字（2018）第168794号

责任编辑：徐晓飞　张　明
责任校对：王雪竹

吴良镛院士主编：人居环境科学丛书

生态地区的创造：都江堰灌区的本土人居智慧与当代价值
袁琳　著
＊
中国建筑工业出版社出版、发行（北京海淀三里河路9号）
各地新华书店、建筑书店经销
北京锋尚制版有限公司制版
北京中科印刷有限公司印刷
＊
开本：787×1092毫米　1/16　印张：16¾　字数：280千字
2018年9月第一版　2018年9月第一次印刷
定价：60.00元
ISBN 978－7－112－22475－3
　　　（32561）

天地之生殖资民之用，人事之生殖育民之天。

此语源自《天启成都府志》："成都有天地之生殖，有人事之生殖也。大蓬雪岭青城瓦屋岷嶓环绕，周如城垣，而殖货业茂，此天地之生殖也。神禹导江浚川，李冰穿江疏渠，令蛟蜃怖藏，卒开沃野千里之利，此人事之生殖也。天地之生殖资民之用，人事之生殖育民之天。"

本研究受以下基金支持：

- 国家自然科学基金，51708322，GIS 支持下的都江堰灌区传统人居环境营建模式、形成机制与生态智慧研究

  （项目时间：2018/01-2020/12）

- 教育部人文社科基金，15YJCZH215，都江堰灌区传统人居环境实践模式及其当代生态文明价值研究

  （项目时间：2015/09-2018/12）

- 亚热带建筑科学国家重点实验室开放课题，2017ZB03，都江堰灌区传统人居环境营建智慧及其在当代城乡规划中的应用研究

  （项目时间：2017-2018）

"人居环境科学丛书"缘起

18世纪中叶以来，随着工业革命的推进，世界城市化发展逐步加快，同时城市问题也日益加剧。人们在积极寻求对策不断探索的过程中，在不同学科的基础上，逐渐形成和发展了一些近现代的城市规划理论。其中，以建筑学、经济学、社会学、地理学等为基础的有关理论发展最快，就其学术本身来说，它们都言之成理，持之有故，然而，实际效果证明，仍存在着一定的专业的局限，难以全然适应发展需要，切实地解决问题。

在此情况下，近半个世纪以来，由于系统论、控制论、协同论的建立，交叉学科、边缘学科的发展，不少学者对扩大城市研究作了种种探索。其中希腊建筑师道萨迪亚斯（C.A.Doxiadis）所提出的"人类聚居学"（EKISTICS：The Science of Human Settlements）就是一个突出的例子。道氏强调把包括乡村、城镇、城市等在内的所有人类住区作为一个整体，从人类住区的"元素"（自然、人、社会、房屋、网络）进行广义的系统的研究，展扩了研究的领域，他本人的学术活动在20世纪60～70年代期间曾一度颇为活跃。系统研究区域和城市发展的学术思想，在道氏和其他众多先驱的倡导下，在国际社会取得了越来越大的影响，深入到了人类聚居环境的方方面面。

近年来，中国城市化也进入了加速阶段，取得了极大的成就，同时在城市发展过程中也出现了种种错综复杂的问题。作为科学工作者，我们迫切地感到城乡建筑工作者在这方面的学术储备还不够，现有的建筑和城市规划科学对实践中的许多问题缺乏确切、完整的对策。目前，尽管投入轰轰烈烈的城镇建设的专业众多，但是它们缺乏共同认可的专业指导思想和协同努力的目标，因而迫切需要发展新的学术概念，对一系列聚居、社会和环境问题作进一步的综合论证和整体思考，以适应时代发展的需要。

为此，十多年前我在"人类居住"概念的启发下，写成了"广义建筑学"，嗣后仍在继续进行探索。1993年8月利用中科院技术科学部学部大会要我作学术报告的机会，我特邀约周干峙、林志群同志一起分析了当前建筑业的形势和问题，第一次正式提出要建立"人居环境科学"（见吴良镛、周干峙、林志群著《中国建设事业的今天和明天》，城市出版社，1994）。人居环境科学针对城乡建设中的实际问题，尝试建立一种以人与自然的协调为中心、以居住环境为研究对象的新的学科群。

建立人居环境科学还有重要的社会意义。过去，城乡之间在经济上相互依赖，现在更主要的则是在生态上互相保护，城市的"肺"已不再是公园，而是城乡之间广阔的生态绿地，在巨型城市形态中，要保护好生态绿地空间。有位外国学者从事长江三角洲规划，把上海到苏锡常之间全都规划成城市，不留生态绿地空间，显然行不通。在过去渐进发展的情况下，许多问题慢慢暴露，尚可逐步调整，现在发展速度太快，在全球化、跨国资本的影响下，政府的行政职能可以驾驭的范围与程度相对减弱，稍稍不慎，都有可能带来大的"规划灾难"（planning disasters）。因此，我觉得要把城市规划提到环境保护的高度，这与自然科学和环境工程上的环境保护是一致的，但城市规划以人为中心，或称之为人居环境，这比环保工程复杂多了。现在隐藏的问题很多，不保护好生存环境，就可能导致生存危机，甚至社会危机，国外有很多这样的例子。从这个角度看，城市规划是具体地也是整体地落实可持续发展国策、环保国策的重要途径。可持续发展作为世界发展的主题，也是我们最大的问题，似乎显得很抽象，但如果从城市规划的角度深入地认识，就很具体，我们的工作也就有生命力。"凡事预则立，不预则废"，这个问题如果被真正认识了，规划的发展将是很快的。在我国意识到环境问题，发展环保事业并不是很久的事，城市规划亦当如此，如果被普遍认识了，找到合适的途径，问题的解决就快了。

对此，社会与学术界作出了积极的反应，如在国家自然科学基金资助与支持下，推动某些高等建筑规划院校召开了四次全国性的学术会议，讨论人居环境科学问题；清华大学于1995年11月正式成立"人居环境研究中心"，1999年开设"人居环境科学概论"课程，有些高校也开设此类课程等等，人居环境科学的建设工作正在陆续推进之中。

当然，"人居环境科学"尚处于始创阶段，我们仍在吸取有关学科的思想，努力尝试总结国内外经验教训，结合实际走自己的路。通过几年在实践中的探索，可以说以下几点逐步明确：

(1) 人居环境科学是一个开放的学科体系，是围绕城乡发展诸多问题进行研究的学科群，因此我们称之为"人居环境科学"（The Sciences of Human Settlements，英文的科学用多数而不用单数，这是指在一定时期内尚难形成为单一学科），而不是"人居环境学"（我早期发表的文章中曾用此名称）。

(2) 在研究方法上进行融贯的综合研究，即先从中国建设的实际出发，以问题为中心，主动地从所涉及的主要的相关学科中吸取智慧，有意识地寻找城乡人居环境发展的新范式（paradigm），不断地推进学科的发展。

(3) 正因为人居环境科学是一开放的体系，对这样一个浩大的工程，我们工作重点放在运用人居环境科学的基本观念，根据实际情况和要解决的实际问题，做一些专题性的探讨，同时兼顾对基本理论、基础性工作与学术框架的探索，两者同时并举，相互促进。丛书的编著，也是成熟一本出版一本，目前尚不成系列，但希望能及早做到这一点。

希望并欢迎有更多的从事人居环境科学的开拓工作，有更多的著作列入该丛书的出版。

1998 年 4 月 28 日

序

　　建设人与自然和谐的人居环境是人类可持续发展的基本要求，在多年来的研究与实践中，"生态"一直是我们讨论人居环境的重要议题。在长三角、京津冀、滇西北等区域研究中，我们都特别强调对自然地带、传统农业地区的保护，强调公园与生态廊道的建设以及与地区自然生态系统相协调的城镇格局与城镇化模式的研究。近年来，国家对"生态文明"前所未有的重视，这为深入研究和探索人居环境生态可持续发展方法、路径创造了难得的外部环境，青年学者致力于这方面的研究工作恰逢其时。

　　袁琳是我的博士研究生，随我攻读博士学位的几年中，他全程参加了"中国人居史"的研究工作，并出色地完成了相关任务。在研究中，他尤其对"人与自然"的部分颇有兴趣，我觉得这是人居史中非常重要的议题，因而鼓励他沿着这一线索发展，努力在人居环境生态理论与实践方面有所推进。他的博士论文选择了成都平原都江堰灌区开展具体研究，这是中国历史上重要的"基本经济区"之一，是最重要的精华农业地区之一，也是深入研究和剖析本土人居生态实践的"富矿"地区，可以预见重要的研究成果。2013年，他以《从都江堰灌区发展论成都平原人居环境的生态文明》为题顺利完成博士论文，论文获得评委一致好评，也获得了当年的清华大学优秀博士论文一等奖，之后在此基础上继续修改完善完成此书，更名为《生态地区的创造：都江堰灌区的本土人居智慧与当代价值》，出版之日正值国家生态文明深入推进之时，可见当初选题的前瞻，我也为他取得的成绩感到欣慰。

　　这项研究以都江堰"水利区"为基本单元，通过全面的搜集、整理和分析这一地区的历史文献、考古资料，从多个实践范畴总结了这一地区人居生态实践的本土模式，阐释了传统人居实践的生态哲学基础，并将这一地区的本土人居智慧总结为"生态地区的创造"，颇显当代价值。除了本土智慧的研究，书中还结合当前这一地区的城乡发展态势，综合历史与国际经验提出若干城乡实践改良建议，尤其是针对都江堰精华农业地区保护的理论探讨，体现了对这一地区生态可持续发展的深入思考。

　　成都城市发展逐步提速，有称"成都为充满活力的磁石"，不问发展如何，可以肯定的是成都将成为西部大开发的中心，其发展特别值得关注。近几年，成都又出现了"西控"、"都江堰精华灌区修复"、"公园城市"等城市发展新议题，因而更加值得跟进研究创新人居理论与实践模式。这本论著选题前瞻，研究持续多年，论文中的相关论述对今后该地区的城镇化布局、生态建设、遗产保护等方面的工作都具有重要的参考价值。我希望他能持续对这一"富矿"地区的研究，融入时代大潮，经世致用，也希望在不久的未来能看到他更多的学术成果，回应我们所处的生态文明新时代。

清华大学教授、两院院士、国家最高科学技术奖获得者

2018 年 8 月 2 日

摘 要

　　古代中国有着深厚的创造人与自然和谐人居环境的实践经验，这其中蕴含的丰富的生态智慧不论在工程实践还是在文化建设方面都有深厚的积累。在提倡文化自觉与文化复兴的当代背景下，从中国历史经验出发探索人居生态实践的本土模式也是推进生态文明背景下人居理论与实践创新发展的重要途径。

　　研究将成都平原都江堰灌区作为典型范例，结合丰富的历史文献与考古资料，从营建、调适、治理、成境等四个实践范畴分别叙述与总结了这一地区的人居环境实践特征，包括：整体有机的地景格局、推理酌情的地区调适、系统均和的自然管理与天地境界的整体胜境等。在此基础上，结合古代哲学与文化，研究阐释了传统人居实践的生态哲学基础，将其概括为一种以生命为主体思维的人地秩序构建过程，实践过程注重"情理交融"，不但强调了"合天理"，而且要求"体生意"。研究运用借古开今的史学观念，注重本土历史经验的当代阐释，将都江堰灌区的本土人居智慧概括为"生态地区的创造"。

　　当代生态文明建设正在为都江堰灌区人居环境的生态可持续发展带来更多可能，研究还结合历史与国际经验为当前的发展路径提出相关建议，包括构建都江堰灌区文化景观保护区、加强以历史水系恢复为基础的调适减灾、推进小规模生态化乡村人居改造试点、充分运用传统生态信息改善地区风景等，期待新时代背景下这一地区的生态重建。

Abstract

Traditional human settlements in China always contained plenty of ecological wisdom which could still provide inspirations and ideas for ecological sustainable development nowadays. Selecting the Dujiangyan Irrigation Region as the exemplary case on ecological practice in ancient China, by detailed analysis on plenty of historical materials, this research summarized its traditional ecological practice characteristics from four aspects: building holistic organic regional landscape pattern, reasonable regional adaptation to the flood, systematic coordinated governance on natural system and making holistic Shengjing for living. Based on Chinese ancient philosophies, the research explained the general theory of traditional ecological practice as a process to create living order between human and land by life thinking, which practice emphasized the integration of reasonable and feeling approaches. By the purpose of reinterpreting the historical experience to inspire contemporary practice, the indigenous wisdom of human settlements in Dujiangyan Irrigation Region was summarized as "creating ecological region".

Ecological civilization nowadays brings more possibilities for ecological sustainable development in Dujiangyan Irrigation Region. By comparing with historical and international experience, this research also proposed some suggestion for further development in this region, such as to establish cultural landscape protection area in Dujiangyan Irrgation rural areas, to restore old water systems to mitigate flood, to promote small scale and ecological regeneration of rural human settlements and to improve regional landscape by using traditional ecological knowledge, which can lead ecological restoration in this region in the New Era.

目　录

图目录

表目录

第 1 章 —— 绪论

1.1　引言：发掘中国本土人居生态实践经验与理论

　　人居环境建设本当以构建人与自然和谐秩序为第一要义，而在工业化和快速城镇化进程中，中国人居环境建设正呈现出人与自然持续异化的面貌，大地山水与各种生态系统长期不被重视，传统中国数千年来经由艰辛劳动孕育的土地与人工自然系统的生态价值受到重视就更少。无序城镇化和土地滥用带来的土地丧失，传统农村生态系统的衰败，越来越严重的地区性洪涝灾害，不断衰退的山水风景等都是这种日益严重的异化现象表现出来的种种结果。

　　近年来，我国确定了以"生态文明"建设为核心的五位一体的发展框架，将"生态文明"建设提高到前所未有的高度，表现出对生态问题的高度重视。习总书记提出的"两山论"、"山水林田湖是一个生命共同体"等论断，使得尊重自然、顺应自然、保护自然的理念深入人心，推进了发展和保护相统一的生态文明发展新范式。与此同时，相关的顶层设计的推进，以及相关的生态文明制度的逐步建立标志着中国逐步走进生态文明新时代，生态文明的推动正期待为全社会带来"最普惠的民生福祉"。

　　生态文明建设是一种文明转型，其目的是促进生态平衡，实现人与自然之和谐，这一过程是综合的改良，既涉及社会经济等物质文明建设，也涉及文化、伦理等精神文明建设，全方位地体现了人与自然关系的进步。生态文明建设大背景下的人居环境实践，不仅要求人们对生态危机有"知"的了解，还必须要深入探索合理"行"的方法。如何在当代中国城镇化大背景中恰当认识人居环境建设与大地自然的"异化"现象，又该如何构建相关的人居环境实践理论，促进生态的改善，已经成为当代中国面临的重要问题。

　　"历史上向前一步的进展，往往是伴随着向后一步的探本穷源。"[①] 传统中国

---

① 宗白华. 中国艺术意境之诞生 // 宗白华. 美学与意境 [M]. 北京：人民出版社，2009：189.

有着深厚的创造人与自然和谐人居环境的实践经验，大量环境宜人的山水城市、传统村落、风景区都是由古人长年累月持续化育、营造而成，这其中蕴含的丰富的生态智慧不论在工程实践还是在文化建设方面都有深厚的积累。当代中国提倡文化自觉与文化复兴，从中国本土经验出发探索生态实践的本土模式也是推进生态文明背景下人居环境实践模式创新发展的重要途径。

1.2　典型案例的选择：古代都江堰灌区

都江堰灌区是中国历史上最为重要的农耕地区之一，都江堰水利工程引领下的数千平方公里的成都平原形成了发达的水网、肥沃的土壤，水系支撑了众多城镇与乡村聚落两千年来的可持续发展，除了宋代末年与明末清初的战乱影响，这一地区在历史上的大多时间都维持繁盛的人居景象，被称为"天府之国"，是全世界公认的维持人与自然和谐的典范地区，其人居环境建设模式蕴含的丰富生态智慧对于当今人类发展仍是一笔难得的财富。自古以来就有有识之士重视都江堰普世价值的发掘与推广，例如清代道士王来通就有将都江堰建设经验推广到中国九州的设想，而时至今日，人们对于都江堰从水利方面认识较多，对其人居环境生态实践的综合认识较少。

麦克·哈格认为："生态规划方法最重要的特点是在于它的综合性"，对于生态的研究要"选择人类占统治地位的活动场所"[①]展开。古代都江堰灌区定义了一个水网发达的流域单元，一个古代中国典型的基本经济区，并形成了一个城市、乡村共同发展的"区域体系"[②]，都江堰灌区城、乡、自然人居体系构成完整，既涉及人类干预下的自然生态系统的发育，又包涵丰富的城乡建设活动与人类文化，是分析和研究本土人居环境生态实践的难得对象。

与此同时，这一地区历史悠久，文人聚集，修志著述诗文辞赋相对较多，而今人的历史文献整理、历史研究与考古发掘成果也相对较为丰富，这都为研究的开展

---

① ［美］伊恩·伦诺克斯·麦克哈格著．芮经纬译．设计结合自然［M］．天津：天津大学出版社，2006：3.
② 施坚雅认为："区域体系理论的基本模式大体上适用于所有农业社会，即以农民为基础的文明。欧亚农业社会具有一些结构上的规律性。……大区经济形成于流域盆地联系的主要的自然地理区域之中。"从经济的角度："在农业中国的情况下，把江河流域当作地区的决定因素是特别合适的，因为在中国，粮仓和生产技术特别适宜在平原——山谷的生态环境，而且水运是最重要的问题。在多数中国地区里，水系提供了运输网的支架，运输网又是地区功能一体化的基础。"［美］施坚雅主编．叶光庭等译．中华帝国晚期的城市［M］．北京：中华书局，2000：2.

提供了有利条件，有利于从建设、文化、社会、宗教、治理等各个方面进行集中的解读，便于综合地发掘传统人居环境生态实践的本土特征，提炼智慧，以资当代。

本文的研究范围以古代都江堰灌区为核心，以整个成都平原为外延（图1-1）。

民国时期的《都江堰水利述要》中对古代都江堰灌区有如下描述："成都平原（笔

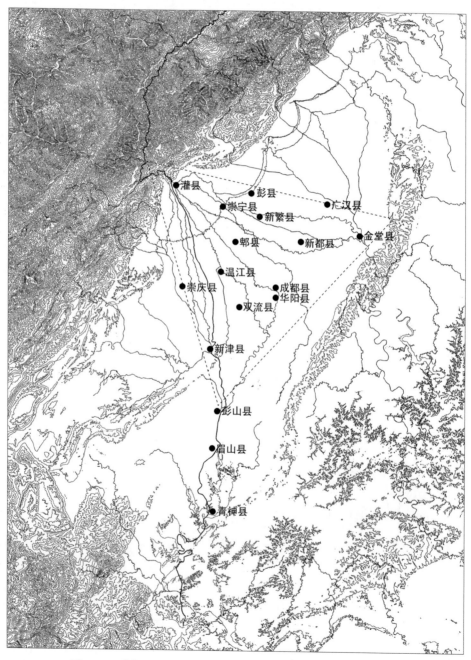

图1-1 成都平原——都江堰灌区十七县——核心十四县

正三角形为核心十四县范围示意（图片来源：自绘）

者按：此处指代都江堰灌区），形如三角，以灌县为顶点，而以金堂，成都，新津为底。……包括十四县（图 1-2）：灌县（今都江堰市），郫县（今郫都区），崇庆县（今崇州市），崇宁县（主体并入郫县，今唐昌镇为旧县城），彭县（今彭州市），新都县（今新都区），新繁县（旧新繁县、新都县合为新都县），华阳县，成都县（华阳县、成都县为今成都市），金堂县，温江县（今温江区），双流县（今双流区），新津县，广汉县（今广汉市）。自灌县至成都，相距约 60 公里，其高度相差约为 300 米。在此平原内，除少数丘陵外，别无起伏，坡度平匀逐渐倾下，引水灌溉，至为便利。岷江下游，在新津县附郭，又汇合西南两河之水，设通济堰，灌溉新（津）、彭（山）、眉（山）三县之田。又在眉山县境内萧家壩起水，设鸿化堰，灌溉青神县田二万亩。除新津已包括上列十四县内，外再加彭、眉、青三县，故都江堰灌溉区，凡十有七县。"[1] 本研究就以这十七县（图 1-3）作为研究范围，其中尤其以主体的十四县为重（面积约 3000 平方公里）。外延范围的成都平原，狭义指岷江、沱江冲积平原，面积约 7000 平方公里，包含了核心的古代都江堰灌区范围。广义的成都平原指介于龙门山、龙泉山、邛崃山之间

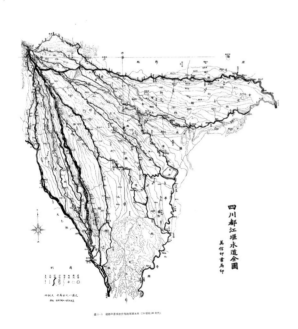

图 1-2　都江堰灌区十四县水道全图
（图片来源：谭徐明 . 都江堰史 [M]. 北京：水利水电出版社，2009.）

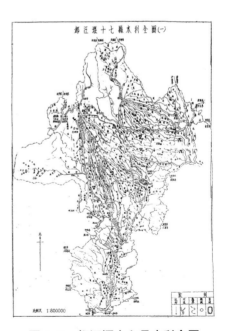

图 1-3　都江堰十七县水利全图
（图片来源：四川省水利局 . 都江堰水利述要 . 四川省水利局，民国 27 年 .）

---

① 四川省水利局编 . 都江堰水利述要 . 四川省水利局，民国 27 年 .

的广大平原与丘陵地区，面积为 2 万多平方公里。历史学家王笛认为，成都平原范围包括了绵竹、什邡、彭县、灌县、崇宁、广汉、新都、新繁、成都、华阳、郫县、温江、双流、新津、彭山、眉山、青神、崇庆、大邑、邛崃、蒲江、名山、丹棱、洪雅、夹江等 25 个县的全部，以及峨眉、乐山、金堂、德阳 4 县的一部分。[①]现由成都、德阳、绵阳、眉山、乐山、雅安六市管辖。

1.3　基础资料与相关研究现状

1.3.1　有关都江堰灌区历史人居环境的基础资料

有关成都平原都江堰灌区的历史资料整理与历史研究工作已经有很多积累，本研究涉及通史类文献，也包括了城市、水利、农业等专业史类文献，以及分门别类的各种历史文献汇编，此外还有较为丰富的地方志文献与历史图像资料。

（1）正史与地方历史文献集成。"二十五史"等正史典籍中包含的地方文献资料相对分散。而地方典籍中的通史、类书和今人编纂的集成类资料是地方史研究中使用较为便捷、高效的资料。古代都江堰地区的地方文献集成涉及艺文、宗教、水利、灾害等方面，例如：艺文方面的重要集成有明代《全蜀艺文志》、清代《蜀中名胜记》、当代《成都诗览》等；宗教方面有《巴蜀佛教碑文集成》、《巴蜀道教碑文集成》等；水利、灾害方面有冯广宏主编《都江堰文献集成：历史文献卷（先秦至清代）》、四川省水利电力厅编著《四川历代水利名著汇释》、水利部长江水利委员会编著的《四川两千年洪灾史料汇编》等；另外，如成都市房产管理局主编《成都房地产契证品鉴》、四川省新都县档案馆主编《清代地契档案史料（嘉庆至宣统）》等清代房契、地契资料，也为本研究提供了城市与乡村居住环境方面独特的研究资料。

（2）地方志书。古代都江堰地区文化发达，现存方志以明清时期为主，从省、府总志，到州、县方志，皆备而全，为深入、细致研究地方史提供翔实的资料基础。早期志书有东晋《华阳国志·蜀志》，明代有《天启新修成都府志》、正德、嘉靖与万历《四川总志》，清代有雍正《四川通志》、《成都通览》等，以及灌、郫、崇庆、崇宁、彭、新都、新繁、华阳、成都、金堂、温江、双流、新津、广汉、

---

① 王笛．走出封闭的世界——长江上游区域社会研究（1644—1911）[M]．北京：中华书局，2001：15．

彭山、眉山、青神等都江堰灌区十七县县志，以及少量其他县方志资料。

（3）古代图像资料。相关的图像资料包括山水画、地方志书中的舆图、碑刻图像、晚清至民国时期出版的涉及都江堰地区的地图等。例如光绪年间的《四川省城街道图》，提供了古代成都城市意象；同时期的《四川成都水利全图》，展现了都江堰灌区水道与城市的整体意象；宣统年间的《成都街道二十七区图》展现了测绘技术支持下较为精确的城市平面图；民国年间的《四川都江堰灌区十四县水道全图》，利用现代测绘、制图方法详细描绘了都江堰灌区核心十四县的水道情况；美国华盛顿弗瑞尔（Freer Gallery）博物馆所藏宋代李公麟所绘《蜀川胜概图》，为研究宋代成都平原的人居胜景提供了难得的线索。

（4）考古资料。这一地区考古资料非常丰富，成都文物考古研究所著《成都考古研究》集合了这一地区重要的考古研究成果，成都市博物馆编著的《成都地区文物考古文献目录（1930—1997）》集合了 20 世纪该地考古文献条目。

1.3.2　有关都江堰灌区历史的相关研究

（1）地方通史研究。贾大泉、陈世松主编《四川通史》、成都通史编纂委员会主编《成都通史》涉及城市、社会、经济、农业等多个方面，为本研究奠定了综合的历史学基础。

（2）先秦聚落与城市人居环境历史研究。考古学、历史学、城市史等领域的学者从不同视角开展了相关的历史研究工作。例如，先秦时期成都平原早期城市史的研究有江章华《成都平原早期城址及其考古学文化初论》、孙华《四川盆地的青铜时代》、段渝《巴蜀古代城市的起源、结构和网络体系》、毛曦《先秦巴蜀城市史研究》等相关论著，揭示了成都平原史前城址与古蜀国城市发展的脉络与特征；再如：李思纯《成都史迹考》，以历史脉络为纲，考察重要历史遗迹，并整理出成都城市发展大事年表；严耕望著《唐五代时期之成都》，考证唐、五代时期成都城的城市格局和经济状况；刘琳《成都城池变迁史考述》描述了各个时期成都城池营建与演进；谭继和的《成都城市文化的性质及其特征》、《成都城市文化史概述——纪念成都建城二千三百年》等文章从城市文化的角度叙述了不同历史时期成都城的文化特征，阐释了成都城自古以来为城乡一体田园城市的基本属性；张学君、张莉红的《成都城市史》记载了各个历史阶段成都城的重要建设以及相关的经济、政治发展情况；四川省文史研究馆编著的《成都城坊考》，针对成都河道、城墙、建筑等重要历史遗迹详细考证，并结合古地名与当代地理环境进行考察；张蓉《先秦至五代成都古城形态变迁研究》考察了成都城自建城至五代时期的城市形态的演进，揭示了成都城市形态特征。

（3）水利、灾害、人口方面的研究。水利史学家谭徐明著《都江堰史》，详细论述了都江堰水利发展以及相关的管理活动，是研究地区水系统的重要参考，许蓉生的《成都与水——成都城市水文化》从水环境角度开展了专门研究；郭涛的《四川城市水灾史稿》、李仕根主编的《巴蜀灾情实录》，吴庆洲的《中国古城防洪研究》等都是灾害研究的重要参考；曹树基的《清代中期四川分府人口——以1812年数据为中心》梳理了成都平原各府人口及其社会背景，谭红的《巴蜀移民史》完整构建了成都平原人口的发展历程。

总体而言，尽管这一地区历史基础资料十分丰富，现有的研究中专门针对整体的都江堰灌区人居环境生态实践的综合研究尚未开展。

1.3.3 有关本土人居生态实践与理论的研究

现今有关中国本土人居环境生态实践理论的研究已有相关著述。吴良镛《从绍兴城的发展看历史上环境的创造与传统的环境观念》从环境观角度概括传统人居环境实践的生态特征，另有《"生态单元"与中国的城乡空间形态：以长江三角洲传统城市发展模式为例》一文，从地区尺度开展研究，运用"生态单元"理论阐释传统人居环境生态特征；钱学森将中国传统城市特征概括为"山水城市"，并发表《社会主义中国应该建山水城市》一文；孟兆祯曾撰写《山水城市知行合一浅论》、《人居环境中的风景园林》等文探讨传统山水人居环境与园林的建设经验，将其作为中国特色的生态城市实践；仇保兴从中西对比的角度发表《传承与超越—中西方原始生态文明观的差异及对现代生态城的启示》一文，在中西方对比的视角下阐释传统生态实践特征及其当代意义；另外，还有不少以"风水"为切入点的研究，探讨传统人居与山水环境的关系，在传统语境中阐释中国古人的环境观与生态实践，如王其亨《风水理论研究》、刘培林《风水：中国人的环境观》等，丰富了本土人居环境生态实践的研究成果。尽管有这些研究做基础，有关本土生态实践的研究仍有很大发展空间，需要更加系统与综合的研究，尝试总结理论，并应该倡导知行合一，搭建本土研究与当代实践的桥梁。

1.4 理论基础

1.4.1 人居环境科学

生态学家陈昌笃认为："传统的生态学研究方法认为解开作为生态学基础的过程是探索巨大的简化了的系统所进行的过程。这种简化范式无疑对了解生态系统如何被构建取得了有意义的进展，但要试图把从简单模型获得的知识应用于巨大的更复杂的实际世界问题时就产生了困难。"[①]因此倡导一种面向实践的生态研究途径，并强调生态学要面向"人类住所"这一综合的对象。[②]

吴良镛倡导的"人居环境科学"[③]关注于整体的人居环境与综合的人类实践，强调面向城市、乡村与自然整体的综合研究，旨在建设理想的聚居环境。这一科学倡导跨学科、融贯综合的研究方法，强调面向实际问题、抓主要矛盾的方法论，提出了一套面向人居环境这一综合"单元"，应对复杂问题展开系统求解的科学理论基础，可以将生态问题的解决和复杂性科学联系起来，避免抽象生态模型的简单化。他倡导的以人为中心的研究，注重实践方式与文化的研究，也更容易将研究结合实践。这为综合的研究生态实践，探索知行合一的发展路径奠定了理论基础。

1.4.2 人类生态学

生态问题的解决与人的行动息息相关，人类生态学的理论建构关注于人类系统与自然系统的交互关系，一方面研究生态环境对人类的影响，另一方面研究人类行为与相关思考对生态环境的作用。[④]致力于这两方面的研究需要综合的思维，非一个单独的学科能够囊括，因此人类生态学倡导的方法是跨学科的，自然的、人文的科学方法都会被综合的应用于这种综合的研究中来。

早在 20 世纪 70 年代，麦克·哈格就开始倡导对"人类生态学"的探索，强调人类学家在解决生态问题中的作用，积极吸取人类学家的研究视角与方法，应用于人居环境实践。人类生态学家杰丽·杨（Jerry Young）将人类生态学的

---

① 陈昌笃. 走向宏观生态学——陈昌笃论文选集 [M]. 北京：科学出版社，2009：3.
② 陈昌笃. 走向宏观生态学——陈昌笃论文选集 [M]. 北京：科学出版社，2009：71.
③ 吴良镛. 人居环境科学导论 [M]. 北京：中国建筑工业出版社，2001.
④ Frederick Steiner. Human Ecology：Follow the nature's leads. Island Press, Washington, D.C, 2002.

相关概念总结概括为：系统思想（system thinking）；语言（language）、文化（culture）和技术（technology）；结构（structure）、功能（function）和变化（change）；边缘（edge）、边界（boundary）和群落交错区（ecotone）；互动（interaction）、整合（integration）与制度（institution）；多样性（diversity）；适应性（adaptation）和整体性（holism）等，包含了有关人类系统与自然系统交互关系的多个方面[①]。弗雷德里克斯坦纳(Frederick Steiner)以此为基础，著有《人类生态学——遵循自然的引导》（Human Ecology-following nature's lead），运用跨学科、多尺度的途径综合阐释西方生态实践理论发展，涉及生境、社区、地景、生态地区、国家、全球等多个层次，并希望倡导运用人类生态学的方法预测和引导人类与环境和谐发展的未来。[②] 人类生态学倡导的人文、自然综合的研究方法以及对人类系统与自然系统关联互动的研究导向为本研究的开展提供了重要理论支撑。

1.5　研究路径

中国古人很早就开始了大尺度的自然利用与改造活动，人居环境实践已经扩展到了地区范围人与自然秩序的构建，既涉及人工自然系统建设等物质方面，也涉及山水审美、山岳祭祀等精神层面。研究本土人居环境生态实践是将传统人居与自然的关系加以多方面的综合考察，并将传统的生态实践知识体系化、系统化，尽可能地总结理论。在本土经验的发掘过程中，不可避免地会遇到本土模式阐释的真实性、完整性与当代的适用性、可行性的矛盾。单纯地强调真实与完整，容易回归传统语境，但易夸大传统、恋旧怀古；单纯地强调适用与可行，容易使传统变为当代的点缀，不易深入，这两种倾向都不利于知识的发掘、总结与再发展。如何两者兼顾，找到平衡是本研究必须要面对的重点。要力求清晰、准确、扎实的历史研究工作，发掘经验，总结提炼，并要能使其对当代有所启发。

关于人居环境生态实践的研究，根本上是一种人与自然交互关系的研究，为

---

① Frederick Steiner. Human Ecology：Follow the nature's leads. Island Press, Washington,D.C, 2002.
② 袁琳. 评《人类生态学——遵循自然的引导》[J]. 城市与区域规划研究. 2010，7.

保证研究对象的明确，我们需要寻找一系列能体现这种交互关系、又现实存在的"综合体"，而且将这种综合体的产生与发展与切实的生态实践"范畴"相联系。研究从四个实践范畴切入，将其对应于明确体现人与自然交互关系的综合体，分别是：生态实践一：营建，其对象是大地与人居的综合体；生态实践二：调适，其对象是旱涝灾害与人居的综合体；生态实践三：治理，其对象是自然或人工自然系统与社会的综合体；生态实践四：成境，其对象是大地山水、人居环境与古人心灵境界的综合体。简言之，这四个方面为"营"、"调"、"治"、"境"，而这四个范畴非人居环境形成的线性过程，而是相辅相成，"营"和"调"关注的问题偏于人类的基本生存需求，"治"和"境"则反映更高层次的社会治理与精神需要，他们对应的综合体在同一个地区上的进一步融合形成整体而复杂的人居生态。

本土人居环境生态实践的几个范畴　　　　　　　　表 1-1

生态实践范畴	综合对象（人居环境生态整体）
营建	大地与人居的综合体
调适	旱涝灾害与人居的综合体
治理	自然或人工自然系统与社会的综合体
成境	人居、山水与境界的综合体

以这些基本范畴和综合体为基础，研究运用历史方法，充分搜集和发掘与生态实践有关的历史资料，从零散的史料典籍和历史古迹中发掘相关信息，以古代人居环境的形成过程为文本，总结和归纳古代人居环境实践中促进人与自然和谐发展的基本途径，并以此为基础反映和总结古代人居环境实践的生态实践特征与普世理论。研究史论结合，在实际的历史事件与历史材料的印证中总结特征与理论，意图使后人可"循其理、率其例"。[①] 由于成都平原已经经历了激烈的现代化变革，纯粹的"古代人居环境"的实地调查研究已经不易展开，研究主要以历史文献和考古材料为基础，结合有限的历史遗迹进行考察，并对历史材料进行"再阐释"，以服务于当代的理解和应用。

除了聚焦于本土生态实践经验和理论的发掘，研究还涉及了当代成都平原城

---

① 梁启超. 新史学 // 梁启超史学论著四种 [M]. 长沙：岳麓书社，1998.

乡生态可持续发展的相关问题。研究运用各种统计数据、政策文件与规划报告，并结合实际的调查、访谈，掌握当代成都平原城镇化概况与传统农业地区的发展现状，分析当前发展模式可能带来的生态风险。在此基础上，研究沿用在本土生态实践研究中设定的四个方面，从区域格局、洪涝应对、治理形式、山水环境等方面探索生态文明建设大背景下都江堰灌区人居环境实践可能的发展方向。

研究共分为八章。

第1章　绪论：研究的背景、意义与路径。

第2章　营建：古代都江堰灌区的地区格局与整体地景。通过长时段考察地区人居环境营建中理水、营城、精耕等相关内容，剖析人居活动影响下的地景营建特征。

第3章　调适：古代都江堰灌区的旱涝灾害与应对。通过两千年有关水旱灾害资料的统计总结地区水旱灾害的一般特征，从史料中发掘典型的灾害应对案例，反映古人应灾反思和积极调适的基本经验。

第4章　治理：古代都江堰灌区的自然管理与社会治理。通过对大量明清地方志文献、碑铭、契约等历史资料的详细梳理，研究地区自然系统的维护以及与此相伴的社会构建经验。

第5章　成境：心灵境界与古代都江堰灌区的人居胜境。通过大量的艺文与图像资料分析，并对应地理环境考察，研究古人心灵境界与地区山水、人居的交互关系，反映整体人居意境及其深层生态实践特征。

第6章　生命的秩序：都江堰灌区本土人居实践的生态哲学基础与地区特征。结合传统文化与哲学，对传统人居生态实践哲学基础开展分析与阐释，并总结古代都江堰灌区人居环境生态实践的地区模式。

第7章　综合的改良：生态文明推进中都江堰灌区人居环境的可能发展。反思快速城镇化进程中都江堰灌区的发展模式，结合历史经验阐释生态文明建设进程中地区人居环境实践的发展方向。

第8章　结语：生态地区的创造。总结都江堰灌区本土人居智慧的当代价值，展望生态文明新时代的发展动向。

第 2 章 ——营建：古代都江堰灌区的地区格局与整体地景

2.1 大地上的营建

中国古代人居环境营建是对地区自然环境的综合改造与人居布局的过程，这一过程可以看作是"大地上的营建"（Dwellers in the land, Design on the land），是通过人居环境建设形成人与大地交融的新格局，建立新秩序的过程。这一过程涉及古人对自然的基本认识，反映着古人对自然的改造与利用，关系到辟地安居、城乡建设的基本模式，是不同类型、不同层次的建设活动综合形成的结果。

如果考察成都平原人居环境建设的历史全过程，按照自然利用改造方式与文化形态的不同，其营建历史总体上可以分为两大阶段。这两大阶段以秦并古蜀为分界，以秦昭王五十一年李冰开始修筑都江堰为重要标志。

秦并古蜀前，成都平原人居环境建设自成体系：在文化和经济方面虽然与中原、西北、西南各地有交往，但总体上属于较为独立的文化区。如《史记》称其为"西僻之国"、"戎狄之长"[1]，尚非华夏文化的范围，人居环境的建设反映着古蜀文化地区认识、利用、改造自然的基本特征。

秦并古蜀后，成都平原人居环境建设逐渐纳入华夏体系。[2] 从公元前316年秦吞并古蜀，至西汉中叶，历经二百余年，在秦相张仪、郡守秦李冰、汉文翁等营治下，巴蜀地区逐步形成了秦汉统一帝国内的地区形态，成为汉民族组成部分之一的中华文化"亚文化"地区[3]。在人居环境建设中，成都平原自都江堰修建以来逐步成为"水利经济区"，经由水道、城市、农耕等基本建设，形成了

---

① 《战国策·秦策一·司马错论伐蜀》。
② 公元前316年秦亡蜀，开始对异质文化区域进行了政治、经济、文化等多方面的改革，并积极推进农业生产和人居环境建设。张仪重筑成都，采用秦国制度，国家通过移民促进蜀地和汉地的融合。（东晋）常璩：《华阳国志·蜀志》载："成都县本治赤里街，徙置少城。内城营广府舍，置盐铁市官并长丞，修整里阓，市张列肆，与咸阳同制。""然秦惠王、始皇克定流过，辄徙其豪侠于蜀，资我丰土。家有盐铜之利，户专山川之材，居给人足，以富相尚。故工商致结驷连骑，豪族服王侯美衣，娶嫁设太牢之厨膳，妇女有百两之从车，送葬必高坟瓦椁，祭奠而羊豕夕牲，赠襚兼加，赗赙过礼，此其所失。原其由来，染秦化故也。……箫鼓歌吹，击钟肆悬，富侔公室，豪过田文，汉家食货，以为称首。"
③ 段渝. 论秦汉王朝对巴蜀的改造 [J]. 中国历史研究, 1999, 1.

人与自然交融的地区人工秩序。

　　秦并古蜀前后两个时期既有明显的区分，也有微妙的继承关系。本章首先对前一时期人居与自然的关系进行分析，然后从理水、营城、精耕三方面对后一时期的人居环境营建展开论述（图 2-1）。

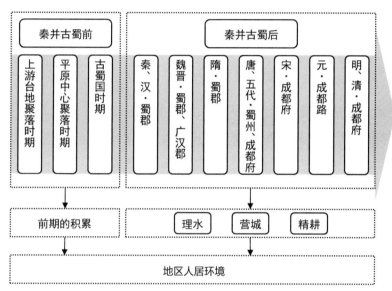

图 2-1　历史分期与营建范畴
（图片来源：自绘）

2.2　秦并古蜀前的成都平原人居环境

　　按照社会结构与人居形态的发展，秦并古蜀前，亦可以分为两个阶段：新石器时代后期的"中心聚落时期"与跨越夏代到战国的"古蜀王国时期"，共历两千多年。

2.2.1　早期的平原台地中心聚落

　　"中心聚落"时期的人居环境以成都平原发现的八座距今 4500～3700 年的新石器时代晚期城址为标志，分别是：新津宝墩古城、温江鱼凫村古城、都江堰市芒城村古城、崇州双河古城、紫竹村古城、大邑县盐店古城、高山古城和郫县古城村古城（图 2-2，表 2-1）。

　　这些古城集中分布在成都平原岷江冲积扇的核心地带，相对集中于一个

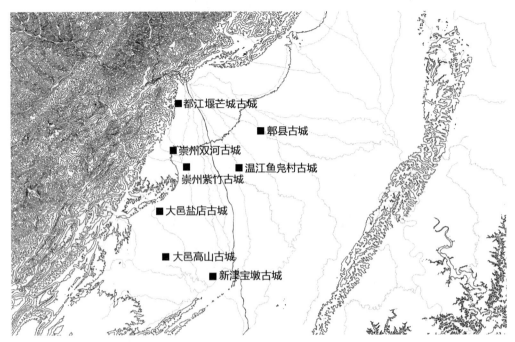

图 2-2　成都平原八大史前古城分布图
（图片来源：自绘）

较小的区域内，相邻距离在 20 ～ 33 公里之间[①]，规模较大，其中面积最大的宝墩古城面积为 60 万平方米，鱼凫村、古城村面积在 30 万平方米以上，芒城村、双河村、紫竹村古城面积约 10 万～ 20 万平方米。这些城址存在的时间虽有前有后，但同属宝墩文化，是成都平原"酋邦社会"时期人居环境的代表[②]。

这些古城在营建上具有一些共同特性，如：

（1）都利用岷江冲积平原地势较高之处定位基址，在台地上建城，城址平地起建，没有明显的墙基槽，城内地面明显高于城外，且于台地边缘筑墙，有躲避和防范洪水的需要。[③]芒城村、双河村、紫竹村三座城址位于河流上游近山地带，有双重城垣，这种设计除加强防洪外，可能还有加强防御的功能。

（2）这些古城中所有的城址都看不到明确的朝向，城墙走向也多种多样，可能是顺应地形与河流走向的考虑。

① 参考蒋成、李明斌的研究：蒋成，李明斌. 四川温江鱼凫村遗址分析 // 成都文物考古所编著. 成都考古研究（上）[M]. 北京：科学出版社，2009：106-127.
② 段渝. 成都通史·古蜀时期 [M]. 成都：四川出版集团，2011：104.
③ 蒋成，李明斌. 四川温江鱼凫村遗址分析 // 成都文物考古所编著. 成都考古研究（上）[M]. 北京：科学出版社，2009：106-127.

宝墩文化古城群形态 表 2-1

古城名及遗址平面图	规模	古城名及遗址平面图	规模
新津宝墩古城	60 万平方米，平面长方形，东北——西南向，方向 45°	郫县古城	31 万平方米
温江鱼凫古城	32 万平方米	崇州双河古城	城垣范围遗址面积 10 余万平方米
都江堰芒城古城	10 万平方米，方向 10°	大邑高山古城尚未有考古材料	
		大邑盐店古城	30 万平方米
		崇州紫竹古城（尚未发掘）	面积超过 20 万平方米①

注：表中图片与数据引自：江章华，王毅，张擎．成都平原早期城址及其考古学文化初论 // 成都考古研究 [M]．北京：科学出版社，2009：64-67.

　　这种聚落分布特征和聚落单元形式适应于成都平原早期的生态环境，人们利用平原天然台地应对岷江洪水的威胁，以分散的"台城"为据点，控制、整合周边自然资源，承载众多人口，是早期成都平原人居模式的集中体现。②

① 陈剑．大邑县盐店和高山新石器时代古城遗址 [J]．中国考古学年鉴，2004，1.
② 段渝．成都通史·古蜀时期 [M]．成都：四川出版集团，2011：104.

2.2.2 古蜀国时期人居环境建设的积累

继酋邦社会的中心聚落时期，成都平原进入了古蜀王国时期。历史学家李思纯曾按照《华阳国志·蜀志》中所载蜀之世系，考证出历代蜀王的更替过程："蚕丛鱼凫→柏灌鱼凫→杜宇（一曰杜主、一曰望帝、一曰蒲卑）→开明氏鳖灵（一曰丛帝）→卢帝→保子帝→四世→五世→六世→七世→八世→九世→十世→十一世→开明帝尚→蜀亡。"[1] 其中，鱼凫王朝是古蜀王国文明开启的标志，人居环境建设也由此扩展到"国"的尺度，并伴有规模宏大的都城人居环境建设。从目前已有对早期文献和三星堆、十二桥等考古遗址的研究来看，古蜀国在自然利用、改造及城市山水秩序构建等方面都有积累，对这一地区人居环境建设有深远影响，主要体现在以下几个方面。

2.2.2.1 择中立都与地区整体布局

关于古蜀国的国都所在，文献和考古均有不少线索，但迄今尚无定论。据李思纯判断，自蚕丛以来，古蜀都城营建的位置虽然没有具体明确可靠的记载，但是都在成都周围百里以内的范围[2]。段渝进一步判断，四川广汉发现的三星堆古城遗址正是古蜀王国鱼凫王朝的都城所在；而鱼凫之后的杜宇王朝，以成都为都城，以郫为别都；[3] 近些年来考古发现的十二桥、金沙遗址则都是杜宇时期都城遗址的一部分。[4] 而文献中明确记载择"治"成都，则是在开明时期。[5]

不论三星堆、十二桥、金沙遗址、郫还是成都，这些被推测为蜀国都城的地点均处于成都平原腹心地带，都能体现古蜀国时期在四周环山的成都盆地择中立都的现象。到战国时期，成都以外还设立了新都、南郑、郫城、临邛、南安、严道等城市，承担了不同的功能，形成了早期的城镇体系。[6] 与此同时，古蜀时期的营建活动已经扩展到整个成都平原地区，古蜀人对整个地区开展了有意识的总体布局，在《华阳国志·蜀志》中描述了杜宇王时期古蜀国的总体情况：

"以褒斜为前门，熊耳、灵关为后户，玉垒、峨眉为城郭，江、潜、绵、洛

① 陈廷湘，李德琬主编．李思纯文集（未刊印论著卷）[M]．成都：巴蜀书社，2009：505．
② 陈廷湘，李德琬主编．李思纯文集（未刊印论著卷）[M]．成都：巴蜀书社，2009：507．
③ 段渝．巴蜀古代城市的起源、结构和网络体系 [J]．历史研究，1993，1．
④ 段渝．先秦蜀国的都城和疆域 [J]．中国历史研究，2012，（1）：22．
⑤ （东晋）常璩：《华阳国志·蜀志》："开明王自梦郭移，乃徙治成都。"
⑥ 段渝．成都通史·古蜀时期 [M]．成都：四川出版集团，2011：9．

为池泽；以汶山为畜牧，南中为园圃。"①②

这条文献反映的地区整体布局中，"前门"、"后户"、"城郭"、"池泽"、"畜牧"、"园苑"等都是构成人居环境的基本要素，分别对应了"褒斜"（谷名，在今陕西秦岭）、"熊耳"（今四川乐山市北、青神县西）、"灵关"③、玉垒山、峨眉山、"江"（岷江）、"潜"（今四川南江、渠江下合嘉陵

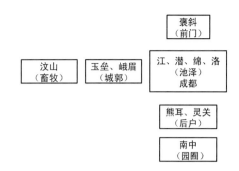

图 2-3　杜宇王时期古蜀国人居环境布局
（图片来源：自绘）

江皆潜）、"绵"（今四川绵竹德阳一带的绵运河）、"洛"（今四川什邡、绵竹、广汉一带的石亭江）、"汶山"、"南中"（四川凉山州和宜宾地区，也泛指云南和贵州）等地理区位与环境，包含了防卫、生产、生活、游憩等不同的功能，整个成都平原形成了一个天然的大地家园（图 2-3）。

2.2.2.2　岷山祭祀及与城市坐标

考古遗存表明，古蜀国时期，岷山成为等级非常高的祭祀对象，并且成为城市营建的重要坐标参考。

在三星堆遗址出土了大量的玉石器，包括了璧、圭、璋、瑗、琮等形式，④与坑中玉器同时出土的还有大量的动物、玉石礼器、金器以及尊、罍等青铜礼器，可见当时祭礼规模之大规格之高。其中一二号坑中出土了较多的玉璋，璋是当时祭祀天地山川的主要礼器，《周礼·春官》载："以玉作六器，以礼天地四方。"⑤吴大澂《古玉图考》载："于大山川则用大璋……于中川，用中璋，……于小山川用边璋。"⑥ 二号坑内出土的石边璋还刻画了古人跪拜山川的情境，是山川崇拜的重要证据（图 2-4）。

三星堆一号祭祀坑朝向北偏西 45°（图 2-5），二号祭祀坑朝向北偏西 55°（图 2-6），古蜀国时期的十二桥遗址中发掘的羊子山土台⑦（图 2-7～图 2-9）方向也

---

① （东晋）常璩：《华阳国志·蜀志》．

② 段渝以此文献作为古蜀国疆域范围的依据，认为"蜀疆北达汉中，南抵今四川青神县，西有今四川芦山、天全，东越嘉陵江，而以岷山和古南中（今凉山州、宜宾以及云南、贵州）为附庸．"段渝．先秦蜀国的都城和疆域 [J]．中国历史研究，2012，1：25．

③ 关名，在今四川凉山州甘洛县北部，一说在四川凉山州越西县境，一说在今四川雅安宝兴县境．

④ 陈显丹．广汉三星堆一、二号坑两个问题的探讨 [J]．文物，1989，5：36．

⑤ 《周礼·春官》

⑥ （宋）王昭禹：《周礼详解》卷 38，清文渊阁四库全书本．

⑦ 羊子山土台被推测是古蜀史中杜宇族和开明氏（鳖灵）先后作为国之祀典的场所．见：李明斌．羊子山土台再考 // 成都文物考古研究所编著．成都考古研究（上）．北京：科学出版社，2009．

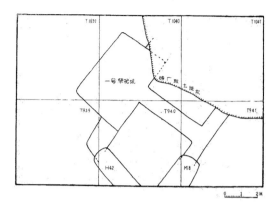

图 2-5　一号祭祀坑在探方中的位置
（图片来源：陈德安，陈显丹等．广汉三星堆遗址一号
祭祀坑发掘简报［J］．文物，1987，10：2．）

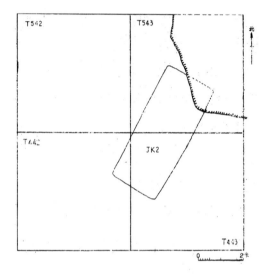

图 2-4　石边璋（201 附 4）局部
（图片来源：陈显丹，陈德安等．广汉三星堆遗
址二号祭祀坑发掘简报［J］．文物，1989.5．）

图 2-6　二号祭祀坑在探方中的位置
（图片来源：陈显丹，陈德安等．广汉三星堆遗址二号
祭祀坑发掘简报［J］．文物，1989，5．）

是北偏西 55°，他们都指向"岷山"地带。这一地带既是蜀先蚕丛氏兴起的地
方，也是成都平原可以识别的重要山岳，祭祀坑与羊子山土台的岷山朝向的一
致性，说明了古蜀时期普遍存在的岷山崇拜现象。三星堆祭祀坑位于古蜀都城
中，因而，由此形成的岷山崇高化也奠定了山为崇高、城次之的山——城基本
秩序。

　　在古蜀都城三星堆遗址中，除了两个祭祀坑，现已发现的大型城址、大面积
居住区（图 2-10）等文化遗迹的朝向也非正南北，尤其三星堆居住区遗址的平
面坐标明显呈现出东北——西南走向；在对遗址环境的考察中，还发现了三星堆、

月亮湾等人工台地，其中三星堆台地
与古蜀时期的祭祀建筑有关，而月亮
湾则与古蜀国宫殿群有关。[①] 有学者
推测，如果将这两个台地相连，恰是
一条贯穿了祭祀建筑、蜀国宫殿区的
城市轴线。[②] 这一轴线方向与龙门山、
龙泉山走向近似平行，是一条明显的
东北——西南走向的城市纵坐标，其
存在控制了古城重要建筑的布局，并
影响到一般居住建筑的朝向。而前述
祭祀坑——岷山方向恰似与这条横坐
标垂直，又与居住建筑的横坐标相仿。
笔者认为，可以将祭祀坑——岷山方
向看作是一条影响城市朝向的横坐
标，古蜀都城在岷山祭祀与山岳走向

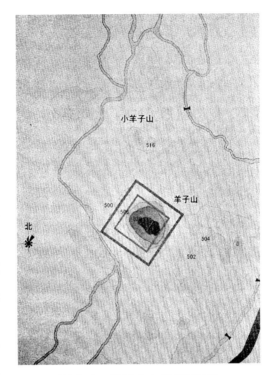

图 2-7　羊子山土台方向示意
（图片来源：段渝. 成都通史·古蜀时期 [M]. 成都：
四川出版集团，2011：124.）

的共同影响下形成了以东北——西南
为纵，以西北——东南为横的城市坐标体系（图 2-11）。这一坐标体系是古蜀时
期城市与山岳秩序对后世产生影响的重要方面，在后世成都城的营建中仍能见
到踪影。

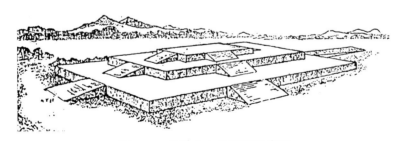

图 2-8　羊子山土台复原示意图
（图片来源：杨有润. 成都羊子山土台遗址清理报告 [J]. 考古学报，1957(4)：20.）

① 孙华. 四川盆地的青铜时代 [M]. 北京：科学出版社，2000：168.
② 江章华，李明斌. 古国寻踪：三星堆文化的兴起及其影响 [M]. 成都：巴蜀书社，2002：46；段渝. 成都
通史·古蜀时期 [M]. 成都：四川出版集团，2011：113.

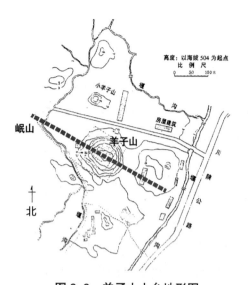

图 2-9　羊子山土台地形图

（图片来源：四川省文史研究馆．成都城坊古迹考
[M]．成都：成都时代出版社，2006．）

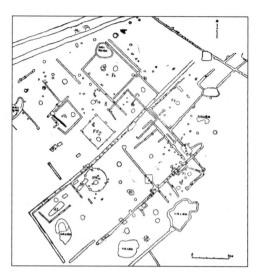

图 2-10　三星堆居住区遗址平面图

（图片来源：四川文物管理委员会，四川博物馆等．
广汉三星堆遗址 [J]．考古学报，1987.2：233．）

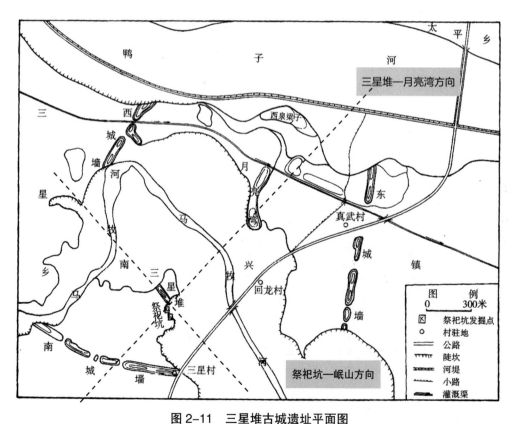

图 2-11　三星堆古城遗址平面图

（图片来源：段渝．成都通史·古蜀时期 [M]．成都：四川出版集团，2011：114．）

2.2.2.3 农业与治水的积累

《华阳国志·蜀志》载："后有王曰杜宇，教民务农。"[①] 可见古蜀国杜宇时期，成都平原的农业已有显著发展；而到了夏商时期，成都平原已经产生了大量的农用地，涉及林业、渔业、蔬果等多种类型，四季都有丰富的收获，《华阳国志·蜀志》载："山林、泽鱼、园囿、瓜果四季成熟，靡不有焉"。[②]

在洪水治理方面，古蜀国时期出现了对洪水具有适应能力的干阑式建筑，这种建筑在十二桥遗址已经有考古发现（图 2-12），与此同时，还产生了大规模治水的行动，治水能力的提升和统一强大的蜀国国力不无关系。《华阳国志·蜀志》中记载了古蜀时期鳖灵大规模治水的事迹，鳖灵由于治水有功，被拥为王[③]，开启了开明王朝。其治水之法为"决玉山"，可理解为"决玉垒山"，被认为是李冰治水"凿离堆"的前身。

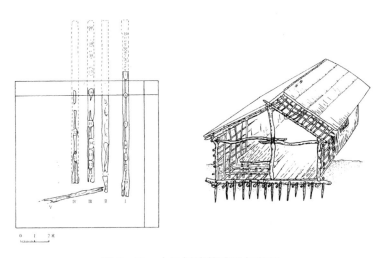

图 2-12　十二桥建筑遗址与复原

（图片来源：宋治民．蜀文化 [M]．北京：文物出版社，2008:88-89．）

另外，《禹贡》记载了这一时期有"岷山导江，东别为沱"[④] 的水道营建活动，有学者认为，此文献记载了开明时期开辟"江沱"一事，开启了区域人工水道兴修的先河。[⑤] 这都为日后都江堰的兴修与平原治水模式的选择积累了工程知识和实践经验。

---

① （东晋）常璩：《华阳国志·蜀志》。
② 同上。
③ （东晋）常璩《华阳国志·蜀志》："会有水灾，其相开明，决玉垒山以除水患，帝遂委以政事，法尧舜禅授之义，遂禅位于开明。"
④ 《史记》卷二，清乾隆武英殿刻本。
⑤ 魏达议．成都平原古代人工河流考辨 [J]．中国史研究，1979(4)：118-120．

2.3 理水，人工水道与流域系统

秦并古蜀后，成都平原开启了大规模治水活动，除了都江堰灌口的修建，平原地带还广泛营建人工水道，自秦治蜀开始，逐步展拓发展、成熟，以下叙述成都平原人工水道开辟的历史，以见其总体特征。

2.3.1 "二江流域"的开拓

秦昭王五十一年（前 256 年），蜀郡太守李冰主持开辟"二江"人工河道工程，为明确可考的平原人工河道营建之先。如《史记·河渠志》载：

"蜀守冰凿离碓，辟沫水之害，穿二江成都之中，此渠道皆可行舟；有余，则用溉浸；百姓享其利。至于所过，往往引其水益用溉田畴之渠，以万亿计，然莫足数也。"[①]

"二江"即《华阳国志·蜀志》中所谓郫江、捡江，也即今之成都平原两大主干水道柏条河与走马河，穿入成都后为府河、南河。李冰治蜀时期，"二江"工程限定的区域为灌县、郫县、新都、成都一带，为古蜀国文明最为发达的区域，此次河道的开辟为这一地带创造了良好的交通条件和农业条件，"沃野千里，号为'陆海'"[②]，以"二江"为基础细分出的数以万计的支渠、毛渠，形成了一个扇形的人工小流域，成都城也因此形成了"二江珥其市"的格局，延续六百余年。这一区域内，农业发达，沿二江商业繁荣，因此也吸引大量移民，经历多年发展，成都也渐成仅次于长安的汉代大都市，形成了一个城市、农业、生态环境共同发展的"扇形地带"。[③]

2.3.2 平原人工水道的发展与人工流域的成熟

"二江"之后，模仿这一经验，成都平原水道呈现扇状展拓的发展态势。从不同朝代记录的成都平原水道的开辟过程和史书中对平原水道结构的描述中都

---

① 《史记·河渠志》。
② （东晋）常璩：《华阳国志·蜀志》。
③ 李冰的实践使得"灌县——郫县——成都"成为最为发达的人居地带。但是这一时期李冰的实践并不局限于此。对于平原其他地区的水道治理也在展开，如《华阳国志·蜀志》载："自湔堰，分穿羊摩江，灌江西。……青衣江有沫水……历代之患。冰发卒凿平溷崖，通正水道。……又通笮道文井江。径临邛，与蒙溪分水白木江会，至武阳天社山下，合江。又导洛通山；洛水或出瀑口，经什邡、郫。别江，会新都大渡。又有绵水，出紫岩山，经绵竹入洛，东流过资中，会江阳。皆溉灌稻田，膏润稼穑。是以蜀川人称郫、繁曰'膏腴'，绵、洛为'浸沃'也。又识齐水脉，穿广都盐井、诸陂池。蜀于是盛有养生之饶焉。"

可以看出其基本发展脉络。

西汉时期，蒲阳河的开辟使得成都平原的西北得到发展，东汉时期，望川原的开辟使得人居环境向平原边缘和中部的台地延伸。唐代，水道的开辟引领着人居环境向成都平原南部以及岷江中游发展。到宋代，成都平原形成了一个大型的具有"三大主干、十四支流、九大堰"的较为完备的综合人工流域水系。①

明清时期，平原水道亦有开辟，但基本上是在原有主干上的进一步加密，以及大量的原有水道的修复工作。这些水道中大部分是具有灌溉功能，而西河、南河、金马河（正南江）、新开河、柏条河、毗河、蒲阳河、府河几大骨干支撑通航功能，形成了一个交通网络体系。②清代周鹏翀在《岷江分合源流考》中记载了清代成熟的都江堰水利区水道分合的情况：

"大江自灌县城西宝瓶口东流者，谓之内江；自人字堤南流者，谓之外江。东流数支，分为繁江、沱江、湔江。温江东北二支，分流郫县、崇宁县、彭县、新都、汉州、金堂等处。正东入温江界下，分东二支：一名新开江；一名杨柳江……其杨柳江下至双流，名黄水江。其新开江下至双流，为牛饮江。俱于新津之江口，会合大江。其南流者……析数支为沙沟江、白马江、黑石江、羊马江、青羊江……至温江县之长滩，为石鱼江。金马江左分一支为玉石江，则属温江界矣。大江自东流者，为沱水、为渡船江、锦水江、五斗江、清水江……。总至新津城北会流，下江口，合大江。其东流之分于赵家渡以下者，则自重庆至北嘉陵江而会，入大江。此岷江分合源流也。"③

由上文可见，这一成熟的人工流域系统，上启灌县宝瓶口岷江分流，之间分为若干水道，流经灌县、崇宁、彭县、新繁、新都、汉州、金堂、崇庆、新津、郫县、成都、华阳等州县，后达新津、彭州，依次并流，汇入岷江，流向眉州、乐山。平原人工河道一分为二，二分为四，四分为八，分千万支流遍布地

① 具体名称和作用见《宋史·河渠志》相关记载。如三大主干为："疏北流为三：曰外应，溉永康之导江、成都之新繁，而达于怀安之金堂；东北曰三石洞，溉导江与彭之九陇、崇宁、蒙阳，而达于汉之雒；东南曰马骑，溉导江与彭之崇宁、成都之郫、温江、新都、新繁、成都、华阳。三流而下，派别支分，不可悉纪。"十四支流为："自外应而分，曰保堂，曰仓门；自三石洞而将军桥，曰灌田，曰雒源；自马骑曰石址，曰玻璃，曰道溪，曰东穴，曰投龙，曰北，曰槽下，曰玉徙。而石渠之水，则自离堆别而东，与上下马骑、干溪合。"九大堰为："曰李光，曰膺村，曰百丈，曰石门，曰广济，曰颜上，曰弱水，曰济，曰导，皆以堤摄北流，注之东而防其决。"见《宋史·卷95·河渠志第四十八》。
② 谭徐明. 都江堰史 [M]. 北京：水利水电出版社，2009.
③ 周鹏翀. 岷江分合源流考 // 冯广宏主编. 都江堰文献集成·历史文献卷（先秦至清代）[M]. 成都：巴蜀书社，2007：207.

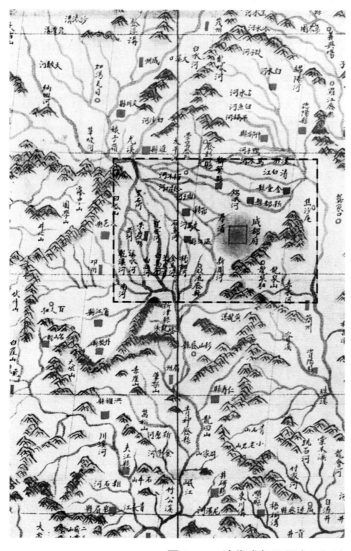

主干河流名称：柏条河、锦水河、徐堰河、由子河、走马河、石□河、黑石河、新开河、杨柳河、金马河、龙安河、白马河、西河、溪水河、干溪水河

图 2-13　清代成都平原主干河流

（图片来源：四川全图 // 北京大学图书馆. 皇舆遐览：北京大学图书馆藏清代彩绘地图 [M]. 北京：中国人民大学出版社，2008：46.）

域，水道繁多，密布平原。正印证了"天孙纵有闲针线，难绣西川百里图"[①]的景象。

　　从秦代二江的开辟到最终整体人工水道系统的形成，以人工水道营建带动的扇形地带土地改造和人居环境发展模式已经清晰可见（表 2-2，图 2-14～图 2-19）。扇状水系不断展拓和加密的最终结果是一个掌控整个成都平原腹心地带、容纳人居环境发展的完备的流域体系。

――――――――

① （明）杜应芳：《补续全蜀艺文志·卷54·器物谱》，明万历刻本。

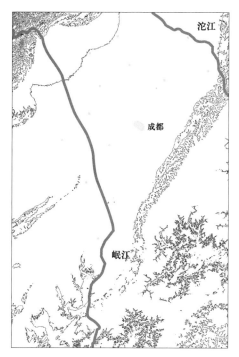

图 2-14　岷江、沱江水道

（图片来源：自绘，参考：魏达议 . 成都平原古
代人工河流考辨［J］. 中国史研究，1979(4).）

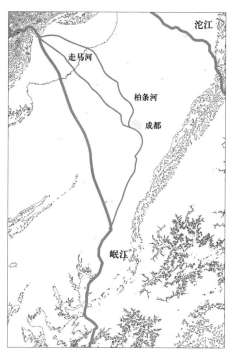

图 2-15　李冰时期的"二江"

（图片来源：自绘，参考：魏达议 . 成都平原古
代人工河流考辨［J］. 中国史研究，1979(4).）

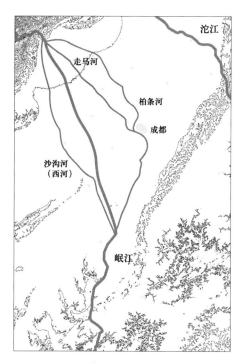

图 2-16　李冰治蜀后期开辟水道

（图片来源：自绘，参考：魏达议 . 成都平原古
代人工河流考辨［J］. 中国史研究，1979(4).）

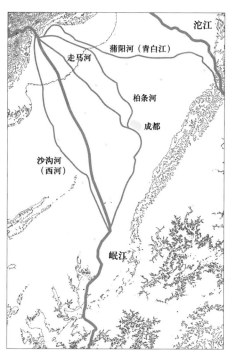

图 2-17　西汉时期水道

（图片来源：自绘，参考：魏达议 . 成都平原古
代人工河流考辨［J］. 中国史研究，1979(4).）

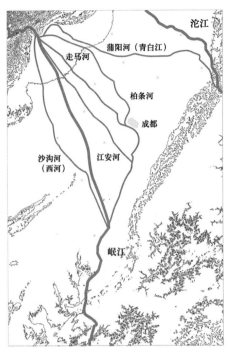

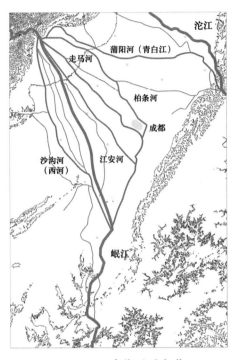

图 2-18　东汉时期水道

（图片来源：自绘，参考：魏达议．成都平原古代人工河流考辨［J］．中国史研究，1979(4)．）

图 2-19　唐代以后水道

（图片来源：自绘，参考：魏达议．成都平原古代人工河流考辨［J］．中国史研究，1979(4)．）

成都平原主要人工水道的发展　　　　　　　　　　　　　　　　表 2-2

年代	史料	今日河道及位置
李冰为蜀守时期	《史记·河渠志》："蜀守冰凿离碓，辟沫水之害，穿二江成都之中。"	二江为今柏条河、走马河
	《华阳国志·蜀志》："自湔堰，分穿羊摩江，灌江西。"	羊摩江为今沙沟河
西汉景帝年间	《华阳国志·蜀志》："以庐江文翁为蜀守，穿湔江口，溉灌繁田千七百顷。" 《水经注·卷33》："江北，则左对繁田，文翁又穿湔脉，以溉灌繁田一千七百顷。"	湔江为今蒲阳河
东汉初年	《后汉书·郡国志》引任豫《益州记》："县有望川源，凿石二十里，引取郫江水灌广都田，云后汉所穿凿者。" 《水经注·卷33》："江水东迳广都县……江西有望穿，凿山渡水，结诸陂池。"	望川源，今新开河、新江，又名江安河、江安堰 广都县治今双流县华阳镇
唐高宗龙朔时期	《新唐书·地理志》：（彭州蒙阳郡导江县）"有侍郎堰，其东百丈堰，引江水以溉彭益田，龙朔中筑。"	导江县治今聚源镇南，侍郎堰即飞沙堰，百丈堰今址不详

年代	史料	今日河道及位置
唐武则天时期	《新唐书·地理志》：（彭州濛阳郡九陇县）"武侯时，长史刘易从决唐昌洉江，凿川派流，合堋口埌歧水，溉九陇、唐昌田。"	唐彭州九陇县治今彭州市天彭镇
唐玄宗	《新唐书·地理志》："蜀州唐安郡新津西南二里有远济堰，分四筒穿渠溉眉州通义、彭山之田。""章仇兼琼……开通济堰，自新津邛江口引渠南下，百二十里至眉州西南入江，溉田千六百顷。"	唐代眉州治通义，今眉山市
宋元明清	成熟的河道体系	

2.4　营城，构建城市山水秩序

秦统一后，在国家行政建制与地方经济发展共同作用下，成都平原孕育出较为发达的城市群。其中，成都城一直处于地区中心的位置，从汉代"五均"[①]之一，到唐代"扬一益二"之美誉，成都城在成都平原一直是经济文化最为繁荣之处。

同时，历史上成都平原的各个县城也都得到了一定的发展，到明代，经历了全国范围内的筑城运动后，基本形成了延续明、清、民国的传统成都平原城市群的稳定形态。清代成都平原都江堰灌区 17 县中，除了华阳县与成都县共以成都为治所所在，其他各县均以各自县城作为治所所在。

2.4.1　平原城市群与大地山水形成和谐整体

都江堰灌区城市山水都得益于成都平原天然形势与平原发达的人工水网系统，《天启新修成都府志》载：（成都平原）"为山水发源之地，其形胜列南纪之首，负地戒之阳，……廧万山、堑大江、膏田百同，蟠乎其中。"[②] 各个城市布局、营建强调"合乎山川风土"[③]，都有追求"形胜"的要求。我们可以通过清代各县方志中记载的城市形势，一览灌区城市山水特色，按照地域自然地理情况，这些城市可以划分为灌口城市、平原灌区城市、平原近丘城市、南部下游城市等不同类型。

---

① "五均"为成都、洛阳、邯郸、临淄、宛城。
② （明）冯任等：《天启新修成都府志》。
③ （民国）《眉山县志》。

2.4.1.1 灌口城市

位于成都平原西北边缘的灌县县城，处于灌区扇状水系的灌口顶部，城市依山而建，俯瞰整个平原，城市一半在山麓，一半在平原，六分山地、四分平地，因依山成高屋建瓴之势，彰显在都江堰灌区中的统领位置。城市设计除因借西部山麓，还观照东部山系，晴日里可望成都、华阳"凤凰、龙泉、牧马诸山"[①]，意象上成为"灌城之藩篱"[②]。左思在《蜀都赋》中载："廊灵关以为门，包玉垒而为宇，带二江之双流，抗峨眉之重阻，水陆所凑，兼六合而交会焉。"[③]其中描述为蜀地整体形势，但灌县县城因其独特地理位置集中了其中大半特征，可谓"一隅形势足兼兹数者"[④]（图2-20、图2-21）。

2.4.1.2 平原灌区城市

平原核心地带，各个县城都为平原灌溉水系环绕，因处于平原中心，近处无直接可因山体，因此各城市都借助东西远山作为形势，构建城市意象。而且，平原城市与城市之间，或城市与临近的其他人工要素之间互相关照，互为形势。例如新繁城，"原野沃衍，溪水夹流"[⑤]，"北天彭（岷山一带），西玉垒，一百里山耸屏风，南锦城，东新都，千万家民耕绣壤。虽无峻岭崇山，

图2-20　玉垒山与灌县城
（图片来源：自摄）

① （光绪）《增修灌县志》。
② （光绪）《增修灌县志》。
③ （左思）《蜀都赋》。
④ （光绪）《增修灌县志》。
⑤ （同治）《新繁县志》。

图 2-21　灌县县治图

（图片来源：（民国）《增修灌县志》）

适有茂林修竹，江沱郁积，气象万千。"[1] 此城市为典型的田园之城，而整体意象又能观照北部、西部山体，并能与成都龟城、新都合为形势，构成整体。如温江城："面锦城而负玉垒，枕岷江而跨金马"[2] 将成都锦城与玉垒山合为整体意象之中。如新都城："前望龙门，后崇石镜，左拥阵图，右环锦水，……遥负雪山，银屏北拱，近瞻亦岸，紫气南来，清江共锦水夹流，昆渡与督桥环绕。"[3] 龙门、雪山、银屏皆为对于远山之因借，"崇石镜"、"拥阵图"皆因借近处人工要素，周围又有河流环绕，合围整体。再如彭县城："彭门（汶山）斗城（成都），九峰高峙，濛水长流。前襟清白，后枕鋈华，左抱灌崇，后临新汉。"[4] 成都城亦处于平原中心地带，在下文中详细论述（图 2-22）。

---

① （同治）《新繁县志》。

② （明）冯任等：《天启新修成都府志》。

③ （道光）《新都县志》。

④ （嘉庆）《彭县志》。

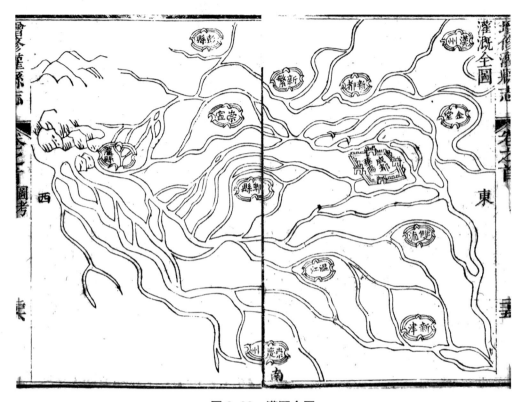

图 2-22　灌溉全图
（图片来源：（民国）《增修灌县志》）

2.4.1.3　平原近丘城市

临近丘陵地，县城山环水抱之势更为明显，体现了对城市周边水系与中远距离山系的利用。如双流："复员沃衍，山水平静，宜城前绕柳河，后环南冈叠阻，西水层环，五寨棋布于江津三镇，屏围于山嶂。"[①] 再如崇州，"右有白塔山绵亘数十里，竖州治之半壁，左有羊马河分派环绕作州治之前驱。"[②]

2.4.1.4　南部下游城市

都江堰灌区南部，平原水系汇合于新津、彭山，水流合流后向正南狭长河谷地带顺势而下，灌区下游的城市因河谷地形更能巧妙的因借山水小环境，产生了若干"形胜"为人称道的灌区城市。如：新津城位于合流之处，整个平原水系皆系于此，素称成都南大门，与灌县县城对应，掌控平原，古人称其形势：

---

① （民国）《双流县志》。
② （光绪）《增修崇庆州志》。

"地联邛雅，山接蔡蒙，□水潆前，岷江环左，龙飞凤舞，下流嘉州，一泻千里，有襟山带河之致。"城市东南临牧马山台地，西南临长丘山陵，北面整个平原灌区，山水环绕，城市更为直接的因借周边地理小环境，利用近处山水，而对于远山的利用则淡化，《新津县志》载："天社修觉峰□与前，金马石鱼河潆其后，左连牧马，环卫如城右，接鹤鸣崇窿似幛"。[①] 峡谷地带，城市皆为形胜之地，如眉山，"古称形胜地，峨眉揖于前，象耳镇于后，山不高而秀，水不深而清，介岷峨之间，为江山秀气所聚，坤维上腴，岷峨奥区"[②]（图2-23）。再如青神县城："介眉嘉之间，广袤数十里，山川形胜为蜀之最，锦潆二江虹贯东北，嵋岭三峰翠峙西南，沃野平原，比户可封熙皞之盛"[③]（图2-24）。而处于成都平原的边缘的乐山，位于岷江、大渡河、青衣江三江交汇之处，依山傍水，古人称："背负三峨，襟带三江，孤清秀绝为蜀冠冕。"[④]

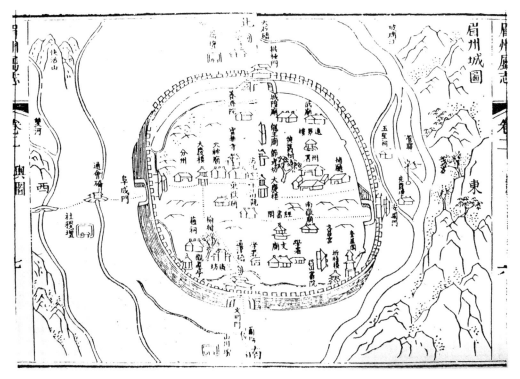

图 2-23　眉州城图
（图片来源：(嘉庆)《眉州属志》）

---

① （道光）《新津县志》。
② （民国）《眉山县志》。
③ （光绪）《青神县志》。
④ （光绪）《乐山县志》。

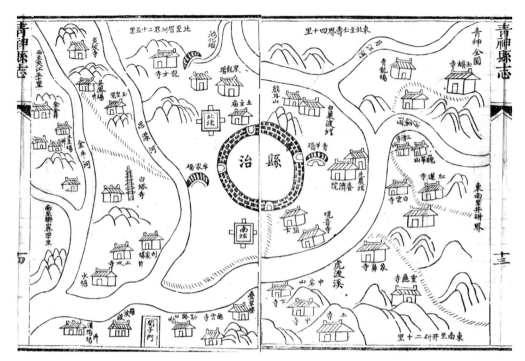

图2-24　青神全图
（图片来源：（光绪）《青神县志》）

总体而言，成都平原中的城市因所处地理位置不同而产生了不同的山水特色，灌区下游的城市常言"形胜"，而平原城市多言"形势"，说明平原城市既因借于大环境，更需要小环境的彰显。而整体上各个城市对形胜的追求，促成了地域山、水、人工要素的互相因借的生态关系，促进了城市群与不同层次区域山水的整体和谐意象。

2.4.2　成都城营建与山水秩序

具体而言，古代城市山水关系的形成是多年来发展的结果，也是城市生态实践的集中体现。这种实践是怎么发生的，有什么样的特征，形成了怎样的山水秩序，都需要更深入的研究才能获得更清晰的答案。

古代成都城自建城起，两千余年城名未改，城址未变，在中国城市史上尤为突出，在成都平原城市群中也是文化积淀最深、历史资料最为丰富的城市。以下以古代成都城为例深入研究，在城市营建历史中考察古人对山水秩序的考虑，既观察不同历史时期城市山水秩序的创建、继承与调整，又尝试总结中国传统城市山水秩序构建的基本特征与一般原则。

古代成都城的营建，肇始于古蜀王杜宇、开明，后经历秦张仪、隋杨秀、唐高骈、明蜀王等几个重要时期，城市格局渐进发展，各个时期皆有观照山水秩序之考虑，山岳、水系、城墙、园林、建筑等要素的利用与营建，乃至城市整体形态与象征意义都与山水秩序构建紧密相连。历史地看，成都城山水秩序构建活动在古蜀国时期已有积累，城市选址已经确定，并有大量山岳祭祀活动；至战国末年李冰治水、秦代张仪筑城，成都城山水秩序基本确立；再到五代、唐宋，成都城市文化繁荣，园林宫苑兴盛，城市水系治理也日臻系统，对后世影响深远；明清两代，成都城山水秩序在以往的基础上微调，形势、风水更加考究，山水秩序则日趋明朗与成熟（详见图 2-25，表 2-3）。

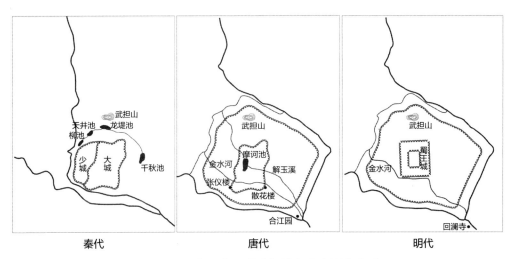

图 2-25　秦、唐、明成都城市山水要素变迁

（图片来源：自绘，参考：四川省文史研究馆. 成都城坊古迹考［M］. 成都：成都时代出版社，2006.）

成都城山水秩序构建大事　　　　　　　　　　　　　表 2-3

要素类型图例：山：▲；水：≈；建筑：■；园林：○；城墙：▣；城市：**城**

	历史时期	重要事件	要素类型	山水秩序的考虑与影响
积累	古蜀时期	祭祀岷山	▲	岷山崇拜，影响城市走向
		羊子山土台	■	祭祀山川，面向岷山
		择平原中央台地定都成都	**城**	择中而立，择台地建城
		建蜀王妃子之冢[①]	▲	后称武担山，成为成都镇山

① （东晋）常璩：《华阳国志·蜀志》："武都有一丈夫，化为女子，美如艳，盖山精也。蜀王纳为妃不习水土，欲去，王必留之，未几物故。蜀王哀之，乃遣五丁之武都，担土为妃作冢，盖地数亩，高七丈，上有石镜，今成都北角武担是也。"

续表

历史时期		重要事件	要素类型	山水秩序的考虑与影响
确立	战国——秦汉	张仪筑城（少城、大城）①，形似"龟城"	▢	城墙顺应地势，非正方。以武担山为镇②
		筑城取土之处形成千秋池、龙堤池、柳池、天井池，水道相连③	≈○	形成城市园林系统
		李冰命名汶山（岷山）为"天彭门"，位于湔氐县"天彭阙"④	▲	岷山"天阙"突显，强化岷山祭祀
		李冰开二江	≈	穿二江成都中，形成"二江珥其市"的格局
		秦始皇封岷山⑤	▲	岷山崇高化
	三国魏晋	昭烈帝（刘备）即位于武担山之南，规划宫室，未能实现	▲	武担山政治化
		武陵王纪掘武担山得玉石棺，中有美女，貌如生，掩之而寺其上，是为武担山寺⑥	▲■	突出武担山地位
发展	隋	杨秀取土增筑少城，建摩诃池	▢○	形成城市大型园林
	唐	西川节度使韦皋开凿解玉溪	≈	连接郫江与摩诃池
		韦皋作合江园于二江合流处	■○	形成合江处风景胜地，点缀风水
		西川节度使白敏中开凿襟河，后称金水河	≈	构建城市水网系统
		高骈改道郫江东流	≈	形成二江抱城的格局
		高骈筑罗城	▢	包武担山于罗城内
	五代	建宣华苑，延袤十里	○	形成城市大型宫苑
	两宋	成都知府席旦疏导全城水系	≈	完善城市水网系统

---

① （东晋）常璩：《华阳国志·蜀志》："惠王二十七年，仪与若城成都，周回十二里，高七丈；郫城周回七里，高六丈；临邛城周回六里，高五丈。造作下仓，上皆有屋，而置观楼射兰。成都县本治赤里街，若徙置少城内。营广府舍，置盐、铁、市官并长丞；修整里闬，市张列肆，与咸阳同制。"

② （汉）扬雄《扬子云集》卷5《蜀都赋》，清文渊阁四库全书本，载："武担镇都，刻削成菣。"

③ （东晋）常璩：《华阳国志·蜀志》载："其筑城取土，去城十里，因以养鱼，今万岁池是也。（惠王二十七年也）城北又有龙坝池，城东有千秋池，城西有柳池，冬夏不竭，其园囿因之。"

④ （东晋）常璩：《华阳国志·蜀志》："周灭后，秦孝文王以李冰为蜀守。冰能知天文地理，谓汶山为天彭门；乃至湔氐县，见两山对如阙，因号天彭阙。仿佛若见神，遂从水上立祀三所，祭用三牲，珪璧沈濆。汉兴，数使使者祭之。"（天彭阙：今松潘北，后有人认为在灌县与彭县，均为附会。）

⑤ 《史记·封禅书》："至秦称帝，都咸阳，则五岳、四渎皆并在东方。自五帝以至秦，轶兴轶衰，名山大川或在诸侯，或在天子，其礼损益世殊，不可胜记。及秦并天下，令祠官所常奉天地名山大川鬼神可得而序也。于是自殽以东，名山五，大川祠二：曰太室。太室，嵩高也。恒山，泰山，会稽，湘山。水曰济，曰淮。春以脯酒为岁祠，因泮冻，秋涸冻，冬塞祷祠。其牲用牛犊各一，牢具珪币各异。自华以西，名山七，名川四。曰华山，薄山。薄山者，衰山也。岳山，岐山，吴岳，鸿冢，渎山。渎山，蜀之汶山。水曰河，祠临晋；沔，祠汉中；湫渊，祠朝剔；江水，祠蜀。亦春秋泮涸祷塞，如东方名山川；而牲牛犊牢具珪币各异。而四大冢鸿、岐、吴、岳，皆有尝禾。"

⑥ 参考：陈廷湘，李德琬主编．李思纯文集（未刊印论著卷）[M]．成都：巴蜀书社，2009.

续表

历史 时期		重要事件	要素 类型	山水秩序的考虑与影响
成熟	明	填摩诃池凹下之地，建设蜀王府，以武担山为镇，调整城市中心地带路网为正南北向	■ ▣	形成城市南北正轴线
		建蜀王府过程中开凿"王府河"，称"御河"	≈	水系调整
		布政使余一龙建锁江桥及回澜寺塔（张献忠时期毁坏）	■	兴文风，点缀风水
	清	建设望江楼（崇丽阁）	■	兴文风，点缀风水 [①]
		建设煤山 [②]	▲	城市假山

根据以上历史梳理，结合成都城的地理特征，我们可从以下几方面深入探讨其山水秩序的基本特征。

2.4.2.1　名岳镇域与城市坐标

中国古代营城立邑，山岳与城的关系往往被放在首要考虑并极为神圣的位置，山岳为崇高、城次之象征着发展的永恒。成都建城与岷山关系最为密切，秦代之后，岷山经由封禅，成为国家名山之一，进一步崇高化，如《史记·封禅书》记载：

"自华以西，名山七，名川四。曰华山，薄山……岳山，岐山，吴岳，鸿冢，渎山。渎山，蜀之汶山（即岷山）。" [③]

成都城的轴线自秦张仪筑城开始就非正南北方向。而是呈现以东北——西南为纵，以西北——东南为横的城市坐标体系。横坐标恰朝向岷山，与三星堆中因山岳祭祀产生的横坐标相似，而纵坐标也与横坐标垂直，平行于龙门山与龙泉山走向。

秦以后，这一坐标体系一直贯穿于各代成都城市建设中，直到清末成都城市街道走向仍清晰可见，是自秦代格局继承的体现。刘琳在《成都城池变迁史考述》中论述："唐末以来的成都城都偏向东北，今日的许多街道仍可见，当是沿袭了

---

① （民国）《华阳县志》卷28：光绪十年（1884年），县令马绍相（长卿）以回澜塔（同庆阁）毁后，县中科第衰微，倡议在薛涛井前创建崇丽阁，阁凡五级，碧瓦朱栏，瓠棱壁当，井干六角，塔铃四响，登高眺望，江天风物，一览无余，其形制仿回澜塔（同庆阁），取"既丽且崇"。

② "煤山在贡院内东北隅。或谓其地为清代宝川局铸钱时所弃炉炭余烬堆积而成，或谓明蜀王府台榭余基。此山之中部稍低，远望之似分为二，故清光绪三十年成都街道图志其北段为大煤山，南段为小煤山。后毁。"引自：四川省文史研究馆. 成都城坊古迹考[M]. 成都：成都时代出版社，2006：301.

③ 《史记·封禅书》。

原来秦城的城势。"①

　　成都城横纵坐标角度与三星堆古城遗址略有不同，三星堆纵轴北偏东45°，成都城纵轴北偏东30°，但朝向近似，尽管秦统一前后的成都平原在文化上有差异，且三星堆古城与成都城城址也不处同一地，却均可见古人在山岳崇拜与山脉走向共同影响下构建的相似的城市坐标体系。

　　除了朝向非正南北，成都建城，城墙形状也非正四方，是顺应地势的结果，有"龟城"的意象。《蜀中广记》中记载：

　　　"初，张仪筑城，虽因神龟，然亦顺江山之形。以城势稍偏，故作楼（按指宣明门楼②）以定南北。"③

　　之后各代，这一"龟城"意象在历次修城营建中被保留，直到明代还被强化。如明正德《四川志·城池》载：

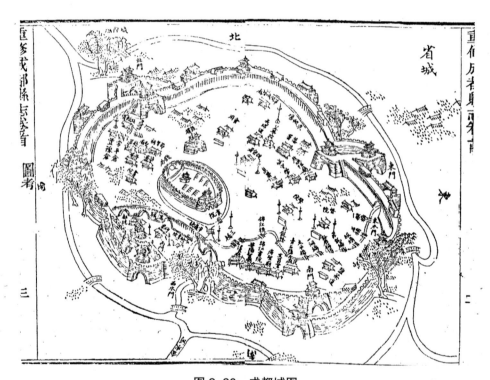

图 2-26　成都城图
（图片来源：（同治）《重修成都县志·卷首》）

---

① 刘琳．成都城池变迁史考述 // 何一民主编．川大史学（城市史）[M]．成都：四川大学出版社，2006：74．
② 宣明门楼即有名的"张仪楼"。张仪筑城所筑的"大城"与"少城"到晋代都还存在，当时益州治大城，蜀郡治少城。至东晋穆帝永和三年，桓温平蜀，灭李势政权，才折毁少城（《蜀中名胜记》卷一引《方舆胜览》）；但著名的宣明门楼——张仪楼——仍然保存，直到唐代曾岑等十人都曾登临题咏。（刘琳．成都城池变迁史考述 // 何一民主编．川大史学（城市史）[M]．成都：四川大学出版社，2006：79）
③ （明）曹学佺：《蜀中广记》卷2，清文渊阁四库全书本。

"大明洪武初，都指挥使赵清等，因宋元旧城而增修之……城周回建敌楼一百二十五所。其西南角及东北角建二亭于上，俗传象龟之首尾。"[①]

2.4.2.2　武担形胜与南北轴线

秦以后的成都城市建设中，非正南北的偏轴格局并不能满足城市重要建筑布局营建对完美形态的需求。在城市尺度的营建中，古人非但强调正南北向对城市格局的作用，还利用城市附近山体形成正北镇山。

成都平原地处成都平原中部，周围天然山体均不具备定正南北向的条件，而一座古蜀时期兴建的人工山体——武担山却被充分利用。武担山实为成都平原一座小山丘，长约百米左右，高 20 米左右，是蜀王开明王为其妃子所建之墓，因作冢成山，后命名为武担山。[②] 此山虽小，却对成都城市格局有重要影响。秦汉时期，该山位于成都城大城北郭之外，文献虽没有以此山为标志设置城市南北中轴线的记载，但武担山作为北部镇山的作用已经存在，并体现到具体的城市设计当中，西汉扬雄《蜀都赋》中已有"武担镇都，刻削成敛"[③] 的说法，唐王徽《创建罗城记》也载：

"先是蜀城，既卑且隘，象龟行之屈缩，据武担之形胜，里闬杂错，邑屋填委，慢藏诲盗，城而弗罗，因循旧贯，日居月诸，殆逾千纪。"[④]

蜀汉时期，刘备称帝，选择于武担山之南筑坛即位（仿刘邦、刘秀在郊外即位以便于祀天地百神），赋予武担山以祭祀功能，与政治联系在一起。到唐代高骈筑罗城，武担山被包围至城郭之内，山上曾建寺庙，登高可见成都风景，广为文人赞颂，唐王勃在《晚秋游武担山寺序》中将此山称为"灵岳"[⑤]，彰显其

---

① 正德《四川志·城池》
② （东晋）常璩：《华阳国志·蜀志》载："武都有一丈夫，化为女子，美如艳，盖山精也。蜀王纳为妃不习水土，欲去，王必留之，未几物故。蜀王哀之，乃遣五丁之武都，担土为妃作冢，盖地数亩，高七丈，上有石镜子，今成都北角武担是也。其亲埋作冢者，皆立方石，以志其墓。成都县内有一方折石围可六尺，长三丈许，去城北六十里曰担桥，亦有一折石，亦如之长老传言，五丁力士担土担也。"
③ （汉）扬雄《扬子云集》卷 5《蜀都赋》，清文渊阁四库全书本。
④ （唐）王徽：《创建罗城记》，《全唐文》卷 793，清嘉庆内府刻本。
⑤ 王勃《晚秋游武担山寺序》：若夫武丘仙镇，吴王殉殁之墟；骊岭崇基，秦帝升遐之宅。虽珠衣玉匣，下赍穷泉；而广岫长林，终成胜境。亦有霍将军之大隧，回写祁连；樗里子之孤坟，竟开长乐。岂如武担灵岳，开明故地蜀夫人之葬迹，任文公之死所。冈峦隐隐，化为阆崛之峰；松柏苍苍，即入祇园之树。引星垣于沓嶂，下布金沙；栖日观于长崿，傍临石镜。瑶台玉榭，尚控霞宫；宝刹香坛，犹芬仙阙。珊珑接映，台凝梦渚之云；壁题相辉，殿写长门之月。美人虹影，下缀虹幡；少女风吟，遥喧凤铎。墓公以玉律丰暇，偯林墅而延情；锦署多闲，想岩泉而结兴。于是披桂幌，历松崖，梵筵霞属，禅扃烟敞。鸡林俊赏，萧萧鹫岭之居，鹿苑高谈、曇曇龙宫之偈。于时金方启序，玉律惊秋，朔风四面，寒云千里。层轩回雾，齐万物于三休；绮席乘云，穷九垓于一息。碧鸡灵宇，山川极望，石兕长江，汀洲在目。龙镳翠辖，骈阗上路之游；列榭崇闱，磊落名都之气。渺渺焉，洋洋焉，信三蜀之奇观也。昔者升高能赋，胜事仍存，登岳长谣，清标未远。敢攀盛烈，下揆幽襟。庶旌西土之游，远嗣东平之唱云尔。引自（唐）王勃：《王子安集》卷 6，四部丛刊景明本。

在成都城中的地位。而明确可考以武担山为北镇，定南北中轴线进行城市与建筑布局的营建活动发生在制度重创、全国筑城之明初，彼时，成都在全国城市体系中，虽偏处"西南一隅"，但已成为"羌戎所瞻仰"之区域中心城市，因此，明太祖敕命"营国武担山之阳"，[①]并以武担山为镇立中轴线，采取了正南北的朝向。如正德《四川志·藩封·蜀府》载：

"洪武十八年（公元 1385 年）谕景川侯曹震等曰：'蜀之为邦，在西南一隅，羌戎所瞻仰，非壮丽无以示威，汝往钦哉。'震等祇奉，营国武担山之阳。"[②]

明蜀王府的建设调整了蜀王府附近的道路格局，成正南北向，而蜀王府以外地区的道路网格仍然保持由秦至唐宋以来形成的斜坐标体系。这次城市营建形成了一个城市中心地带道路正南北，其他地区东北——西南走向的交叉、扭转的城市道路网格局。经由明代的城市建设，成都城市营建对武担山这一人工小丘的利用持续千年，而最终定格于北山南宫的城市中轴线布局中，城市核心地带连同武担镇山的正南北秩序明朗化（图 2-27）。

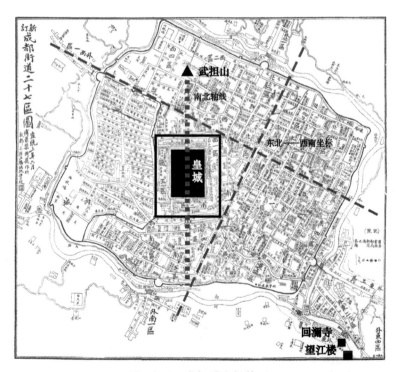

图 2-27　成都城坐标体系

（图片来源：笔者以（清宣统三年）《成都街道二十七区图》[①]为底绘制）

---

① （明正德）《四川志·藩封·蜀府》。
② 同上。

2.4.2.3 "天阙"格局

此外，不论区域还是城市尺度的山岳与城市关系的构建，古人都强调"天阙"的存在，并以此为基础作为实际的或者意象的轴线贯穿到城市布局与山水秩序的阐释当中。先秦时期李冰治水，曾在岷江上游命名汶山（与岷山一系）"天彭阙"，"天阙"乃岷江源头，后又以此江为基础分水，开二江联系成都城，并将"天彭阙"神圣化，加以祭祀，构建了"天彭阙——岷江——二江——成都"的基本秩序。如《华阳国志·蜀志》与《水经注》对"天彭阙"的记载：

"秦孝文王以李冰为蜀守。冰能知天文地理，谓汶山为天彭门；乃至湔氐县，见两山对如阙，因号天彭阙。仿佛若见神，遂从水上立祀三所，祭用三牲，珪璧沈濆。汉兴，数使使者祭之。"[①]

"秦昭王以李冰为蜀守，冰见氐道县有天彭山，两山相对，其形如阙，谓之天彭门，亦曰天彭阙。江水自此以上，至微弱。"[②]

在成都平原范围，成都城东北郊外有凤凰山（旧也称学射山）和磨盘山，南部有今日新津老君山（与宝资山同脉，又名天社山、稠粳山）。成都东北——西南坐标恰似穿过凤凰、磨盘二山间隙形成轴线，并达于南部老君山，凤凰、磨盘二山如双阙，老君山脉如朝案，地理格局较为明显，但仍有待文献佐证。成都城中的武担山亦有双阙，武担山山体呈东西走向，山为狭长马鞍形，东西各有一顶高凸，中部则较低凹，而相连属，古称此二顶为东台西台。宋陆游有诗："大城少城柳已青，东台西台雪正晴"[④]，正指此山。这一"两台"的形象又有"双阙"之意象，罗泌《路史》载："开明妃墓，今武担山也，有二石阙。"[⑤]唐宋时期，武担山东西两台上还建有暑学轩对其进行强化，即便城中北镇的人工小山丘也产生了"天阙"的意象。中国古代城市以两山为"双阙"，以其间隙定轴线的案例比比皆是，长安之子午谷、济南之鹊华、洛阳之伊阙皆是[⑥]，而成都城通过充分利用区域范围内的大小山岳，创造了多重尺度的"天阙"格局，彰显了地域山岳体系对城市山水秩序多层次的影响。

① （东晋）常璩：《华阳国志·蜀志》。
② （北魏）郦道元《水经注》卷 33，清武英殿聚珍版丛书本。
③ 四川省文史研究馆. 成都城坊古迹考 [M]. 成都：成都时代出版社，2006.
④ 陈廷湘，李德琬主编. 李思纯文集（未刊印论著卷）[M]. 成都：巴蜀书社，2009：542.
⑤ 《蜀中广记》卷 3《名胜记第三·川西道·成都府三》，清文渊阁四库全书本。
⑥ 吴良镛. 借"名画"之余晖点江山之异彩——济南"鹊华历史文化公园"刍议 [J]. 中国园林，2006(1).

　　综合以上三小节对山、城关系的论述，可见古代成都城营建对山、城关系的处理手法和经验：历代对成都城的营建都重视地域名山与城市的关系，且以山岳为崇高，城次之，斜向的城市坐标、武担北镇的南北轴线，以及多层次的与轴线相关"天阙"意象都成为城市山水秩序的具体体现（图2-28～图2-30）。

图2-28　武担山与双阙（轴线方向为正南北）
（底图来源：旧日军参谋本部．近代中国都市地图集成．柏书房，1986．）

图2-29　凤凰山——磨盘山双阙
（图片来源：底图为吴良镛藏图）

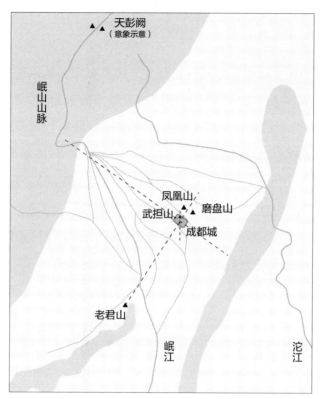

图 2-30 成都城双阙轴线示意图
（图片来源：自绘）

2.4.2.4 人工流域与城市水网

张仪完成筑成都城之业后约六十年，秦庄襄王时（前 249—前 247 年），李冰主持"二江"工程，将郫江、捡江两个人工河道穿成都而过，从此，成都被纳入"二江"人工流域体系中。这两个人工河道自东绕城，在城南并流。张仪所筑大、少城皆滨郫江，捡江为外壕，秦城形势变为临江型。[①] 李冰又将成都"市"移于郊外"二江"之间及捡江南岸，形成了成都"两江珥其市"[②] 的格局。此后，"两江珥其市"的水道格局便成为成都城市格局最鲜明的特点，在诗文辞赋中多有颂扬，并在之后的城市规划中不断强调。唐代，高骈修筑罗城，成都的城市格局由秦汉时期的二江并流的临水型城市变为二江环城（图 2-25）。依靠此二江，古代成都城的商业、运输和水路交通得以发展，才有唐诗中"窗含西岭千秋雪，

---

① 四川省文史研究馆. 成都城坊考 [M]. 成都：成都时代出版社，2006：21.
② （汉）扬雄：《扬子云集》卷 5《蜀都赋》，清文渊阁四库全书本。

门泊东吴万里船"[①]和"濯锦清江万里流,云帆龙舸下扬州"[②]的景象,二江辽远、商船繁盛。

除了二江,各代文献中都零星地记载关于成都城市其他水道开辟的情况。唐代成都城曾开辟解玉溪、金水河,与摩诃池等城市陂池相连,在高骈筑罗城后,又与环城二江联系,形成水网。古人诗言:"十里珠帘都卷上,少城风物似扬州"[③]。北宋时期,解玉溪湮废,成都城又开凿"后溪"。宋末元初,成都遭受严重破坏后,城市河道很多废弛,明代又几经疏导与恢复。明洪武年间,蜀王府兴建,围绕王府"蓄水为壕",兴建了"王府河",又称"御河",又疏通金水河,再次改变了城市河道格局。明末清初,城市再次遭受破坏,后又经历系统疏导恢复,在雍正年间再次获得良好的水环境。

据现有文献和考古资料,至少在宋代,成都城就形成了系统性很强的城市整体水道网络。北宋吴师孟《导水记》中完整呈现了成都城内的水道体系:(1)城市水道承接城市西北隅都江堰灌区上游来水;(2)二江主河道与西北隅补充水源相连,自西向东导水;(3)城中有四大沟脉,散布于居民夹街,自西而东形成支流;(4)城东门为众水道合流之处,水流出东门入江;(5)居民各家水渠与公共水道相连,并有众多水井。整个水网系统顺应自然,不逆地势,形成了多功能、多用途的完备、系统的水网体系。[④]《成都城坊古迹考》中也论:"到宋代,成都城市水道系统发展的已经相当完善,有引水入城者,有排水下行者,有积蓄成塘者。"[⑤]20世纪90年代以来,成都市区发现多处唐宋时期的水道遗址,这些水道大多规划周密,断面规整。比较重要的发现有成都大科甲巷北侧遗址与江南馆街遗址。在江南馆街的遗址中,唐宋街坊格局清晰可见,遗址和遗迹包括排水渠、铺砖路面、泥土支路、房址等。道路两侧的房屋与水道系统都可清晰辨认,水道与街道、房址匹配,发现水道共16条,其中12条都是与房址周边或房址小天井相连的小水道,或道路两侧的排水道,另外4条是地下排水沟。地面水道综合交错,汇集后通过城墙与城外水系相连,体现着城内外河道的一

---

① （唐）杜甫：《绝句四首·其三》,《杜诗详注·卷13》,清文渊阁四库全书本。
② （唐）李白：《上皇西巡南京歌》,《全唐诗》卷167.
③ （宋）范成大.三月二日北门马上 // 范石湖集·诗集.卷17 [M] 富寿荪标校.上海：上海古籍出版社,2006：233.
④ （宋）吴师孟.导水记 // （宋）袁说友等编著.成都文类 [M].北京：中华书局,2011：510-511.
⑤ 四川省文史研究馆.成都城坊考 [M].成都：成都时代出版社,2006：98.

体性（图 2-31）。[①] 这些与居民区紧密联系的水道网络正是成都城系统化水网建设的例证。

图 2-31　江南馆街遗址
（图片来源：自摄）

同时，这种系统化的水网还体现着与都江堰扇状人工流域的衔接，内外交织，体现着外部流域与城内水网形成的整体秩序。元代马可·波罗曾在其行纪中这样描述成都水城概貌：

"有一大川经此大城。川中多鱼，川流甚深，广半哩。……水上船舶甚众，未闻未见者不信其有之也。商人运载商货，往来上下游。世界之人，无有能想象其甚者。此川之广，不类河流，竟似一海。……有不少重要川流，来自远方山中，流经此城周围；且常穿过城内。诸川有宽至半哩者；其他仅宽二百步；然诸川水皆深。有不少壮丽石桥，横架其上。桥宽八步；桥长视川之广狭为度。……诸川离此城后，汇而为一大川，其名曰江。"[②]

2.4.2.5　山水脉络与人文化育

城市地处平原腹心地带，成都城得益于成都平原整体形势，而具体营建又有依山水脉络的考虑，强调周边地域山水脉络向城市近郊的延续，以为因

---

① 参考：严文明，李伯谦，徐萍芳. 浓墨重彩 2008 年度全国十大考古新发现 [J]. 中国文化遗产，2009.2.
② ［意］马可·波罗. 马可·波罗行纪（节录）// 冯广宏主编. 都江堰文献集成·历史文献卷（先秦至清代）
　　[M]. 成都：巴蜀书社，2007：207.

借（图 2-32，表 2-4）。明清时期相关形势考中都有记载，如钟朝镛描述成都主脉：

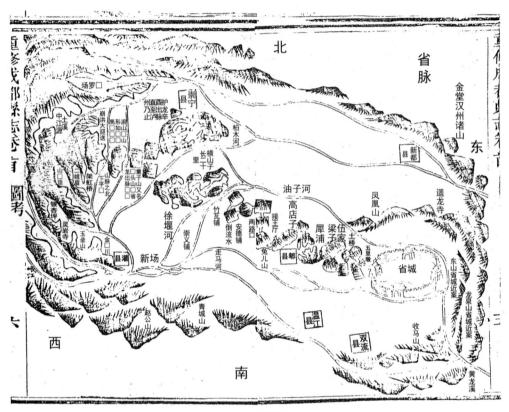

图 2-32　成都省脉
（图片来源：(同治)《重修成都县志》，图中地名为作者录入）

"由岷江山发脉至灌县，二峨眉出脉三十里，下壩蒲阳河十余里，至湧山寺起顶石梁，渡江至童子山，平地起三台，高峰乾亥出脉，复落平阳，渡江廿里，至崇宁县竹瓦铺乡，出土埂，由竹瓦铺三十里，至郫县，廿里，至成都武家梁子，又十余里，至省城，西门北有油子河，南有清水河，夹送至省。"①

成都城营建以主脉为依托，四方山水脉络与内外城市营建将城市与外部山水联系为一个有机整体。整理钟朝镛《成都省城脉络形势书》中相关内容，可见成都城山水脉络与城市营建的关系（表 2-4）。

---

① 钟朝镛《成都省城形势脉络说明书》，石印本，国家图书馆数字方志数据库。

成都风水形势及营建策略　　　　　　　　　　　　　　　表 2-4

四方风水形势	
西	"由灌县发脉而来，穿河过县，直至省城，气势横阔，威镇全川"。
南	"有王冢埂、草堂寺、石栏杆、钟家埂、元通桥、三台山、古埂湾，皆属省城之岸，绕东西而出"。
东	"多有宝沙河、色家等山环绕之而达"。
北	"有磨盘山、凤凰山、回龙寺、土门寺、红苕坡，乃众山朝拱也"。
入城支脉	
西部	"由正西门而入，直达皇城旁枝"，"由外北东岳庙侧穿河入城，城垣之内文殊院侧有土墩高起，古名梳装台，直达古天府观星台"。
北部	"都督□之起脉也，经过洞子口，昇平桥，□□寺，后玉局巷，通会庵，七根柏树，白马寺，许家祠，东岳庙义地等处"，"由东岳庙侧穿河入城，更由梳装台直达观星台，而腰结于古天府，由府至旧提督藩署，以达督院，此枝脉所结之穴也"。
城市营建	
西	其一，筑堤导水，"西地庚，乃肃杀之气，省城地势甚低，恐洪水为患"，因此，"（诸葛亮）于外西二三里，开有犀角河一道，深阔三尺三寸，以应周天之数"。其二，西门研修月城，"由右转左以避肃杀之气"，其三建设"青羊宫"应"三台星"作为"案台"。
南	其一，修月城，"由左转右出，右边百花潭以接朝水"，其二，理水，"锦江笮桥之水由西至南，曲折湾环，由右倒左以收其势"，其三，水东流之处设东门，"至万里桥，水始东出"，东门与出水相配"则修造得宜"，可主"文风之盛"。
东	其一，修月城，"东西城门所向，红日一升，特迎紫气，所修月城，由左转右，以舒其气"，其二，"两河口出水之处，更添修江楼以镇之，主川中人才辈出，水生富而财归库也"。
北	修月城，"由右转左出，其势亦舒。"
城内	其一，脉络正穴建设皇城，"皇城乃省脉所结之正穴，自古藩镇所居之地也"。其二，皇城内建设煤山，延续脉络，"（气脉）由右转左，特造峰峦于内，曰眉山（煤山），子午正向，坐北朝南"。其三，城内理水，"（皇城）外有御河，随龙界水绕合之"。
城外	两水东流之处建望江楼（崇丽阁），"（河水）东达两河口，至九眼桥，将各水锁完，更建崇丽阁以塞之"，望江楼为风水中最为重要之标志物，"当日影西沉之际，云生雾摊，阁影倒插如笔点丹池，此全川人文之所系也"。

资料来源：表中引文皆出自钟朝镛《成都省城形势脉络说明书》，石印本，国家图书馆数字方志数据库。

　　表中有关成都周边山水形势脉络的阐释既包含有不少风水附会的成分，同时也有为城市山水秩序构建提供基础的实际意义。成都城建设强调对山水脉络

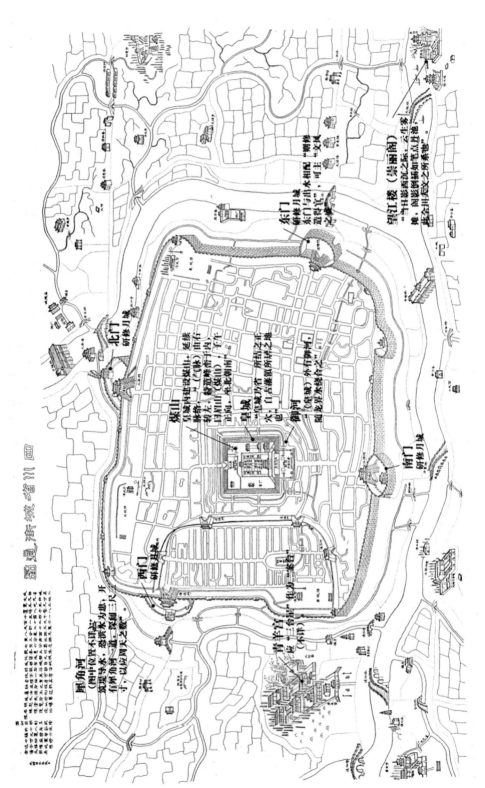

图2-33　成都城风水营建示意

（底图：（光绪）四川省城街道图）

的延续，以蜀王府一带为"穴位"，以水道系统为血脉，就连清代皇城中城市假山"煤山"的建设也有延续脉络的含义。其整体营建尊重"地灵"，重视山水孕育的生命作用，而其目的在于培育"人杰"。在成都城东南二江合流之处的建筑营建多有补足形胜，促成化育人文的整体城市环境之考虑，唐代建设合江亭，镇两河出水之处，主川中人才辈出，明代回澜寺兴建回澜塔（又名同庆阁，图 2-34），也是此意，清代又建设望江楼，其功能与形制均仿照回澜塔，"既丽且崇"，也以兴文风为目的。古人以山水脉络延续为出发点营建城市环境，追求整体形胜，又以人文的兴盛为归宿，是一种自然与人文交融的生态实践模式。

图 2-34　同庆阁图
（图片来源：（光绪）《华阳县志》）

2.4.2.6　造城与城市园林布局协同

　　古代成都城市营建过程中一直强调城市园林系统与造城活动的协同性，将园林布局与筑城取土协同考虑。早在秦张仪初筑成都城时就曾在城外十里取土，形成万岁池，后又在东、北、西三面分别取土，相应形成了千秋池、龙坝池、柳池等大型池沼，[①] 其间津流径通，冬夏不绝，水域广阔，并园囿结合，成为园林系统，同时也形成了秦城东、北、西三面的天然屏障。[②] 如《华阳国志·蜀志》载：

"其筑城取土，去城十里，因以养鱼，今万岁池是也。惠王二十七年也……城北又有龙坝池，城东有千秋池，城西有柳池，冬夏不竭，其园囿因之。"[③]

又如《水经注》载：

"初张仪筑城，取土处去城十里，因以养鱼，今万顷池是也。……城北又有龙坝池，城东有千秋池，西有柳池，津流径通，冬夏不竭。"[④]

隋代，杨秀又扩筑秦城西南二隅，于城内王宫侧取土筑新城，用取土处建设摩诃池。《方舆胜览》记载："隋蜀王秀取土筑广此城，因为池。"[⑤] 利用宫室、城墙的营建，在取土之处兼为凿池，达到土方和生态的平衡，是一举两得的巧妙之举，亦可见其统筹考虑之用心。摩诃池早期只能靠雨水补给，后有金水河、解玉溪连接成系统。后又以摩诃池为基础，建设了大型宫苑宣华苑。

严耕望考唐五代时期之成都："城西有柳池，西北有天井池，城北有龙坝池及万岁池，城东有千秋池"[⑥]（为筑城取土之遗迹）。而且，高骈在唐代筑成都城后，做糜枣堰，引郫江水绕经城北，将二江由并流改为绕城而流，所改河道恰穿过城外诸池，连为系统（图 2-35）。

① 四川省文史研究馆. 成都城坊古迹考 [M]. 成都：成都时代出版社，2006：17.
② 严耕望. 唐五代时期之成都 // 严耕望. 严耕望史学论文集（中）[M]. 上海：上海古籍出版社，2009：733.
严耕望考此体系在唐五代时期的成都城中亦存在，并认为高骈在唐代筑成都城后，做糜枣堰，引郫江水绕经城北，将二江由并流改为绕城而流，所改河道恰穿过城外诸池，连为系统。
"龙堤池塘约在今青龙街北侧一带。此应为大城北垣与武担山之间之一据点。……成都地区在李冰凿二江前，雨水实难宣泄，故沼泽极多。张仪筑城取土，又新出现数泽。其中在城北之龙堤池，以古今道里地形考之，当在后世所称杨雄宅之洗墨池位置，其附近在唐代尚有龙女祠。晚唐时，郫江改道，残余河身，变为池塘。唐宋之解玉溪、后溪湮塞后，河道残余，亦成若干小塘。故清代成都地图，东北逐渐淤填，今已无存。"（《成都城坊古迹考》第 17 页）
③ （东晋）常璩《华阳国志·蜀志》。
④ （北魏）郦道元《水经注》。
⑤ （宋）祝穆《方舆胜览·卷五十一·成都府路》，"池井跃龙池"条，清文渊阁四库全书本。
⑥ 严耕望. 唐五代时期之成都 // 严耕望. 严耕望史学论文集（中）[M]. 上海：上海古籍出版社，2009：733.

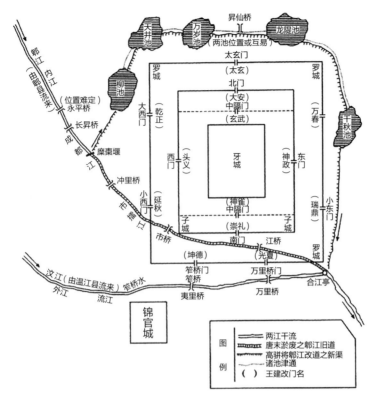

图 2-35　唐五代成都城郭江流示意图
（图片来源：严耕望．唐五代时期之成都 // 严耕望．严耕望史学论文集（中）[M]．上海：上海古籍出版社，
2009：792）

　　如上述秦、隋、唐筑城营建，取土同时考虑园林布局，开河道相连使成体系，形成人工自然之脉络，城市人工自然与城市之均衡布局已成传统。然到明清，这些池塘与园林逐渐衰退，明代填摩诃池水建蜀王府，因此今日之地图不能见其格局。

2.4.2.7　园林城市与人居单元

　　除上述大型城市园林，成都城市人居环境则以小型园林、庭院等人居单元形式组成。早在唐宋之际，成都城中就广泛分布有官署、寺院、私家园林，可谓园林之城，郊野浣花溪、杜甫草堂等更是著名，园林生活也成为城市文化的一部分，影响广泛。在 1984 年考古发掘的五代后蜀孙汉韶墓中曾发现园林模型[1]，包含了照壁、阁、过厅、亭、假山、素面墙、假山墙等要素，尺寸协调、制作精美（图2-36）。蜀人以园林模型为陪葬品，也可见对园林生活的重视。

---

[1]　毛求学，刘平．五代后蜀孙汉韶墓 [J]．文物，1991.5.

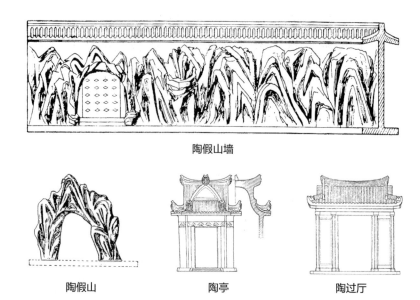

陶假山墙

陶假山　　　　　　　　　陶亭　　　　　　　　　陶过厅

图 2-36　五代后蜀孙汉韶墓中的园林模型

（图片来源：毛求学，刘平．五代后蜀孙汉韶墓［J］．文物，1991.5.）

　　成都城的合院住宅中，建筑与庭院均衡布局的人居单元一直是人居环境的主要组成形式。这些民居宅院在今天已经很难找到实物，但从地方志和地方房屋契约中可窥其一斑。其格局多是长方合院，沿街道紧密排列，其内格局同构，前为建筑，并多有小天井，后方或侧方有菜园旱地、水井、林园果木等形成庭院。以下择若干清代房地产契约进行分析，反映其基本格局与庭院布置。

　　如位于在成都北门内会府街[①]的两座宅院：

　　【乾隆二十五年九月初十白乐阳购买侯土杰位于会府街房屋基址店铺园地文约】："置有瓦房壹院、地基壹所、前面砖照壁壹座、瓦铺面连大门拾伍间、瓦建房叁间；次层瓦门楼壹座、正瓦房伍间，左瓦厢房伍间、草房壹间，右瓦厢房柒间，其内墙砖石俱在；三层正瓦房伍间，地枕共三间，左右瓦厢房陆间，左边砖楼门壹座，板门两扇，瓦花厅叁间，抱厅壹向，地枕睡床全在，后面花台全在，前后左右共计瓦草房伍拾肆间，大小门楼俱在。宅右菜园地土，直抵西廊，凡树木、花竹、围墙、詹（檐）堦（阶）砖磹瓦石，共有各房门窗。户窗、水井贰口，土木相连，一并在内。"[②]

① "会府"是明清两代全城文武官员于每月初一、十五节庆朝拜聚会，举行大典之所，内设有皇帝万岁牌，民国后改为忠烈祠街。"会府"是官廨建筑，官署建筑附近的民居依然保持着农业园地与居住用地共同组成的院落式人居单元。参考：成都市房产管理局．成都房地产契证品鉴·乾隆房契：23.
② 成都市房产管理局．成都房地产契证品鉴·乾隆房契：19.

【乾隆六十年十二月初八王震选杜卖会府街房产文约】："会府街右边坐北向南菜园旱地前后一段，凭众踏计贰拾亩，并地上原修木架草房玖间、瓦门楼壹座、门窗户壁、浮沉砖石水井贰口，林园果木一并在内。"①（图 2-37）

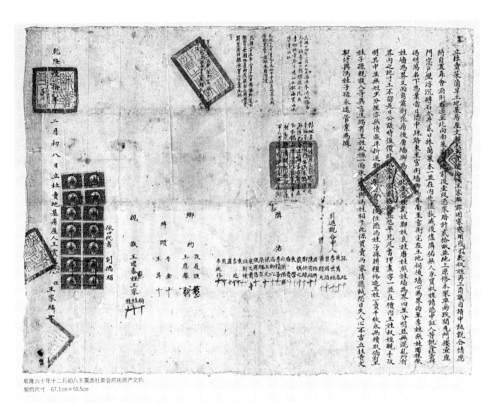

乾隆六十年十二月初八王震选杜卖会府街房产文约
契约尺寸：67.1cm×50.5cm

图 2-37　乾隆六十年十二月初八王震选杜卖会府街房产文约
（图片来源：成都市房产管理局．成都房地产契证品鉴·乾隆房契：22.）

如成都县属城内鼓楼街坐东向西瓦房铺面一院：

【嘉庆二十一年正月十七日郝邻杜卖鼓楼街房屋铺面地基文约】："计瓦铺面伍间（各间上楼下振，全装齐全；五间铺前均有接檐，其铺并无客户）、培修顶瓦大门一道、瓦贰门一道、左右腰墙贰道、左瓦厢房叁间（内一间有地板，三间有顶棚）、下山花头偏厦壹间、右瓦厢房叁间、上正瓦房伍间（内二间有地振顶棚）、后接檐叁间，后有瓦围房肆间、瓦厕房壹座，以上房屋铺面等，内上齐灰青瓦、桷屋梁椽、檩枋榇及锁梁画工金银等物，下至门窗户隔、撑工泥壁、楣板天楼、地板地脚、石砖礅石、周围阶檐、条石海漫、甬道砖石，并面街石板铺

---

① 成都市房产管理局．成都房地产契证品鉴·乾隆房契：22.

面及院内前后左右明暗沟渠、石板砖石、周围墙垣，砖石水井一口圈砌砖俱全，前后空地院坝及界内浮沉立卧大小破砖碎石、各种花果杂树棉竹，一并在内……"①

如成邑鹤市巷街坐北向南瓦房壹院：

【咸丰五年八月二十四日马正元卖鹅市巷房屋基址文契】："院内外大小栽插、花果竹木、寸土寸木寸石，一捆全在。"②

如西城墙边马姓之业：

【同治十一年十一月二十二日李天贵杜卖房屋基址林地文约】："住房两院、瓦房壹院（上瓦房叁间，瓦厢房肆间，内地振壹堂、瓦铺面壹间）、瓦龙门壹座（内草偏房壹间，门房户格俱全）、草房壹院（草门道堂壹座，草房肆间，门窗户格皆全），其有两院内所蓄竹树以及浮沉瓦石，丝毫不动，眼同中正看明，并砍下竹林空地壹段，约计壹亩……"③

如暑袜街拐枣树坐东向西瓦房壹院：

【同治十三年八月二十二日傅廷扬杜卖暑袜街瓦房基址文约】："院内共计上瓦房伍大间……水井壹口、树木一并在内（计柑树贰根、柏树壹根、石榴树壹根、桑树壹根、桃树壹根、梅花树壹根）。"④

以上房契中记载了一处宅院所包括的所有"资产"，恰好提供了其基本格局的复原参考。从这些房契的记载中，可以看出一个典型的前店铺后院落的街坊居住形态：小天井大出檐、青灰瓦高勒脚、外封闭内开敞、前院落后菜园（花园），体现了成都独特的小天井四合院的建筑特色。

尤其值得重视的是，在这些房契中，院落内外的花果、树木、锦竹、林园，皆被仔细记录，可见，植物是宅院里必不可少的构成要素之一，尤其是竹子，出现频率极高，是成都人喜爱的宅院植物。

历史上，成都曾因遍种芙蓉，称为"芙蓉城"，又称"锦城"。⑤清代城市建筑多填池塘而建，明清以前的具有大水面之早期园林虽已不可见，但城市植物种植却因袭传统，亦显园林城市特色。

甚至成都城内，也分布有大量的农业用地。《成都通览》也载，因成都土地

① 成都市房产管理局．成都房地产契证品鉴·嘉庆房契：24.
② 成都市房产管理局．成都房地产契证品鉴·嘉庆房契：38.
③ 成都市房产管理局．成都房地产契证品鉴·嘉庆房契：42.
④ 成都市房产管理局．成都房地产契证品鉴·嘉庆房契：46-47.
⑤ （宋）张唐英《蜀梼杌·卷下》：孟昶广政十三年"令城上植芙蓉……城上尽种芙蓉，九月盛开，望之皆如锦绣。昶谓左右曰：'自古以蜀为锦城，今日观之，真锦城也。'"

质优，不仅城外近郊有大量蔬菜园地，城内城墙周围也分布有菜地，城中以闲置土地进行农业生产的住户也多于数十户，但蔬菜产品的质量因城内土质较差受到些影响。[①] 这样的景象，在成都平原的其他城市崇州也有例证。在光绪《崇庆州城廓图》中可以明确看到，州城之内，公廨之外，处处皆有农田，呈现独特的城内农业景观（图2-38）。

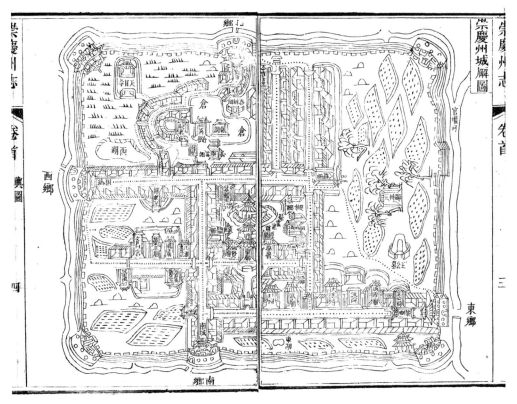

图 2-38　崇庆州城廓图
（图片来源：（光绪）《增修崇庆州志》）

2.5　精耕，人居依林盘

都江堰灌区形成发达的人工流域的同时，还形成了与之适应的精耕系统，并与聚居活动结合，形成了独特的乡村聚居形式——林盘。

---

① 参考：傅崇矩．成都通览．成都：巴蜀书社，1987：34.
菜园所在：小关庙、圆通寺、銮华寺、昭忠祠、石牛寺、东较场、北较场、仁里巷、白家塘、武备街、文殊院、玉皇观、丰裕仓、观音堂、欢喜堂、西来寺、王家塘、苦竹林、守经街、灯笼街、宁夏街、大井口、宝川局、水神寺、惜字宫、育婴堂、西顺城、慈幼堂、圣寿寺、西城角街、提标太厅署后。

2.5.1 县域村落水网

与都江堰灌区农村营建相关的详细史料不多，只能从一些地方志的描述性语言中一窥其概貌。如：

"成都城外皆平壤，竹树荟蔚，天地膏腴，江河诸流交错贯络"。[①]

"成都三十余州县，一片真土，号称沃野；既坐平壤，又占水利。……飞渠走浍，无尺土无水至者。民不知有荒旱，故称沃野千里。"[②]

"新津，绿野平林，烟水清远，极似江南。"[③]

"膏腴平壤沟田塍绮错，方窒鳞次，野树葱葱，田庐相望。"[④]

总体而言，平原村落的孕育皆依赖于平原人工流域灌溉水系统，各县河渠密布，如温江县：

"大江所经，支渠交错，梁堰纠纷，布于各区，如血脉之贯肢体，浸润流通小者灌田畴，大者达洋海，浩乎无穷。"[⑤]

都江堰人工流域内，各县县志记载水系统体例相同，各县水系依循主干水道进一步细分为支渠、斗渠，平原地带以堰为单位形成小流域，孕育土壤与村落，以自流灌溉形式支撑农业生产，形成"沃野"。而平原周围丘陵地则多利用人工引水与雨水收集结合，田地多筑陂塘，以塘为单位组织农业耕种，常有"雷鸣田"之称。[⑥]

以双流县为例，双流县境包含平原、丘陵两种类型。我们可以以此为例具体的认识水系类型的分别。在双流县平原地带的主河道有金马江、杨柳江、新开江等，又以此三支分四十七堰，如《双流县志》载：

"金马江分出：大朗堰、张村堰、洪武堰、张村堰……杨柳江分出：杨武堰、杨柳堰、柳林堰、柳次堰、绍兴堰、白头堰、上保堰、下保堰、采芷堰、长丰堰、双河堰、网庄堰、筲箕堰色水新开江分出：哪叭堰、宋家堰、丰神堰、枧槽堰、莫沟堰、鲣洞堰、麦草堰、马旁堰、钟家堰、武家堰、鱼河堰、石佛堰、瓦渚堰、上龙堰、下龙堰、沙河堰、阐干堰、三里堰、金花堰、金支堰、荷包堰、河上堰、倒灌堰、顺灌堰、白果堰、张蛮堰。"[⑦]

---

① （明）何宇度：《益部谈资·卷中》，清钞本。
② （明）王士性：《广志绎·卷五》，清康熙十五年刻本。
③ （宋）范成大：《吴船录》卷上清抄本。
④ （宣统）《温江县乡土志》。
⑤ （宣统）《温江县乡土志》。
⑥ （宋）程遇孙：《成都文类·卷五》："益部十县，多引江水溉田，咸为沃壤。惟灵池疏决不到，须候天雨，俗谓之雷鸣田。"
⑦ （嘉庆）《双流县志》。

图 2-39 全家河坝分水口
（图片来源：自摄）

而到南部的牧马山丘陵地带，古人则多运用塘沟组织水系统，《双流县志》又载：

"乾隆二年知县黄锷劝民就田开塘，沿山浚泽，潴蓄雨水；春种时低者引水下注；高者逆车而上，数年间，新旧塘沟增至三百有奇。"[1]（图 2-40、图 2-41）

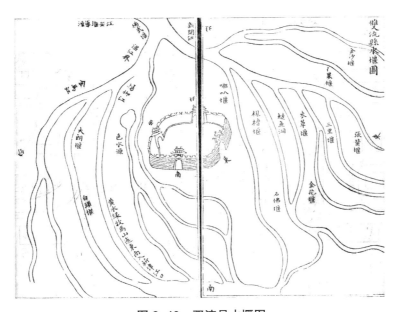

图 2-40 双流县水堰图
（图片来源：（嘉庆）《双流县志》）

---

① （嘉庆）《双流县志》。

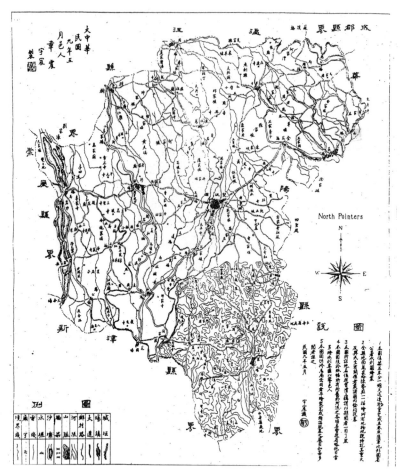

图 2-41　双流地形全图
（图片来源：(民国)《双流县志》）

2.5.2　平原林盘格局

成都平原农业聚落是独特的"林盘"模式，今日所见平原林盘，是在清代湖广填四川之后逐步发育而成，人口密度较高，如《新都县志》载："昔之蜀，土满为忧；今之蜀，人满为患。"[①]关于古代林盘的形态与布局缺乏具体史料，只可据今日现状做分析。

每一个林盘都是一个聚居单元，林盘之间间距不远，少则距离几十米，多则200～300米。这种聚落形式的形成得益于都江堰扇形水网均匀的输送形式，人们随田散居，以小家庭为单位，呈点状分散于村界田地中，各户住在各自的田地旁，而不像北方农村需要出村到田地里去劳作，巨大的自流灌溉系统使得村

---

① （道光）《新都县志》卷3《食货志·田赋》。

民们不必聚于大河附近，而可以凭借毛细渠道分散居住。[①]

　　2007 年成都市以县区位单位在制定《林盘保护规划》的过程中对当代林盘开展了详细的调查，利用有限的统计资料，通过林盘地区涉及人口、林盘个数与土地面积等关系的计算，可知当时成都平原核心地带农村林盘居民的人口密度约 590 人 / 平方公里，平均密度为 18.8 个 / 平方公里，而有的村镇林盘密度高达 50 ～ 70 个 / 平方公里，足见林盘密度之高，农村人口之密集（图 2-42、图 2-43，表 2-5）。

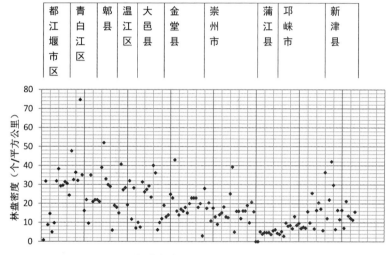

图 2-42　2007 年成都部分区、县、市 147 镇林盘密度
（图片来源：根据林盘调查数据自绘）

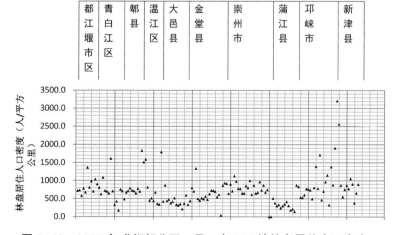

图 2-43　2007 年成都部分区、县、市 147 镇林盘居住人口密度
（图片来源：根据林盘调查数据自绘）

[①]　参考：段鹏，刘天厚 . 林盘——蜀文化生态家园 [M]. 成都：四川科学技术出版社，2004.11.

2007 年林盘调查中林盘密度最高的 20 个乡镇　　　　表 2-5

区 / 县	乡镇	林盘密度（个 / 平方公里）	人口密度（人 / 平方公里）
青白江区	祥福镇	74.69	1613
郫县	新民场镇	52	723
青白江区	大同镇	47.65	1084
金堂县	清江镇	43	1334
邛崃市	大同乡	42.08	3208
温江区	寿安镇	40.74	815
大邑县	沙渠镇	40.08	336
崇州市	三郎镇	39.3	802
郫县	唐元镇	39	791
都江堰市	聚源镇	38.3	980
邛崃市	高何镇	36.47	1384
青白江区	城厢镇	36.39	700
大邑县	蔡场镇	36.19	314
青白江区	龙王镇	35.07	707
郫县	花园镇	35	754
郫县	三道堰镇	33	711
青白江区	弥牟镇	32.61	719
青白江区	姚渡镇	32.18	649
温江区	永宁镇	32	672
都江堰市	翠月湖镇	31.9	810

资料来源：林盘调查数据

2.5.3　林盘精耕人居单元

之所以称之为"林盘"，是因为各家"修竹万竿，结屋竹中，自成篱落。"[1] 每个林盘都由竹子包围，林盘群体可"增村落森严之象，添地势起伏之美。"[2] 宋范成大《吴船录》记载郫县林盘："郫邑屋极盛，家家有流水修竹，而杨氏之居为最。县圃大竹万个，流水贯之，浓翠欲滴。"[3] 明王士性《广志绎》描写林盘："江流清冽可爱；人家桥梁扉户，俱在水上；而松阴竹影，又抱绕于涟漪之间。晴雨景色，无不可人。"[4] 成都地方有诗《营屋》描述了林盘单元的情况：

---

① （清）王士禛．蜀道驿程记 // 冯广宏主编．都江堰文献集成·历史文献卷（先秦至清代）[M]．成都：巴蜀书社，2007．
② （清）禄勋．新津乡土志．成都印书馆：1909．
③ （宋）范成大：《吴船录》卷上，清钞本．
④ （明）王士性《广志绎·卷五》，清康熙十五年刻本．

"我有阴江竹，能令朱夏寒。阴通积水内，高入浮云端。甚疑鬼物凭，不顾
翦伐残。东偏若面势，户牖可永安。爱惜已六载，兹辰去千竿。萧萧见白日，
洵洵开奔湍。度堂匪华丽，养拙异《考槃》。草茅虽薙葺，衰疾亦少宽。洗然顺
所适，此足代加飡。寂无斧斤响，庶遂憩息欢。"①

图 2-44　林盘单元
（图片来源：自摄）

新都县清代地契中反映了林盘单元的基本构成，包含了水田、旱地、房屋、
林园、塘堰、水渠等基本要素（表 2-6）。

新都县清代地契中反映的林盘单元 表 2-6

地契	相关记载
《黎书简弟兄杜卖水田基地房屋竹树文契》	二甲石头堰起水灌溉水田二大段，大小共二十六块，乡弓约计四十亩零，基地二段，载粮八钱四分整，砖草房一向三间，左横草房一向，连磨角四间，右横草房一向共四间，粪池一眼水井一口，河边客户草房一向四间……周围墙园竹树一院，外有河边、沟边、田埂大小桥梁，出入路径，砖堰石堰，斜坡陡坡，荒包古埂，放水沟道，洴水沟渠，一并出售。②
《吕安凤杜卖水田旱地房屋林园文契》	立杜卖水田、旱地、林园竹木、房屋基地……水田旱地约有八亩零，堰塘一口，公共使水堰塘底埂鱼虾水草，平半均分房屋四间，堂屋半边，楼门半间。③

① （宋）袁说友等编著. 成都文类 [M]. 北京：中华书局，2011.12：118.
② 熊敬笃. 清代地契档案史料（嘉庆至宣统）. 四川新都县档案局，新都县档案馆，1986：31.
③ 熊敬笃. 清代地契档案史料（嘉庆至宣统）. 四川新都县档案局，新都县档案馆，1986：23.

续表

地契	相关记载
《黄廷万父子捆卖田土房屋林园文契》	买老二甲，兴隆堰、新开堰灌溉水田三段，大小二十块，旱地二块，基地一所，木金尺五尺八寸为一弓，约计十八亩零，载粮三钱八分，黄四发名下退拨。其社仓、公田，随粮派拨。宅内草房大小七间，门扇格俱全，桑树二十余株，果树数株，慈竹数丛，粪池二口，水井一口，井石俱全，周围杂色竹木篱园，一并在内。①
《刘汝舟捆卖田土房屋基地林园文契》	水一甲马沙堰灌溉水田一段，大小十二块，官弓约计二十二亩零，粮名刘裕兴，载粮三钱三分整，宅内串架正草房一向三间，……右边串架草房□连磨角一向四间，左边串架草横房连磨角一向四间，以上房屋上齐□□□下至地脚檐石砖磉，所有出入桥梁道路、堰石、河边沟边、放水消水沟渠，仍照旧规，不得阻碍，周围篱寨大小竹木，芭茅茨草，古埂斜坡，书押画字，迎神下圖……②
《郭寿廷捆卖水田基地房屋竹树墙垣文契》	自置回三甲兰布堰沙堰子二堰起水灌溉水田一大段，基地墙垣一院，乡弓广盘尺约计二十八亩零，载粮六钱四分整。基地内正瓦房一间，……泥寨一道，横瓦砖房一向四间，……正草房一向三间，草磨角一间，……草猪圈房二间，草□□房一向二间，瓦龙门一座，……草偏□一个瓦盖八字墙二道，大粪池一个，水井一口，大柏蜡树株一根，大皂角树株一根，大小柏树数根，周围杂树竹子，一并概随田搭买。③
《钟兴盛杜卖水田基地房屋林园竹木文契》	杜卖水田、基地、房屋、林园、竹木、花果、杂树……新三甲朱王堰起水，灌溉水田二段，大小高低共十二块，基地一段，……正瓦砖房三合门一向三间……下草砖横房一向三间，……左边瓦磨角一间，……下草砖横房一向三间，……左后草砖房一向四间，内有粪池一口，下毛房一向二间，粪池一口，后水井一口，……瓦楼门一座，……当面连二草方仓一眼，……周围大小柏树五十七根，花果杂树，斑竹慈竹……④
《吕安盛杜卖田土房屋林园堰塘文契》	水田、旱土、房屋、林园、竹木、阴阳二宅基地、垣坝、道路、果树、堰塘水分，堰埂堰底、鱼虾水草，斜坡陡坎、荒岭野草，浮沉砖石……业内田土大小共六块，约计九亩余，私堰塘半口，堰埂堰底，鱼虾水草俱全，草房屋半院，……石粪池一口，林园竹木果树，……⑤
《张三通杜卖水田基地房屋林园文契》	老四甲杨柳堰黄中沟起水灌溉水田二段，大小九块，乡弓约计十亩零，载粮二钱五分三厘四毫正，……基地一段，草房屋一院正向草房二间，砖桶磨角一间，砖桶横草房一向三间，草蒸房三间，粪房毛房二间，草龙门一座……周围墙垣篱寨、竹树一并在内。堰石、桥石、荒熟地土、斜坡陡坎、浮沉砖石，芦草茨草，沟坎田埂，仓敖积谷，小春田面，一并……⑥

① 熊敬笃．清代地契档案史料（嘉庆至宣统）．四川新都县档案局，新都县档案馆，1986：24.
② 熊敬笃．清代地契档案史料（嘉庆至宣统）．四川新都县档案局，新都县档案馆，1986：43.
③ 熊敬笃．清代地契档案史料（嘉庆至宣统）．四川新都县档案局，新都县档案馆，1986：30.
④ 熊敬笃．清代地契档案史料（嘉庆至宣统）．四川新都县档案局，新都县档案馆，1986：58.
⑤ 熊敬笃．清代地契档案史料（嘉庆至宣统）．四川新都县档案局，新都县档案馆，1986：84.
⑥ 熊敬笃．清代地契档案史料（嘉庆至宣统）．四川新都县档案局，新都县档案馆，1986：125.

图 2-45　道光九年（1829 年）新都某地契
（图片来源：熊敬笃．清代地契档案史料（嘉庆至宣统）．四川
新都县档案局，新都县档案馆，1986.）

　　近年的县志记载中，还详细描述了林盘当中的房屋、植物的总体情况，一般
而言，住房多为三合院、四合院；林盘植物多样，以慈竹为主，同时有樟、楠、柏、
槐、杉、桤、枫、柳等多样树木混杂种植。[1]

　　林盘依存于平原水网，引水灌溉是林盘存在与林盘生产的重要组成部分，人
们因时节引水开展生产生活。早在宋代平原流域系统定型的时期就有人作《引
流联句》，表现这种引水为用的生活场景：

　　"别派从江垠，邀流入农畎。淙淙来源深，潋潋度沟浅。疏功浃旬流，溉利
千步远。田观疑泽渚，坎听类瓴建。流行拂落叶，浸长浮生藓。孤鹤眼怪窥，

纤鱼鬵跳展。映芋色莫分，喧琴韵难辨。增霖晨闹蛙，涵月夜惊犬。怜黄浇菊篱，
惜紫沃兰畹。吏治窒甓甃，童戏芒车卷。灌携合手老，漱掬致腰偃。庭秋临加凉，
轩夏向消煊。我矜竟济能，僮贺遥汲免。贮卮理巨甀，归厨架修笕。供淘饭盉粮，
给澳羹鼎鬻。调药修旧饵，煎泉试新荈。坐客频泛觞，蹲儿屡涤砚。聆寒心脱烦，
挹冷酒除面。闲眺筇步随，静看髭吟撚。高怀造文摅，清兴团诗遣。题为引流篇，
记耳非目衒。"[1]

图 2-46　农耕·养老图
（图片来源：中国画像石全集编辑委员会 编．中国
画像石全集·四川汉画像石 [M]．郑州：河南美术
出版社，济南：山东美术出版社，2000：43．）

图 2-47　酿酒·马厩·阑锜
（图片来源：中国画像石全集编辑委员会 编．中国
画像石全集·四川汉画像石 [M]．郑州：河南美术
出版社，济南：山东美术出版社，2000：43．）

　　同时，林盘还支撑了成都平原精耕[2]的开展。按照许倬云的观点，中国精耕
细作的农业形成于汉代。[3]这一点在成都平原出土的汉代画像砖，以及在汉代水
塘模型（图 2-48）等文物都能加以证明，说明成都平原精耕之发达。清代，成
都农业精耕细作的技术已经有人整理成册，如：乾隆时德阳知县阚昌言《农事说》，

① （宋）赵抃．引流联句 // 冯广宏，肖炬主编．成都诗览 [M]．北京：华夏出版社，2008：384．
② "精耕"是中国传统农业的最基本特征，也成为农民与大地逐渐建立起来的一种基本生态关系。农业史学
　家李根蟠将传统精耕农业的生态观点总结为：三才观、天时观、地利观、物性观、循环观、节用观等。精
　耕过程中，古人认识到"夫稼，为之者人也，生之者地也，养之者天也。"农业生产需要遵循着"三才之道"，
　重视人力与天时、地利的配置，"上因天时，下尽地财，中用人力。是以群生遂长，五谷蕃殖。教民养六畜，
　以时种树，务修田畴，滋植桑麻，肥硗高下，各因其宜。"农业的过程，是创造"三才"有机融合的过程。
　农田的营建不是一味地追求产出，不是对于自然资源的攫取，而是体现了对于环境的悉心关照，对水土的
　深入理解。"宁可少好，不可多恶"是精耕细作的重要思想，集约、精细的土地利用为中国保护了大量的土地。
③ 许倬云．汉代农业：中国农业经济的起源及特性 [M]．王勇译．桂林：广西师范大学出版社，2005．

雍正年间的成都知县张文梵著《农书》[①]，清代学者张宗法《三农纪》[②]，傅崇矩《成都通览》总结的《成都之农家四时历》[③] 等。清人《锦城竹枝词》描述成都的精耕农业："讲求农业最专精，绿野人频雨后耕。粪草肥硗田上下，一犁泥软恃春晴。"[④]

图 2-48　汉代水塘模型
（图片来源：谭徐明．都江堰史 [M]．北京：水利水电出版社，2009：48．）

2.5.4　乡村地景生态

都江堰的人工流域结构具有强大的调节能力，"旱则引水浸润，雨则杜塞水门"[⑤]，虽为无坝引水，但拥有"鱼嘴"、"宝瓶口"独特的分水结构，上游水少时水流主要沿岷江主道，水多的时候则分给成都平原大大小小的运河渠道。大水的春夏季节也正是平原农业最需水的时节，运河和渠道将水自然的送入广阔的农田滋润作物生长。农田上还分布着成千上万的水塘，城镇中则分布着蓄洪池，

① 全文见于（乾隆）《直隶绵州罗江县志》。张文梵，浙江萧山县人，历任四川知县、知州、成都府水利同知等职，是一位关心民瘼、注重农事、善于总结农业生产经验的地方官。
② （清）张宗法原著，邹介正等校释．三农纪校释 [M]．北京：农业出版社，1989.
③ 《成都之农家四时历》：成都分山农、坝农。山农在清明前后播种；坝农在谷雨前后播种；山农在处暑前收获，坝农在白露后收获。正月：种荞子清犁头扎筒车收拾农器；二月：种油麦子撒秧子三月：谷雨清明撒秧子点玉麦下红苕种；四月：收菜籽收胡豆收麦子栽秧子种花生收荞子点豆子点高粱下芋头种；五月：薅秧子补田坎粪秧子；六月：薅第二道秧子提秧沟铲草皮子收高粱收玉麦；七月：打早谷子（八十黄、百日早）撒苕菜种子；八月：打谷子收冬水（华阳有山田，八月收冬水、扎堰、翻田、关水，如成都则无。）；九月：栽菜籽点胡豆点麦子收花生；十月：栽菜籽秧收花生；冬月：粪菜，子；腊月：收苕糠刮苕子粪菜籽薅菜籽预备来年应用之腊篾。引自：傅崇矩．成都通览．成都：巴蜀书社，1987：297.
④ （清）冯家吉．锦城竹枝词 // 冯广宏，肖炬主编．成都诗览 [M]．北京：华夏出版社，2008：383.
⑤ （东晋）常璩：《华阳国志·蜀志》。

这些与渠道相连形成"长藤结瓜"[①]的末端结构。水过大时，这些均匀散布于平原的水塘和泄洪池可吸水多余水量，既防涝、防洪也可做养鱼、园林之用，同时也为秋冬少水季节做备用，是一套完整的可调节的水系统。

精耕系统、流域系统与水塘、林盘等形成了新的共生的生态系统。水塘在四川盆地中多如繁星。这些水塘和塘堰起着调节水的作用，可以利用地势较低之处的水塘在冬季农闲时期蓄积雨水、地下水，开春后以便灌溉水田。大大小小的水塘能起着调节气温、湿度的作用；水塘边的植物生长茂盛，形成良好的生态环境；再加上各家种植的竹、柏、楠等混合林，整个平原形成了由干渠、支渠、农渠、斗渠、毛渠、池塘、水田、滩涂、混合林等构成的稳定的生态系统，体现着传统乡村的整体生态价值。

2.6 总结：整体有机的地景格局

古人在长期的艰辛劳作中构建着人与大地交融的新秩序。都江堰灌区的新秩序的建立与"理水"、"营城"、"精耕"等基本营建过程相关，又各自呈现出传统生态实践的基本特征。

"理水"：构建了精密的地区人工自然网络，形成了人工流域，连接了城市与乡村，支撑地区人居环境的发展；

"营城"：以山水秩序构建为重要出发点，构建了区域山水要素与人工要素的整体形胜格局，古人以名山镇域，构建城市山水坐标；以人工流域为基础系统构建城市水网；以山水脉络孕育人文，又以人文补山水脉络之不足，彰显整体形胜；同时城市园林系统布局协同于城市建设，人居单元均衡同构；形成了象征孕育生命的古代城市人居环境。

"精耕"：整合了日常劳作与乡村聚落，以均匀分布的林盘联系流域水网，构建了便于繁衍生息的传统农耕生态系统与适应区域水文的地景生态结构。

这三者互相联系，互为支撑，构建了一种整体的、有机的地景格局，形成了地区自然环境与城乡人居的生态整体。

---

① 水利学常用此词描述渠道与陂塘结合的结构。

第 3 章

调适：古代都江堰灌区的旱涝灾害与应对

3.1 古代"灾异观"与调适思想

"灾害"是人居环境建设需要面对的永恒主题。较之于今日，农业时代的古人对于灾害的理解有所不同，这与当时的认识水平、技术条件与社会状况相适应，不同的"灾异观"也带来了人居环境建设过程中减灾方式的不同。今日之研究，对于传统灾害应对的理解，既要破除其中的迷信成分，又不能将其过分简单化、技术化，还要关注其减灾智慧与生态伦理。

自汉代以来，一种与"天人感应"相关的灾异观在中国古代灾害应对过程中占据着非常重要的地位，并成为衡量为政成效的晴雨表。[①] 董仲舒的《天谴论》中，将"灾"、"异"和国家的"失"、"变"建立了威严的关系：

"天地之物，有不常之变者，谓之异，小者谓之灾。灾常先至，而异乃随之。灾者，天之谴也，异者，天之威也。谴之而不知，乃畏之以威。诗云：畏天之威殆，此谓也。凡灾异之本，尽生于国家之失，国家之失乃始萌芽，而天出灾害以谴告之。谴告之而不知变，乃见怪异以惊骇之。惊骇之尚不知畏恐，其殃咎乃至，以此见天意之仁，而不欲陷人也。"[②]

其中尽管包含有迷信色彩，但也体现了中国古人应对灾害讲究人与天调的积极主动的调适精神。在古人看来"灾"的发生体现着人类活动与天地运动的违背与矛盾，也只有对人类世界做出适当的调整才能达到消灾的结果。

古代人居环境建设的过程是通过各种综合手段，建立安全的生活场所的过程，而历史的看，又是不断的运用各种手段应对灾害的过程（图 3-1）。古人应对灾害的反思多发生在灾害发生之后（世界上所有古文明，以及现代文明均有这一特征），人们以史为鉴，纠正以往的错误，强化灾害的预备。而伴随着反思，是人居环境在多次因灾害破坏后又积极的恢复，甚至重建与重构，这一过

---

① 赫治清主编．中国古代灾害史研究 [M]．北京：中国社会科学出版社，2007.9.
② （汉）董仲舒：《春秋繁露·卷九·必仁且知第三十》，清武英殿聚珍版丛书本。

程可以看作是人居环境整体应对灾害不断调适的过程，历史上各种调适过程的积累使人们获得相对安全的人居场所，而古人在这一过程中开展的调适策略、方法以及其中蕴含的观念、伦理，则综合表现了一种应对自然之害的人居环境实践过程。

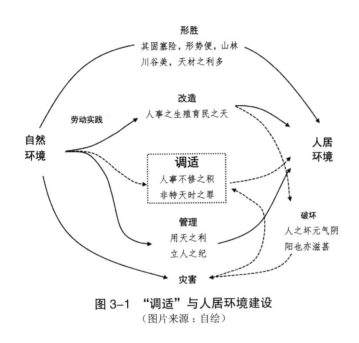

图 3-1 "调适"与人居环境建设
（图片来源：自绘）

3.2 历史上成都平原水旱灾害特征

中国人居环境建设的过程伴随着频发的自然灾害，历史上尤以水、旱为重，从各省的统计来看，中国水旱灾害主要集中在河北、河南、山东、安徽、江苏等地，四川地区历史上洪涝灾害的数量较之全国其他灾害高发省份并不高，邓云特统计历史上四川全域性灾害为洪灾 17 次，旱灾 30 次（图 3-2）[①]。文中关注的成都平原在全国范围亦不属于灾害高发地带，但单看这一地区，有关灾害的记载仍然很多，据《四川两千年洪灾史料汇编》载，有关洪灾记录共 551 条，其中亦不乏全域性的洪灾，如：后蜀广政十五年（公元 952 年）六月初一，成都大雨大水淹城，水深一丈有余，漂没千余家，溺死 5000 余人。（这是五代时期岷江流域最大的一次洪水。）[②] 再如：乾隆九年（公元 1744 年），汉州、遂宁、简州、

---

① 邓云特．中国救荒史 [M]．北京：商务印书馆，2011.
② 李仕根主编．巴蜀灾情实录 [M]．北京：中国档案出版社，2005：59.

崇庆、绵州、邛州、成都、华阳、金堂、新都、郫县、崇宁、温江、新繁、彭水、什邡、彭山、青神、乐山、仁寿、资阳、射洪等县大水，"连日雨势骤猛，兼山水陡发，汹涌漫涨，平地水深三四五尺，是以近河田亩民居致被淹没漂溺"，"雨势广阔，各河漫涨，适逢山水陡发，汹涌汇聚，其流甚捷，是以近河居民走避不及者，顿遭水厄。"[①] 在有关洪灾记录的文献中，常见"流民四千余家"、"流民万余家"、"大水漂城"、"溺水千家"等描述，可见受灾之惨状。

而与洪灾频发形成鲜明对比的是，成都平原虽有旱灾，但相对少得多，而且因得益于都江堰灌溉水系，旱灾对当地农业生产的影响很小。如《续修新繁县志》总结："天时纵有旱干，而江流仍自洋溢；丰年固有十倍之收，凶年亦有七分之获，断不似他地之赤地千里也。"[②]

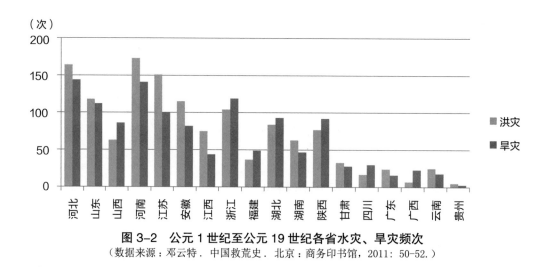

图3-2　公元1世纪至公元19世纪各省水灾、旱灾频次
（数据来源：邓云特. 中国救荒史. 北京：商务印书馆，2011：50-52.）

笔者利用《四川两千年洪灾史料汇编》对成都平原岷江、沱江流域水旱灾害展开了进一步统计。统计发现，从公元前100年到1949年，成都平原在明清到民国时期的灾害数量明显增加，而从先秦到明之间，水旱灾害发生频繁的时间段发生在两宋（图3-3）。郭涛也在《四川城市水灾史》中通过对成都城市水灾历史的研究得出宋代和民国时期是成都水灾频繁的两大时期的结论。[③] 但此洪

① 《关于四川大水的几条清宫档案史料》，见《乐山市志资料》1984年第3-4期. 转引自：王笛. 走出封闭的世界——长江上游区域社会研究（1644—1911）[M]. 北京：中华书局，2001：22.
② 续修新繁县志 // 冯广宏主编. 都江堰文献集成·历史文献卷（先秦至清代）[M]. 成都：巴蜀书社，2007：443.
③ 郭涛. 四川城市水灾史 [M]. 成都：巴蜀书社，1989.4.

灾的记录基本完全依赖史籍文献，尤其依赖于地方志的修纂，并无其他材料佐证，中国历史文献的数量，本又以宋、清居多，而民国距今较近，水文资料自然较为翔实，因此，该结论尚需其他材料的支撑，但历代的水旱灾害之严重情况，至少可以宋、清末和民国时期的相关情况一窥。

　　笔者又对成都平原各县公元元年至 1949 年经历的水灾数量进行了统计，从灾害的空间分布来看，灌县、乐山水灾频次最高，均超过了 50 次，这是由于灌县、乐山均处于岷江的咽喉要地，一处为都江堰灌口地带，一处位于岷江、青衣江、大渡河三江交汇之处，历来是成都平原治水最为关键的地区；金堂、崇庆次之，因位于都江堰灌区边缘临近丘陵地带，水文条件相对复杂；新津、眉山再次之，因位于平原水系汇水走廊，平原洪水汇合于此。以上水灾发生频次的地理分布情况与都江堰水网系统的结构相关，也反映了各县域城市所处的地理环境特征（图 3-4）。

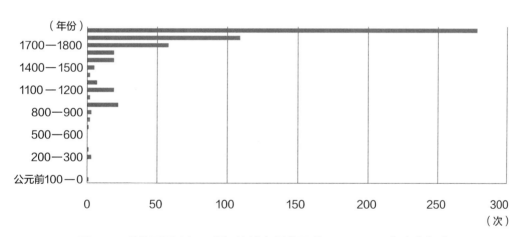

图 3-3　成都平原沱江、岷江流域各县公元前 100—1949 年水灾频次
（数据来源：成都平原历史上的洪灾统计）

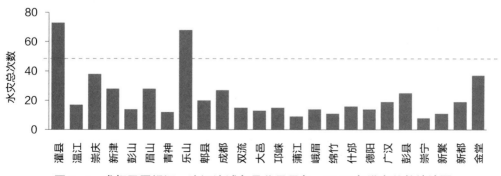

图 3-4　成都平原岷江、沱江流域各县公元元年—1949 年洪灾总数统计图
（数据来源：成都平原历史上的洪灾统计）

从平原地区的洪灾原因来看，其因有二，一为是上游洪水，二为是当地暴雨。单就城市而言，因遭受暴雨引起的城市内涝常常成为洪灾的主要形式。据郭涛统计，成都城遭受上游洪水受灾占总受灾数量的三分之一，而因当地暴雨引起的灾害占三分之二。尤其是七八月份的集中降雨，最容易发生城市内涝，[①]如《蜀梼杌》中曾记载了乾德五年前蜀后主王衍举宫出游浣花溪遭遇城市内涝的事故[②]：（当日）"龙舟彩舫，十里绵亘"，到正午却突然遭遇暴雨内涝，"雷电冥晦"，"溺者数千人"，王衍恐惧得立即还宫。

3.3 历史上的人居环境调适措施

有关古代旱涝灾害应对方式，已有学者开展过深入研究，邓云特以应对"灾荒"为视角，将古人应对灾害的方式分为两大类，一为积极预防，二为消极救灾，而倡导积极预防的策略[③]。吴庆洲通过对中国古代城市防洪的研究，提出了古代城市防灾减灾的几个基本策略，分别为："防、导、蓄、高、坚、护、管、迁"[④]等。而从区域范围长时段考察，古人应对灾害的措施是以多种综合的手段进行"调适"的过程，在具体的人居环境建设中反映为一系列反思性的综合减灾措施。如前文灾害统计情况，被称为"天府之国"、"水旱从人"的成都平原，历史上并非没有灾害，都江堰也非毕其功于一役，长时间的考察中，成都平原人居环境与灾害的关系是也在不断的调适中进行改善的。

从范畴来讲，人居环境的"调适"既包含了土地利用、工程建设等人居环境的物质层面，同时也包含了社会构建等方面，本章的阐述以物质层面为主，而社会方面的内容在第 4 章"治理"一章中做详细的论述。我们可以通过将成都平原地区古文献中的灾害个案与对应的调适策略相匹配，总结古人综合的调适方法及背后蕴含的生态哲理。就都江堰灌区而言，这些方面主要包括了城址选择与区域排水、重点地段的堤防建设、城市水系的疏导、乡村水系的疏导、自

---

① 郭涛. 成都水灾史研究 // 水利水电科学研究院水利史研究室编. 水利史研究室五十周年学术论义集 [M]. 北京：水利电力出版社，1986.12.
② （宋）张唐英《蜀梼杌·卷上》，清钞本：（乾德五年四月，王衍）"游浣花溪。龙舟彩舫，十里绵亘；自百花潭至万里桥，游人士女，珠翠夹岸。日正午，暴风起，须臾，雷电冥晦，有白鱼自江心跃起，变为蛟形，腾空而去。是日溺者数千人。衍惧，即时还宫。"
③ 邓云特. 中国救荒史 [M]. 北京：商务印书馆，2011.
④ 吴庆洲. 中国古城防洪研究 [M]. 北京：中国建筑工业出版社，2009：476.

然的恢复、风水禁忌与土地保护、御灾储备等方面，以下利用相关案例详论。

3.3.1　城址选择与区域排水

　　早期的成都平原洪水频发，人居环境常受到洪水的侵扰，有关学者在对古蜀国时期的三星堆、金沙等古代文明的研究中均提出了"因洪水而消亡"[①]的假说。成都市区也有不少遭到洪水冲刷，反复重建家园的历史遗迹，如成都市十二桥商代建筑遗址。[②]到杜宇后期选择在平原较高台地（都江堰——郫县——成都一线）上建城，开明时期以"东别为沱"的方式，利用人工水道将岷江洪水排出平原，作为都城的成都才拥有了相对稳定、安全的避灾形势。合理选址与排水泄洪相结合的模式为平原人居环境的安全找到了出路。也可见，成都城建城两千年，城址未变，非一举成功，在早期经历了相当长一段时间的探索，是古人长期自然灾害的适应中逐渐总结经验的结果。

　　在古蜀时期治水经验积累的基础上，成都平原经历李冰治水，开始逐步开辟平原水系，发展扇形流域，发达的扇形水网可以将岷江上游洪水迅速分散到各大支系当中，从干流到支流，再到毛细水渠，形成了以区域排水为基础的减灾方式。巴蜀历史学家谭继和也认为："成都平原自古容易发生洪水，平原安全的人居环境的取得是在不断的排水中逐渐开辟出来的。"[③]这一模式在汉代贾让应对黄河水患的"治河三策"[④]中也曾提到。贾让三策上策是将河水行洪区的居民迁出，为河流留足空间；中策是在下游开辟水道疏导洪水，将行洪、灌溉与改善土壤相结合，并通过水运促进下游人居环境发展；最下策才是修筑堤坝堵水防洪。贾让的策略倡导将灾害治理的视野放置在更大的区域环境中，以疏导为主，以综合发展为目的。成都平原排水网络的设计兼顾防洪、航运、土壤改善以及人居的建设，正是综合的洪水应对和平原人居发展完美结合的典范。

　　扇形的人工水道系统在缓解区域洪水中效果究竟如何，有一则材料可以得以简略的反映。宋代，成都平原水网体系已经基本完备的时期，开宝五年发生了一次全域性的水灾，岷江暴涨，洪水到达永康军时，"大堰将坏，水入府江……

① 参考：段渝. 成都通史·古蜀时期 [M]. 成都：四川出版集团，2011.
② 李昭和，翁善良，张肖马，江章华，刘钊，周科华. 成都十二桥商代建筑遗址第一期发掘简报 [J]. 文物，1987，12.
③ 根据笔者对谭继和先生的访谈记录整理。
④ （汉）班固：《汉书·卷二十九·沟洫志第九》。

上游来水但见惊波怒涛，声如雷吼，高十丈已来"，下游人人自危，"水入新津江口时，嘉、眉州漂溺至甚，而府江不溢。"[1] 按史料记载，此洪水行经成都，并未造成成都城受灾，而人工水系再次汇合后流向的南部下游地带嘉、眉州却有受灾，说明了在整体区域上，运转良好的平原人工流域水网体系能够有针对性的削减洪峰，在整体上承载大洪水的侵袭。得益于这种扇状流域体系的成都平原各城所遇洪水常常只见河道水位上涨却不成灾，当地人常常称这种洪水为"过路洪水"。（图3-5、图3-6）

图3-5　成都平原河道
（图片来源：自摄）

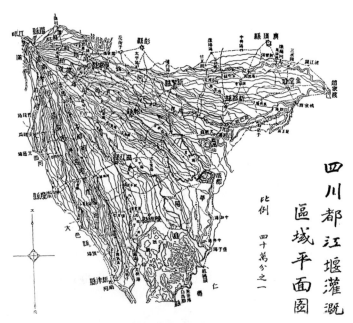

图3-6　四川都江堰灌溉区域平面图
（图片来源：民国都江堰图）

---

[1]（宋）黄休复：《茅亭客话·卷第一》，清光绪琳琅秘室丛书本。

3.3.2　重点地段的堤防建设

从区域范围来看，筑堤并不是灾害应对的主导模式，但关键地段亦需要有加固堤防的措施，在平原水系排洪不足或者在河水汇流的咽喉之地，堤防就显得十分重要。

在都江堰扇状水网的帮助下，平原城市洪灾的频次已经明显减弱，但也会有城市因上游洪水引发水灾。成都城就有多次因上游洪水引起水灾的记载，第一次可明确考证的文献记载是在三国时期。[①] 章武三年（公元 223 年），成都因西北部上游洪水灌城而受灾，诸葛亮为保护成都避免洪水再次侵扰，专门在城市西北设防，"按九里堤捍护都城"[②]，且颁布护堤法令告知相关民众："勿许侵占损坏，有犯，治以严法，令即遵行。"[③] 成都西北历来为防洪重点地带，历史上也曾多次加以巩固，唐代高骈筑城曾在西北部建设糜枣堰，"筑堤郫江"[④]（一说糜枣堰与九里堤是一回事），并以此调整河道走向，以二江绕城的格局缓解洪水压力。北宋时期，这一带因堤防失修又曾遭受重大灾害，[⑤] 后再由刘熙古重建堤防，号为刘公堤，保护了成都的安全。几经灾害又几次筑堤，到明清两代，在成都西北部加强堤防已经成为成都防洪的重要历史经验。

位于成都平原南部边缘的乐山城，与灌区平原城市相比，采用堤防防洪的形式显得更为重要。乐山城介于山水之间，西北枕山，东南滨水，汇集了平原水系的岷江与青衣江、大渡河在此交汇，夏秋之际常常因河水上涨造成洪灾。又因乐山城坐落于山脚，用地不足，古人最终采取了以城为堤的防洪方式，所谓"堤即城也"[⑥]。明代《城池记》中记载了地方官员组织筑城为堤,防范洪水的经过：

"掘地深八尺，万杵齐下。砌石厚凡八尺，以附于上，编柏为栅，以附于石；栅之外仍卫以土石。自栅而上，东城高凡十有四尺，南城高凡十有六尺，厚则以渐而杀。上置女墙，高凡五尺。延袤凡六千余尺。凡石必方整，合石必以灰。

① 郭涛．成都水灾史研究 // 水利水电科学研究院水利史研究室编．水利史研究室五十周年学术论文集 [M]．北京：水利电力出版社，1986．
② 杨重华．"丞相诸葛令"碑 [J]．文物，1983（5）．
③ 同上．
④ （宋）何涉：《糜枣堰刘公祠堂记》，《全蜀艺文志·卷 37·记·戊》，清文渊阁四库全书本。
⑤ （宋）何涉：《糜枣堰刘公祠堂记》："（宋乾德四年（996 年）夏），西山积霖，江水腾涨，拂郁暴怒，溃堰，蹙西阁楼以入，排故道，漫荡两墙，汹汹趋下，垫庐舍倉廥闬，浩乎若尾闾横决，……百物资储蔽波而逝矣。"
⑥ （明）安磐：《城地记》，《全蜀艺文志·卷 33·记·甲》，清文渊阁四库全书本。

一石不如意者，虽累数十石其上，必易。如其令者赏，违者罚。人人感侯之义，莫有毫毛苟且为心者。"[1]

筑就之后，古人还专门将城墙漫浸三日测试防洪效果，水落之后，见"城石无分寸动移"[2]，显示了城墙的坚固与防洪功能的可靠性，以此保障了乐山城的人居安全。

位于灌口的灌县，容易因上游洪水冲击猛烈造成水利设施的毁坏，并造成城市与乡村的水灾，历史上亦有因防洪不利组织筑堤的记载，如明代的千金堤。[3]成都平原边缘地带的很多城市也需要筑堤防范上游来水，在此不再赘述。但总体而言，整个区域的堤防防洪设施只处于个别地带，平原地带尊重都江堰灌区自流行洪，以水道分水、排水的形式缓解洪水才一直是主导。

3.3.3 城市水系的疏导

成都城水道系统发达，对城市洪灾的减缓具有重要作用，历史上有关水道系统疏导的记载往往都与城市内涝与城市水环境恶化有关，如席益《掏渠记》记载的因城中水渠湮堵直接导致的内涝："夏，暴雨，城中渠湮，无所钟泄，城外地方亦久废……（江水）汹涌成涛濑。"[4]再如北宋吴师孟《导水记》记载的因排水系统壅塞引发城内瘟疫："（成都）虽有沟渠，壅阏沮洳，则春夏之交沈郁湫底之气渐染于居民，淫而为疫疠。"[5]

对城市水道开展系统疏导成为古人应对城市内涝与改善环境的重要调适手段。古人营城，城内河道、排水渠等水道"犹人之有脉络"，城内水道系统的建立及其通畅是城市健康的基础，所谓"一缕不通，群体皆病"[6]。调适人居应对灾害，要及时调理使其"气血并凝"、"百骸条畅"[7]。《导水记》记载了宋代应对灾害对城市水道进行严谨、系统疏导的具体方法与工作过程，这一过程可概括为寻水源、导干流、导支流、居民自建水渠等若干内容：

（1）寻找故道。地方官员广泛寻访地方长者（后经老僧宝月大师指点），询

---

① （明）安磐：《城地记》，《全蜀艺文志·卷33·记·甲》，清文渊阁四库全书本。
② 同上。
③ 四川省水利电力厅编著. 四川历代水利名著汇释 [M]. 成都：四川科学技术出版社，1989.
④ （宋）席益. 掏渠记 //（宋）袁说友等编著. 成都文类 [M]. 北京：中华书局，2011：512.
⑤ （宋）吴师孟. 导水记 //（宋）袁说友等编著. 成都文类 [M]. 北京：中华书局，2011：510-511.
⑥ （宋）席益. 掏渠记 //（宋）袁说友等编著. 成都文类 [M]. 北京：中华书局，2011：512.
⑦ （宋）吴师孟. 导水记 //（宋）袁说友等编著. 成都文类 [M]. 北京：中华书局，2011：510-511.

问有关城市水系故道的线索。在城市西北隅寻找水渠旧址，派专人勘察水文情况；

（2）寻水源。以故道遗迹为基点，上溯十里，在上游寻找新水源，"接上游溉余之弃水，至大市桥，承以水樽而导之"[①]；

（3）导干流。"从城西门导水东注于城内众多小渠，又西南隅至窑务前闸，南流之水自南铁牐入城"，"二流既酾"。[②]

（4）导城市支流。"股引而东，派别为四大沟脉散于居民夹街之渠，而辐辏于米市桥之渎。"[③]

（5）合流东导出城。城中大小水系"汇于东门，而入于江"[④]，与城外都江堰人工流域系统联系。

（6）居民自主修建水利工程与城市公共工程协调。居民各家用水排水均与公共水网连接，城中"民自为者，随宜增减，不可遽数"。[⑤]

经过系统的整体疏导，城市众水系"顺流而駛，有建瓴之势，而无漱啮之虞，回禄之患，随处有备"[⑥]，水系均匀分布于城中各处，成都城防洪减灾功能也大大增强，"岁或霖涝，脱有溢溢"[⑦]。而且，洪水的到来还有"彻澄槽"[⑧]功能，能够改善城市水质，使"众渠立湮"[⑨]。整个导水工作讲究顺应自然，"不逆地势"[⑩]，整个工程设置水槽两处，木闸三处，横穿街道的水渠两条，恢复水井一百多眼，居民自主修建的工程不计其数。可见古人对水系调适的整体规划与系统实施。南宋时期的席益，还专门绘制了城市水道图，将城市水网详细记录，图中包含了经过豪族大户的水道情况，便于对其检查，水道疏导工作"按图而治之"，"纤毫无敢郁滞"[⑪]，足可见利用城市水道系统调适在城市洪涝灾害应对过程中的重要作用。

城市水道的疏导与恢复也是一项系统的民生工程，实施过程讲究"不妨民田，

---

① （宋）吴师孟．导水记 //（宋）袁说友等编著．成都文类 [M]．北京：中华书局，2011：510-511．
② 同上。
③ 同上。
④ 同上。
⑤ 同上。
⑥ 同上。
⑦ 同上。
⑧ 同上。
⑨ 同上。
⑩ 同上。
⑪ （宋）席益．掘渠记 //（宋）袁说友等编著．成都文类 [M]．北京：中华书局，2011：512．

不劳民力"[1]，调适减灾的过程亦能与民生的改善紧密结合。宋徽宗大观元年（1107年），席旦（席益之父）在任成都知府期间为治理暴雨形成的内涝，组织居民疏导水网，还将导河出泥用于农圃，出现了"泥污既出渠，农圃争取以粪田，道无着留"[2]的局面，城中环境得以改善，农民也得利。这也体现了城市水道的疏导在传统城乡生态联系中的作用。

嘉靖四十四年，金水河日久埋塞，成都城遇雨常常形成内涝，造成"雨潦无所归"[3]的局面，后在官府组织下动用民力开展疏导，疏导后风景大变，"蜀人奔走聚观，诧其神易"[4]，居民纷纷享用河水之利，"釜者汲，垢者沐，道渴者饮，统者沆瀣，园者灌"[5]游憩者纷至沓来，"濯锦之官，浣花之姝，欢声万啄，莫不鼓舞"[6]，居民得益于此次河水疏导，称赞此功绩为"天汉之飞注"[7]，这一举措成为水系疏导调适减灾、改善民生的典型实践。

清代项诚在《议开浚成都金水河事宜》中，建议疏浚金水河的同时，也详细阐述了成都城内水系的多种用途，强调了水系疏导扮演的综合功能，其功能包括：（1）便商：货船、商船可沿河入城，或于河边交易，而因此沿河之处形成"商贾闻圜辐辏之所"[8]；（2）便民："米蔬柴炭"等民间日用之物可乘船运输入城，在城中扩大水面设计停靠之处可使得"众物齐集，在城居民皆可就近购买"[9]；（3）防火：成都城房屋多用草苫盖，即街市瓦房，亦系竹壁编成，容易发生火灾，河道的开辟可以使居民用水"随处有备"[10]，利于防火；（4）环境改善：河道的成功疏导与开凿可使得"地气既舒，水脉亦畅"[11]，改善城市环境。

3.3.4　乡村水系疏导

乡村灾害应对，农田水利的调适占据着重要地位。成都平原得益于都江堰水利工程，各县水系均纳入这个整体的体系中，历史上以农田水利调适应对灾

---

① （宋）吴师孟．导水记 // （宋）袁说友等编著．成都文类 [M]．北京：中华书局，2011：510-511.
② （宋）席益．掏渠记 // （宋）袁说友等编著．成都文类 [M]．北京：中华书局，2011：512.
③ 雍正《四川通志》卷 42《重开金水河记·明·刘侃》.
④ 同上。
⑤ 同上。
⑥ 同上。
⑦ 同上。
⑧ （清）项诚．议开浚成都金水河事宜 // 冯广宏主编．都江堰文献集成·历史文献卷（先秦至清代）[M]．成都：巴蜀书社，2007.
⑨ 同上。
⑩ 同上。
⑪ 同上。

害的例子很多，以乡村水道的疏导为主，在此仅举两例说明该调适的方法与措施。

如：宋天圣中韩忠宪公以枢密学士谏议大夫镇成都时曾遭遇到罕见旱情，史料载："骄亢浸久，府江几涸；蓻稼将瘁，沟浍填阒；提封叹然，浇润靡及。"[①] 针对旱情，他专派官员巡视江流，遍访地方老人，寻找故道与水源，导水注渠，"均溉诸邑"[②]。后来还常常维修，并在渠道两侧种植植物作为保护，水系所到之处居民获利甚多。

另有一例，蜀州某处常年遇洪水泛滥，如吕陶记载："岷山之旁，三水合而北注，至郡之东隅，与大江会。湍悍溢激，又溃而五。霖潦间作，横山散漫，高则没邱垄，下则漂田庐，止者患溺，行者苦泞。江之故道日漏且涸，弃失余润，不能浸远；永濡之稼，屡植尽槁，盖八九年矣。"[③] 这种洪水泛滥的境况造成大量土地不适宜耕种，且洪灾期间大量居民需要国家补贴才能度日。后来，新津老人陈汝玉将此情况详细阐述于地方官员，得政府重视后专门开展疏导工作，"按度冲会，布为巨楗，制导异派，归之旧踪，循源而下。"[④] 经由疏导，成功解决了旱涝灾害问题，居民获利。

这两例均是在平原灌区结合平原人工小流域的疏导改善民生的实例，实践具体措施中强调了遵循故道、追根溯源、顺应自然进行水系疏导调适的基本方法。

3.3.5　自然的恢复

建设人居环境不可避免地会干扰自然生态环境，从某种意义上讲不论人们如何顺应自然也都会带来生态环境的改变，所谓"人之坏元气阴阳也亦滋甚"[⑤]。受到破坏的自然往往呈现恶劣环境，并常常成灾，而对于这种情况，古人已经有开展积极的自然恢复加以调适的经验，成都平原亦有。例如：成都城中水井卤，城外泉水常清冽，明代成都城东有一泉水因使用日久失去往日活力，影响当地居民的生活，如明黄景夔《城东新泉记》载：

---

① （宋）程遇孙：《成都文类》卷 35，清文渊阁四库全书补配清文津阁四库全书本。
② 同上。
③ （宋）吕陶：《净德集·卷十四·记》，清武英殿聚珍版丛书本。
④ 同上。
⑤ （唐）柳宗元《天说》："人之坏元气阴阳也亦滋甚：垦原田，伐山林，凿泉以井饮，窾墓以送死，而又穴为偃溲，筑为墙垣、城郭、台榭、观游，疏为川渎、沟洫、陂池，燧木以燔，革金以熔，陶甄琢磨，悴然使天地万物不得其情，倖倖冲冲，攻残败挠而未尝息。"

"（泉水）独出石间，仅勺挹，不受巨器。浸渍溪流，汎淖沮洳，牛马之过，饮之且溲焉。汲者守泉不得，则于溪，匪注盈汏，澄不可汲，踵踵竞次。旱则复于泉。洰冬尤艰，剖冰取，饔人息爨、俟水之至。"[1]

人们不能使用此泉水，必须辗转向城北获取水源，后经由地方官员组织，专门对其进行修复，"巉穿嵯断，深入齿齿"，修复后"泓然成池"[2]。之后此地不仅惠及城东用水，且成为一个服务全城的游憩场所，地方官员以此为基础展开环境建设，"崇之方台，庇之峨亭，曲阑四周"[3]，建设完成后，"幽荫寒冽，炙燠之所不及，牛马之迹无缘而来"[4]。古人认为"自有天地，即有尔泉"[5]，保障天然泉水的活力是人们分内之事。泉水恢复后，人们还专门将该事迹刻语于石，立于亭中，教育后人。

3.3.6　风水禁忌与土地保护

传统的风水术中包含了大量通过"禁忌"避免灾害的内容，这些禁忌内容也为地方土地的保护起到非常重要的作用。人们通过风水的识别鉴定山水形势与人居环境的关系是否恰当，如有"不祥"，则及时提出调整策略，这也成为一种重要的土地利用调适的减灾手段。

清同治年间，成都周边出现了开设瓦窑取土的现象，据调查，横子山、花石桥、武家梁子等处均有，取土之处已经深三四丈。地方官员请风水师查地脉，经勘查，风水师认为取土之处已经伤害到省城龙脉，此类活动持续下去可能会引起地方灾异，建议地方官员及时采取措施加以禁止，确保龙脉完整。后经过郫县、崇宁、成都几县官员联合整治，瓦窑被拆毁，官府还专门在土桥场关帝庙内张贴告示，向人们澄清地域龙脉的走势，告知龙脉之处永远不得新建瓦窑：

"成都省城东南北三面，皆大河围绕，独西路一埂，连（远）接灌县诸山，由崇宁、郫县。成都地界雨水夹送，直达省城。其来脉之中，成、郫交界处所向，有高墩古埠，连缀五六里，或高二三丈，居省城乾方，为全省气运所关，

---

① （明）黄景夔：《城东新泉记》，《全蜀艺文志·卷33·记·甲》，清文渊阁四库全书本。
② 同上。
③ 同上。
④ 同上。
⑤ 同上。

埂以北为油子河，埂以南为清水河，均由灌县而来，至省城东门外交会，全省山水即由此埂中分，数千年来毓秀钟灵，□生贤哲，蜀都文物之盛，应为西南各省之冠，地灵人杰，成效昭然。乃成都县西路界碑内，武家梁子地方，向有瓦窑二所，取土烧用，竟将成、郫界内高墩古埂抢除殆尽，因数家博取蝇头，致全省大伤龙脉，利害得失，轻重判然。曾于同治八年札伤司道委员查勘封禁，近闻武家梁子地方仍有私开民窑，意任挖毁古埂，殊属藐玩，除札伤成、郫、崇三县，各于沿埂交界地方，派差密查，立予驱逐外，□应刊碑示禁，为此示仰护居民，人等知悉，嗣后自崇、灌、郫三县至犀浦土桥武家梁子等处，一带土埂之内，永远不准开窑烧瓦，如有旧窑，一律折（拆）毁封禁。民间买卖田产，亦不准卖与窑户取土，倘不肖之，私自开窑烧瓦，并民间潜卖田土与窑户者，许绅团约保报明地方官，分别拘唤，立予究惩以昭儆戒。俾地脉得资培护实于川省形胜之地，大有裨益，其各懔遵勿违，特示。——同治十一年七月。"①

另外，都江堰灌区有一种以"石犀"或"佛像"镇守人工水道系统的文化，如唐杜甫《石犀行》中曾提到："君不见秦时蜀太守，刻石立作三犀牛。"② 另一首杜诗《石笋行》中写道："君不见益州城西门，陌上石笋双高蹲。古来相传是海眼，苔藓蚀尽波涛痕。"③ 明代《天启成都府志》中记载："有秦太守所凿石犀，今在殿前。殿中有井，相传与海相通，所谓龙源也。"④ 明王士性《五岳游草》中载："成都故多水，是处为石犀镇之。城东，有'十犀九牧'立于江边"⑤ 清《成都通览》中载："古谓省城有海眼二所，不能妄动，偶有触犯，即被水灾。予于省城内之大慈寺后见有古佛像一座，身有秦篆四字，文曰'永镇蜀眼'，意海眼即在佛下也。东门外大佛寺亦有海眼。"⑥ 这些地带或为治水要地，或依风水术勘测出来的自然系统中的关键节点，利用"石犀"或"佛像"镇守这些要地，避免人为的破坏带来严重的灾异。

① 钟朝镛《成都省城形势脉络说明书》，石印本，国家图书馆数字方志数据库。
②（唐）杜甫：《石犀行》，《杜诗详注·卷十》，清文渊阁四库全书本。
③（唐）杜甫：《石笋行》，《杜诗详注·卷十》，清文渊阁四库全书本。
④《天启成都府志》卷3《建制志·寺观》。
⑤（明）王士性：《五岳游草·卷五·蜀游上·入蜀记中》，清康熙刻本。
⑥ 傅崇矩．成都通览 [M]．成都：巴蜀书社，1987：3.

3.3.7 御灾储备

徐光启认为针对灾害应"预弭为上，有备为中，赈济为下"[①]，以这种思想做指导，除了前述兴修水利、疏导水网的"预弭"工作，传统的减灾还强调"储备"的工作。《墨子》言："一谷不收谓之馑；二谷不收谓之旱；三谷不收谓之凶；四谷不收谓之馈；五谷不收谓之饥馑。"[②] 应对"饥馑"，乡村人居环境的建设以多种植物种植的方法进行调适。《农桑辑要》中规定："每丁岁植桑枣二十株，或附宅地植桑二十株。其地不宜桑枣者，听植榆柳等，其数亦如之。种杂果者，每丁限十株。仍多种苜蓿，备凶年……近水村疃，应凿池养鱼并鹅鸭之数，及种莳莲藕、芡菱、蒲苇等以助衣食。"[③] 成都平原的林盘精耕单元，除了粮食生产，竹子与其他多种树木的种植，亦有备灾方面的考虑，"饥馑之岁，凡木叶草实，皆可以济农。"[④] 御灾储备的考虑促进了林盘向多功能农业生产单元的发展，每个小单元都承载着多样的生产功能。

县志中还多有记载乡村贮水、蓄水的情形，体现着堤堰、陂塘结合的农业用水形式，是储水御灾的体现。如清张文珍《续修新繁县志》载：

"凡做堤堰，各将沟口扎断，以沟身之一里、半里，沿路泉水积蓄，堰塘水始上沟。其泉以秋冬发旺，故农民多积冬水，以备上春水缩。家家更挖掘深塘，用牛车、人车转水上田，以资灌溉。若雨泽愆期，至有以水田种干粮者……"[⑤]

传统人居环境多还建立"社仓"，并形成制度，如：《农桑辑要》提出在农村各社设义仓，由社长负责，"丰年验各家口数，每口留粟一斗；无粟者，抵斗存留杂色物料，以备凶荒。"[⑥]

从区域的角度来看，对山林川泽的保护也是应对灾害的重要手段，《国语·周语》载："国有郊牧，疆有寓望，薮有圃草，囿有林池，所以御灾也。"[⑦] 山林川泽为灾荒时期的居民提供了生计来源，国家通过"弛川泽之禁"使其成为人们获取生计的自然"缓冲带"。

---

① 石汉生：《农政全书校注·凡例》，第4页。
② 《墨子》。
③ 《农桑辑要》，《新元史·卷六十九·食货志》。
④ 石汉生：《农政全书校注·凡例》，第4页。
⑤ 续修新繁县志 // 冯广宏主编. 都江堰文献集成·历史文献卷（先秦至清代）[M]. 成都：巴蜀书社，2007：441.
⑥ 《农桑辑要》，《新元史·卷六十九·食货志》。
⑦ 《国语·周语》。

图 3-7　都江堰灌区的水田

（图片来源：自摄）

3.4　总结：推理酌情的地区调适

在具体的人居环境调适中，中国古人讲究"推其理而酌之以人情"[①]。"理"为自然之理，"堤防省而水患衰，其理然也"[②]，"情"为为实现自然之理所需人类之情，在于体会天地生生之理。在调适中，其首要原则是"尊重自然"，主张"不堕山，不崇薮，不防川，不窦泽"[③]，以尊重自然的策略建长久之功，而反对"自用而凿，智饰巧伪，背天理，反物性，苟期成效以要利，取宠于一时"[④]。古人对"灾"的反思可以理解为对原初"自然秩序"的再体会过程，如果发现人的活动影响自然秩序的正常运转，古人会首先对人类行为进行调整，并以自然之理为基础进行调适。在这一基本前提下，古人应对灾害而进行的积极的人居环境调适工作可以理解为重构人居与自然和谐秩序的过程，上述种种具体的行动，如：寻故道、尊重历史地理开展乡村水系疏导，系统构建城市水道系统减少城市内涝，以及设立禁止开采区域等都体现了这一特征；而在满足适应自然秩序的同时，

---

① （宋）苏轼：《苏文忠公全集·东坡续集卷九》，明成化本。
　　孟子曰："禹之治水也，水由地中行。此禹之所以通其法也。愚窃以为治河之要，宜推其理，而酌之以人情。河水湍悍，虽亦其性，然非堤防激而作之，其势不至如此。古者，河之侧无居民，弃其地以为水委。今也，堤之而庐民其上，所谓爱尺寸而忘千里。也故曰堤防省而水患衰，其理然也。"
② （宋）苏轼：《苏文忠公全集·东坡续集卷九》，明成化本。
③ 《周语·国语》。
④ （宋）吕陶：《净德集·卷十四·记》，清武英殿聚珍版丛书本。

古人又将灾害的调适与民生的改善，以及人居环境质量的提升相结合，调适工作完成之后，往往能满足当地民众的生活需求，提升生活质量，前述有关金水河的疏浚、城东泉眼的恢复以及林盘单元植物种植与池塘用水储备措施等都足以为证。

灾害的应对是一项综合的、复杂的人居环境调适工作，成都平原都江堰灌区的实践不仅将这种调适扩展到了区域范围，在更宏观的自然系统中考虑人与灾害的关系，还能在多种多样的具体的人居调适中重视天理人情，又把尊重自然的环境调适与民生的切实改善有机结合，构建了有着较强灾害抵御能力的人居环境，是古人综合、系统应对灾害的集中体现。

第 4 章

治理：古代都江堰灌区的自然管理

与社会治理

4.1　自然管理与社会治理

　　传统农业时期，人居环境的发展依赖于区域自然资源的合理利用与分配，而资源的使用与分配则依赖于一定的使用规则和制度构建，古人讲："天之道在生殖、其用在强弱，人之道在法制、其用在是非"[1]，又讲"用天之利，立人之纪"[2]，都是此意。人居环境的发展既需要对自然资源进行管理，也需要为合理的自然资源使用创造良好的社会环境。自然管理得当才可保证人居环境的可持续发展，社会治理得当，才可保证自然资源能为居民带来广泛福利。

　　区域范围，从自然管理的类型来讲，可分为对"山林川泽"等自然资源的管理与人工自然系统的管理两大类。古人认为山林川泽非农田耕种所用，是区域人居环境可持续发展的根基，而人工自然系统与农田、城市紧密联系，与居民日常生活息息相关，关系到不同人居单元的健康发展与各种生产生活的需要（图4-1）。而从管理形式上来讲，传统的自然管理有国有（皇有）——民有之分，行政上则有中央——地方之别，一个地区多种自然类型的管理体现着复杂的社会组织与协调过程。本章要阐述的就是古代都江堰灌区及其外围自然资源的管理方法以及与之协调的社会治理经验。

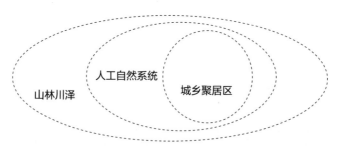

图4-1　地区人居环境中的自然系统
（图片来源：自绘）

---

① 《全唐文》卷607《刘禹锡九·天论·上》，清嘉庆内府刻本。
② （唐）刘禹锡《刘梦得文集·卷13》，四部丛刊景宋本。

4.2　山林川泽的管理传统

4.2.1　国家层面对山林川泽管理的重视

古代中国有一种从国家层面保护"山林川泽"等自然资源的传统，有大量的山林川泽归国家所有，这些资源并非人们不能使用，而是要满足一定的制度和规范。

先秦时期，不少思想家都对山林川泽的"管理"提出过要求，反映在各种典籍中，体现了古人按照自然规律合理开发和利用的传统。例如：在《管子》中提出了"以时禁发之"[①]管理理念，应时节管理自然资源，将自然资源的养护与居民宫室之用相匹配，维持可持续发展。《逸周书》、《礼记·月令》、《吕氏春秋·十二纪》等都有类似的记载。为了实施"管理"，古人还提出要针对山林川泽专门设官，建立职官体系，如《礼记》载："天子之六府，曰司土、司木、司水，川衡也，司草、稻人也……"[②]在《周礼》中，也曾有对生态职官的详细论述，而且大小山川区别对待，山、林、川、泽根据不同规模均有相应的官员开展管理。[③]

这种职官管理的目的在于保障资源的合理使用。[④]如程颢在《论十事札子》中论："山虞泽衡，各有常禁，故万物阜丰，而材用不乏。……惟修虞衡之职，使将养之，则有变通长久之势，此亦非有古今之异者也。"[⑤]古人认为"山林川泽无横取，皆若更生"[⑥]，包含了可贵的可持续发展的思想。

在中国历史上的不同朝代，国家管理的山林川泽的情况各有不同，面向人们的开放程度也有不同。战乱时期，山林川泽是物资的缓冲地，国家常常将这些山林川泽开放给农民，以满足人们的生活资料来源。如：东晋初年，北方人口大量涌入，生计无着，因此政府"弛山泽之禁"，允许私人对山泽进行经营活动。

---

① 《管子·立政》。
② 《礼记·曲礼下》。
③ 《周礼·地官司徒第二》："山虞，每大山，中士四人、下干八人、府二人、史四人、胥八人、徒八十人；中山，下士六人，史二人，胥六人，徒六十人；小山，下士二人，史一人，徒二十人。林衡，每大林麓，下士十有二人、史四人、胥十有二人、徒百有二十人；中林麓，如中山之虞；小林麓，如小山之虞。川衡，每大川，下士十有二人、史四人、胥十有二人、徒百有二十人；中川，下士六人、史二人、胥六人、徒六十人；小川，十士二人、史一人、徒二十人。泽虞，每大泽、大薮，中士四人、下士八人、府二人、史四人、胥八人、徒八十人；中泽、中薮，如中川之衡；小泽、小薮，如小川之衡。"
④ 王利华．经济转型时期的资源危机与社会对策——对先秦山林川泽资源保护的重新评说 [J]．清华大学学报（哲学社会科学版），2011.3
⑤ （宋）程颢：《二程文集·卷2》，清文渊阁四库全书本。
⑥ （宋）袁说友等编著．成都文类 [M]．北京：中华书局，2011.12：541.

但经由开放，又往往形成独占与兼并，封山占泽愈演愈烈，各地的"名山大川，往往占固"，造成"富强者兼岭而占，贫弱者薪苏无托"的局面，[①] 也成为人民矛盾激化原因之一。司马迁《史记》曰："天下熙熙，皆为利来；天下攘攘，皆为利往。"一旦山林川泽资源管理不妥，便会出现大规模的私有化现象，并伴随发生大规模的土地兼并，中国历史上这种土地私用的现象时有发生，豪强往往占领山泽，这些豪强多是世家大族、宗室、勋戚、宦官豪族等等，使得小农生产者缺乏生产资料来源，社会矛盾激增。经历朝代兴替，国家统一管理自然资源常被作为中国文化中不断强调的一条基本经验，历史学家吕思勉也对历史上的自然资源国有制度极力推崇，他认为："田赋之外，诸山海川泽之利，理应归官管理，一以防豪强之把持，一则国家得此大宗收入，可以兴利除弊。且可藉以均贫富也。"[②]

4.2.2　秦牍、秦简中体现的自然管理法令

山林川泽的管理与相关法令的制定有关。现有考古发现的秦代律令中已经包含了丰富的生态保护的信息，如在湖北云梦发现的秦简[③] 中，政府把山林川泽划分为两类，一类为政府使用设置禁苑，不准百姓进入。简文载："邑之乡斤（近）皂及它禁苑者，麛时毋敢将犬以之田。百姓犬入禁苑中而不追兽及捕兽者，勿敢杀；其追兽及捕兽者，杀之。河（呵）禁所杀犬，皆完入公。其他禁苑杀者，食其肉而入皮。"另一类则为作为普通居民可以使用的自然资源，按照季节定时向人们开放，但不允许擅自开发，展现出可持续利用的理念。简文载："春二月，毋敢伐材木山林及雍（壅）隄水。不夏月，毋敢夜草为灰，取生荔、（卵）鷇，毋□□□□□毒鱼鳖，置穽罔（网），到七月而纵之。唯不幸死而伐绾（棺）享（椁）者，是不用时。"

现已发现的对成都平原地区早期发展有着重要影响的律令是在四川青州郝家坪战国墓葬群出土的秦代木牍，其内容与秦武王二年（前309年）的更修田律有关，是秦灭巴蜀后"秦民移川"的重要资料。[④]（四川青州秦牍出土之地

① 周绍泉，林甘泉等．中国土地制度史［M］．台北：问津出版社行，1997：133.
② 吕思勉．中国社会史［M］．上海古籍出版社，2007.
③ 1975年12月在湖北省云梦县睡虎地秦墓中出土的大量竹简，这些竹简长23.1～27.8厘米，宽0.5～0.8厘米，内文为墨书秦篆，写于战国晚期及秦始皇时期。
④ 国家文物局．中国文物地图集－四川分册［M］．北京：文物出版社，2009：442.

原为蜀地，可大致确定该秦牍的时间应该在秦灭蜀之后，正是都江堰灌区开始兴修的时期。[①]）秦牍中的文字内容涉及自然的改造、农田水利建设等内容，也包含了对"山林川泽"因时令开展资源利用的观念，木牍文字"鲜草（离）"[②]等正是强调了对草木的保护，这些规则与体现在先秦其他典籍中的生态保护观念极为相似[③]（图 4-2）。

木牍牍文全文

正面：二年十一月己酉朔日　王命丞相戊内史□民臂更修为田律　田广一步　袤八则为畛亩二畛一百道　百亩为顷　一千道　道广三步封　高四尺，大称其高　捋高尺，下厚二尺　以秋八月　修封捋　正疆畔　及发千百之大草　九月大除遭及阪险　十月为桥修波堤　利津梁　鲜草离□除道之时　而有陷败不可行　辄为之

　木牍牍文（背面）：四年十二月不除道者：□一日　□一日　辛一日　壬一日　亥一日　辰一日　戊一日　□一日。以秋八月，修封捋（埒），正疆畔，及发千（阡）百（陌）之大草，九月，大除道及除（涂）。十月为桥，修陂堤，利津□，鲜草（离）。

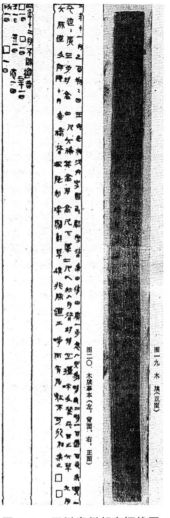

图 4-2　四川青州郝家坪战国墓葬群出土的秦代木牍

（图片来源：国家文物局. 中国文物地图集. 四川分册 [M]. 北京：文物出版社，2009：442.）

① 《史记·张仪列传》和《华阳国志·蜀志》中记载：秦惠王时，司马错和张仪都说蜀是"西僻之国"，为"戎翟之长"；秦灭蜀后，"戎伯尚强"，即不少部落和部落联盟的首领仍有强大实力。青州、平武等地的戎、氏部落这时均应属于蜀人的政治势力范围。在秦国甘茂定蜀后，青州木牍上所说秦武王二年命令丞相甘茂等人更修为田律，显然是适用于新近属领的土地，针对定蜀所采取的政治经济措施。为田律的实行，对于川甘陕边区的戎氏之人（还有巴蜀地区）的农业的发展起到了促进作用。（引自：唐嘉弘. 论青州墓群文化及政治经济问题 // 先秦史新探. 河南大学出版社，1988：102-103）青州墓群的文化代表的不仅仅是"秦文化"，实际上许多均属于中原文化系统。（引自：唐嘉弘. 论青州墓群文化及政治经济问题 // 先秦史新探 [M]. 郑州：河南大学出版社，1988：104.）
② 四川青川郝家坪战国墓发掘共清理墓葬 72 座，这群墓葬出土随葬品 400 余件，包括陶器 124 件，漆器 177 件，竹木器 50 余件，还有少量玉石器、钱币等。其中 M50 号墓出土牍一件，其上文字墨迹残损较少，文字较为清晰。木牍牍文反映了秦统一中国以前的秦国田律制度。见：李昭和，莫洪贵，于采芑. 青川县出土秦更修田律木牍——四川青川县战国墓发掘简报 [J]. 四川省博物馆，青川县文化馆. 文物，1982(1).
③ 唐嘉弘. 论青州墓群文化及政治经济问题 // 先秦史新探 [M]. 郑州：河南大学出版社，1988：109-110.

4.2.3 "因事而设"的现实管理形式

虽然古代中国有依法令保护山林川泽的证据，但总体上，依法保护的传统较弱，哲学家蒙培元曾引用冯友兰的阐释，认为传统中国强调"为天地立心"而弱化"为自然立法"。[①] 自然的保护往往通过儒家传统中对地方官员的道德要求和修养提升来实践，从文化方面逐渐形成了地方治理者管理自然的基本要求。在早期的儒家经典中，这种要求就已经明确提出，如在《荀子·王制》中，荀子将山林川泽的管理与"为君"的条件联系在一起，将维持自然资源的可持续利用作为一项开展治理的重要任务。[②] 所谓"为人君而不能谨守其山林、菹泽、草莱，不可以立为天下王。"[③] 地方官员需具有较强的自然管理意识，这是地方官员开展治理工作的基本前提，要能要带头建立自然资源保护的准则，才能达到古人所讲的"为人君"、"圣王之治"的标准。以地方官员的道德修养为基础的山林川泽管理形式使地方自然管理往往依赖于官员自身对自然资源的价值判断，中国古代城市发展中拥有"天堂人居"美称的杭州西湖的形成也是依赖于钱镠、白居易、苏东坡等官员的持续保护与塑造，避免了因城市扩张造成的湖泊牺牲而逐步形成的。

以官员价值判断为基础，反映在治理方法中，往往体现于"因事而设"的自然保护形式，即往往因某些官员对某些自然资源的重视，或由于出现了破坏现象引起了地方管理者的重视才专门加以保护。全国各地都发现了很多清代因保护山林川泽而设立的碑刻，其至被认为是设立"保护区"的原型，这种保护地有由皇家设立，如：柳条边、太平山等（历史上有"柳条边图"与"天平禁山图"[④]），也有地方出于保护山林资源所设，如：位于贵州北部的梵净山，曾立有《禁

---

① 蒙培元. 人与自然——中国哲学生态观 [M]. 北京：人民出版社，2004.
② 《荀子·王制》："君者，善群也，群道当则万物皆得其宜，六畜皆得其长，群生皆得其命故养时则六畜育，杀生时则草木殖，政令时则百姓一，贤良服圣王之制也，草木荣华滋硕之时，则斧斤不入山林，不夭其生，不绝其长也；鼋鼍鱼鳖鳅鳝孕别之时，网罟毒药不入泽，不夭其生，不绝其长也；春耕夏耘秋收冬藏，四者不失时，故五谷不绝而百姓有余食也；污池渊沼川泽谨其时禁，故鱼鳖优多而百姓有余用也；斩伐养长不失其时，故山林不童而百姓有余材也。"
③ 《管子·轻重甲》
④ 曹婉如等编. 中国古代地图集·清代 [M]. 北京：文物出版社，1995.10：图135、图156。天平山位于苏州木渎附近。根据史籍记载，苏州地区历年来公私取石，只准在元山、三山、金山和焦山等处开采，哪里的石头为花岗岩，但经多年开采，一些地方如金山浜一带萧山已经夷为平地，因此到天平山开山采石时有发生。由于天平山是范家祖先宋先贤文正公范仲淹及后代的墓地，清代地方官自康熙、雍正、乾隆朝都发布禁令，严格禁止在此处开山采石，据民国《吴县志·金石考》载，原天平山忠烈庙就保存有两块乾隆时期的禁山碑。

砍山林碑》[①]，江苏无锡有"三斗碑"等，这些地方的山林保护地都为区域可持续发展提供着重要支撑。

成都平原东西两侧的龙泉山脉、龙门山脉附近也有类似的碑文，是山林保护的体现，如青城山二王庙附近的《护树碑》[②]与金堂县云顶山发现的《云顶山记》。这两文均是通过地方官员设置禁令，禁止人们对山林的砍伐与破坏，保护自然环境。在《护树碑》中还体现了古人将二王庙和周围的山林视为一个整体的观念，将树木的保护与庙宇的翻修相结合，体现了建筑与山林共同的可持续发展，如碑文载：

"本庙树株，原以崇隆而尊庙貌；嗣后本庙纵有培修，亦须估计用木若干，禀明该府县等亲勘，号明立案后方准砍用。……除本庙遇有培修，遵守估计，禀明本府、县亲诣会勘，号记根数，方准砍用外，其余勿论何项工程。"[③]

《云顶山记》中强调山林保护与宗教场所保护的结合，如碑文载：

"殿宇既甚峥嵘，树木尤为浓郁。足知山岳钟灵，并合神功荫庇。若非爱惜护持，生虑倾颓凋散。……凡属房垣竹木，均无砍伐毁弃。入寺游览诸人，亦勿践踏滋事。"[④]

总体而言，古人对自然的管理仍然处于朴素的阶段，地方山林保护的范围缺乏明确的记载，山林川泽保护与地区发展之关系也缺少更为系统的阐述，对山林的保护多出于对资源不足的担心、对于山岳钟灵的敬畏或对佛道宗教圣地

---

① 贵州梵净山清代保护山林碑。碑文原文："灵山重地，严禁伐木掘窑，以培风脉事。照得铜仁府属梵净山，层峦耸翠，古刹庄严，为大小两江发源，实〔思〕铜数郡保障，粮田民命，风水攸关。自应培护，俾山川□□，□静无伤。……"；李碑碑文是："严禁采伐山林，开窑烧炭，以培风水事。照得铜仁府属之梵净山，层峦耸翠，林木盼荟，为大小两江发源，思铜数郡保障，其四至附近山场树木，自应永远培护，不容擅自伤毁。……"

② 此碑文尚立于二王庙前壁间。后山大量树木是乾隆年间道士王来通开始种植，此后长期培育。清光绪十一年（1885 年）总督部堂正式示谕保护，不准随便砍伐。碑文由本庙住持贾教废刊刻。

③ 护树碑 // 冯广宏主编．都江堰文献集成·历史文献卷（先秦至清代）[M]．成都：巴蜀书社，2007：770-771．碑文原文："总督部堂丁钧谕：二王庙系祀典重地，其庙地山林树木，经总督部堂吴示谕，刊碑在案。现因重修寝殿，本堂与各司、道一律捐资完工，为准砍伐。本庙树株，原以崇隆而尊庙貌；嗣后本庙纵有培修，亦须估计用木若干，禀明该府县等亲勘，号明立案后方准砍用。其余勿论何工，不准妄伐。倘有不肖在俗及庙道人等妄串偷伐，立予拘案，照偷砍园陵树木例定罪拟办。永以为例，不准姑贷。饬令立案，会示刊碑，以乘永远。等因，奉此；除会拟示稿呈核外，合行遵谕刊碑封示。以此仰县属绅粮、花户（穿插在附近的零星农户）、军民人等及本庙住持，一体知悉。自示之后，所有该庙树木永远封禁。除本庙遇有培修，遵守估计，禀明本府、县亲诣会勘，号记根数，方准砍用外，其余勿论何项工程，不准借词刊用。倘敢故违，一经查出或告发，定予拘案，照例从严惩办，决不姑贷。其各凛遵毋违！特示遵。"

④ 转引自：隗瀛涛．治蜀史鉴 [M]．成都：巴蜀书社，2002：518．原文："四川省提督军门马示照得名胜丛林，向称云顶山寺。殿宇既甚峥嵘，树木尤为浓郁。足知山岳钟灵，并合神功荫庇。若非爱惜护持，生虑倾颓凋散。前此巡驻寺中，曾经体察审视。亟应示禁从严，以期长保胜地。该寺经理僧众，不得辞其责备。随时勤家护惜，洒扫培养周至。尔等附近居民，以及进香人士；凡属房垣竹木，均无砍伐毁弃。入寺游览诸人，亦勿践踏滋事。倘敢故违不遵，许即扭送惩治！大清光绪三十年端正月初二日发给县正堂李告示云顶古刹，树林茂密，藉培神地，应宜护惜。闻有无赖，乘间偷窃。喻尔团保，随时捕缉。倘有窃伐，务即拿贷。捆送来案，从重惩责。大清光绪三十年嘉平二十八日发给"

维护。古代山林川泽管理还是以利用为主，尤其是以税赋征收为主要目标，生态思想与生态机构设置之间存在着较大张力。[①] 山林川泽管理在生态方面的考虑往往因事而设，缺乏系统性，虽然局部的山林保护体现了生态与可持续发展理念，但从更宏观的视角来看，四川山林在明清两代仍是处于严重的破坏中，都江堰上游地带也是。明清时期的皇木采办造成四川森林资源的巨大破坏。[②] 康熙二十五年（1686 年），四川松威道王骘上奏："四川楠木，……应行停减。"[③] 雍正朝时四川已经无力承担提供楠木的"重任"，木材资源的耗费巨大，造成了资源的枯竭[④]，如雍正《四川通志·卷16·木政》载：

"川省去京极远……今次木巨数多，由为不易。……夫无米之粥巧妇难炊，……而专责之一隅之物力，是杯水车薪之喻耳。"[⑤]

4.3　整体协调的区域人工自然系统管理

环境史学家约翰·麦克尼尔（John R. McNeill）认为，中国的水系工程是"整合了广大而丰饶的土地之设计"[⑥]，其形成的地域人工流域系统，成熟于宋代，除了战乱的影响，中国政府都能对这一体系进行有效的管理，以此"整合一切有用的自然资源"，并掌控巨大而多样的生态地域。[⑦] 都江堰人工流域系统，整合了的成都平原核心地区，是成都平原人居环境重要的人工自然系统，也是最重要的地区公共工程[⑧]，古人言都江堰："川源流注，泽沛连阡。戴月而临，披星以厉，群生之所托命。"[⑨] 其良好运转支撑了地区人居环境的可持续发展，而对于这一大系统的管理，是其持续发挥功能的基本保障。

---

① 夏瑜，仲亚东，林震．中国古代中央生态管理机构变迁初探 // 尹伟伦，严耕主编．中国林业与生态史研究 [M]．北京：中国经济出版社，2012：145-168.
② 袁婵，李飞．明清皇木采办及其影响 // 尹伟伦，严耕主编．中国林业与生态史研究 [M]．北京：中国经济出版社，2012：123-144.
③《清文献通考·卷三十二市籴考一·市》，清文渊阁四库全书本。
④ 谭红主编．巴蜀移民史 [M]．成都：巴蜀书社，2006：661-662.
⑤ 雍正《四川通志·卷16·木政》。
⑥ 刘翠溶．中国环境史研究刍议 [J]，南开学报（哲学社会科学版），2006.2：14-21.
⑦ 同上。
⑧ 杨联陞将中国古代的公共工程分为水利性工程和非水利性工程两大类，其中水利性工程包括了："(1) 生产性的设备（运河、沟渠、水库、水闸以及灌溉用的堤堰）、(2) 防护性的设备（排水渠道与防洪的堤堰）、(3) 供给饮水的水道、(4) 航行用的运河等，而非水利性的工程包括了 (5) 防御与交通工程、(6) 城墙与其他防御工事、(7) 驿道、(8) 满足水利型社会俗世与宗教首脑之公私需要的大建筑、(9) 皇宫与首都、(10) 陵墓、(11) 寺庙等。"见：杨联陞．从经济角度看帝制中国的公共工程 // 杨联陞．国史探微 [M]．北京：新星出版社，2005：171.
⑨ 续修新繁县志 // 冯广宏主编．都江堰文献集成·历史文献卷（先秦至清代）[M]．成都：巴蜀书社，2007：434.

较之于山林川泽的管理，古人对人工自然系统的管理有着更加丰富的经验，也蕴含着更丰富的生态理念。在自流灌溉的都江堰灌区，古人对人工自然系统的管理，以尊重自然秩序为前提，社会秩序的构建也以维持整体的、有机的地域人工自然系统为目标。

4.3.1　整体、有机的地区人工自然系统使用与维护方式

对地区人工自然系统的合理管理基于对该系统运转方式的基本认识。古人对都江堰人工流域系统具有整体性、有机性的认识，并根据时令与水性，探索了"岁修"的整体维护模式与利用水则的农时控制方法。

4.3.1.1　古人认知的地区自然系统的整体性与有机性

有关都江堰水网维护方法是古人在长期的实践经验中不断总结完善的，在清代，已有地方文人系统总结著述并流传至今。道士王来通专做《天时地利堰务说》，综合阐述了都江堰水系统管理的方法，并主持刊印了《灌江备考》、《灌江定考》、《汇集实录》等。在探索具体的维护方法之前，古人加入了很多对水网有机性、整体性的认识，如王来通以"呼吸"与"血脉"比拟整个平原水系统，平原五级水系（干、支、斗、农、毛，图 4-3～图 4-7）是一个有机的整体，而宝瓶口为其"咽喉"与"要道"。例如在《水性说》中的系统阐述：

"宝瓶口为十一州县通水之咽喉，如人呼吸之气管，血脉之要道；水能合其时画，不啻人之血气充足，佳禾自尔畅茂，岁稔自尔可必。且一渠之水，能分千支万派，周灌十一州县之稻田……稍有差误，民生累焉。"①

他又在《天时地利堰务说》中阐释的都江堰水性变化：

"天地阴阳化生万物，一炁（同"气"，道家用语）流行，即人之呼吸、水之消长，莫不以此为性命之根，源流之本也。故地炁之升，由冬至而于夏至；天炁之降，由夏至而于冬至。人之呼出于心肺，吸则入于肝肾。水之消由处暑至于惊蛰，水之涨从惊蛰以及处暑，此天地炁运度数则也。"②

① （清）王来通. 灌江备考·水性说 // 冯广宏主编. 都江堰文献集成·历史文献卷（先秦至清代）[M]. 成都：巴蜀书社，2007.
② （清）王来通. 天时地利堰务说 // 冯广宏主编. 都江堰文献集成·历史文献卷（先秦至清代）[M]. 成都：巴蜀书社，2007.
　　另言："天炁和而雨露深，地炁和而万物亨，人气和而神志生，水炁和而柔以平。假如天炁不和，则见旱干浸淫；地炁不和，则见动摇崩塌；人气不和而疼痛始生，则见浮沉反复；水炁不和而偏斜泛滥，则见暴涨奔腾。阴阳之顺逆，理势之相宜，类如斯也。"

图 4-3　平原河流（干）

（图片来源：自摄）

图 4-4　平原河流（支）

（图片来源：自摄）

图 4-5　平原河流（斗）

（图片来源：自摄）

图 4-6　平原河流（农）

（图片来源：自摄）

图 4-7　平原河流（毛）

（图片来源：自摄）

在王来通看来，面对有机的、变化的平原水系，"和合"的使用与管理是基本原则，只有尊重水性，尊重水性的整体变化进行利用、调控与维护，不出误差，才能"群生享乐，利于无穷"①。

4.3.1.2　地区人工自然系统整体管理的基本形式："岁修"与"水则"

维持成都平原地域水系统正常运转的重要活动是"岁修"，古人认为："为国之有疏渠，犹人身之有脉络也。一缕不通，全体名病；按方而治之，则郁滞决

---

① 王来通．灌江备考·水性说 // 冯广宏主编．都江堰文献集成·历史文献卷（先秦至清代）[M]．成都：巴蜀书社，2007.

而精神流通。后之守土者，其尚因时修之。"①"岁修"的目标是要"浚其滩以导水，勿使不足；低其坊以泄水，勿使有余"，最终经过岁修，便利民众使用，达到"民不告劳，而自获其利"②的目的。

李冰治水为后世制定了"深淘滩、低作堰"的六字心法，成为都江堰岁修工程开展的基本原则，历史上但凡不遵此规定完成、不按时岁修的治水活动，均以失败告终。到了清代，这一原则又一再被强化、深化、精细化，王来通总结如下要点：

（1）截水初掏："须先筑土堤埂一道以逼江水南行，挖淘工及有半，又外筑砂堤埂一道抽换土埂。"③

（2）择冬日枯水季节挖淘："至冬至时而山谷点滴细流凝结成冰，且雨雪尚积山谷不能入江，正是挖淘用工之际。"④

（3）控制挖淘深度与水面高度，践行"深淘滩"之法："至若夏秋所淤塞砂石，挖淘一尺，得水一尺。深淘至交春时，堤埂水面要比堰底高五尺，堰底比堤埂水面低五尺为合法。如开堰放水，至惊蛰节水还消尺余，确不误事。"⑤

（4）控制鱼嘴高度、堰长、堰高，践行"低作堰"之法："竹笼砌鱼嘴分水处要比水面高五尺，渐至离堆山脚高一丈为合法。堰长百丈，长则能截春夏水入堰，低则能泄夏秋野水还大江。"⑥

这套体系重在周期性的管理，不求一劳永逸，要求"顺天地之造化、合水性之消长、按节令之气候"⑦。立于离堆附近的水则的设置是平原水量监控与岁修时间选定的重要指示装置（图 4-8、图 4-9），也是因此建立农时的重要依据，如《灌江备考》载：

"清明作秧田时，水涯五六画；谷雨下秧种时，水涯六七画；立夏小满成都州县普遍栽秧，水涯七八画至九、十画。窃以日月经天，各有度数，堰水灌溉，亦有画则。"⑧

① （明）虞怀忠．四川总志 // 冯广宏主编．都江堰文献集成·历史文献卷（先秦至清代）[M]．成都：巴蜀书社，2007：207．
② （明）阮朝东．新作蜀守李公祠碑 // 冯广宏主编．都江堰文献集成·历史文献卷（先秦至清代）[M]．成都：巴蜀书社，2007．
③ 王来通．天时地利堰务说 // 冯广宏主编．都江堰文献集成·历史文献卷（先秦至清代）[M]．成都：巴蜀书社，2007．
④ 同上．
⑤ 同上．
⑥ 同上．
⑦ 同上．
⑧ 同上．

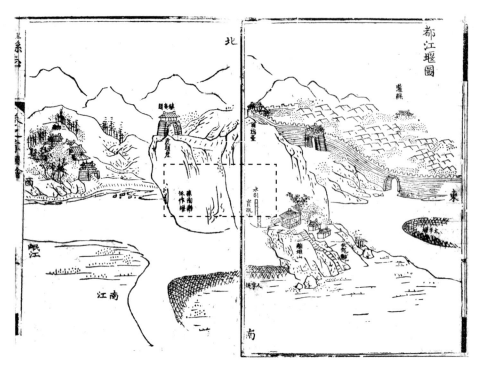

图 4-8　都江堰水则
（图片来源：（乾隆）《灌县志》）

图 4-9　离堆实景
（图片来源：自摄）

又如《丁亥入都纪程》载：

"有水则，以尺画之，凡有十二。水及其九，则民喜；过则忧；没则困。"①

---

① 水则位于四川灌县离堆山的斗鸡台下面。引自：（清）黎庶昌．丁亥入都纪程 // 冯广宏主编．都江堰文献集成·历史文献卷（先秦至清代）[M]．成都：巴蜀书社，2007；又说十一画，见雍正《四川通志·卷二十三》，清文渊阁四库全书本。

4.3.2 历代行政制度与都江堰人工流域的管理

都江堰建立以来，一直作为重要的国家工程存在，它所支撑的成都平原核心地带作为一个基本经济区一直是国家田赋的重要来源，也是地区民生的关键支撑。对这一系统的管理自创立以来就一直存在，经历了两千年的发展。

梳理都江堰灌区历代行政职官结构，可以从中央层——区域层——地方层几个层次认识。历史的看，对都江堰人工流域的管理可以分为三个阶段：第一个阶段是秦汉——隋，这一阶段中对都江堰人工流域的管理以中央——郡县两个层级存在，中央对都江堰灌区的管理非常重视，而往往通过因事而设的方式推进管理，是探索的阶段，这一时期郡县地方长官的行政管理职能开始发挥重要作用，也已经配有专门管理地方水利设施的技术性人员；第二个阶段是唐宋元明，这一阶段道、路区域性行政机构逐渐形成，中间官制（道、路等）也逐渐成熟，国家对都江堰灌区的管理逐渐建立起来较为完善的管理体系，区域性行政机构开始起到重要作用，中央派出的地方长吏也成为管理者，而在地方，郡县长官仍起到关键的统筹管理的作用，强调国家——区域——地方的共同协调治理；第三个阶段，是清代到民国，在上一个阶段建立的基本管理框架中，灌区综合治理的性质更加凸显，针对都江堰的专门管理机构又逐步分化出来，专业的人员和机构稳定下来，变为常设，如水利同知，专管官堰岁修等事务，但府（州）县级长官所起作用仍然非常突出，乡绅也参与治理，这种专业化的趋势也使得都江堰管理中出现了官堰与民堰的分化，呈现着官民协调综合治理的面貌。[①] 总体而言，国家主导在都江堰管理中起着关键作用，唐宋以来逐步形成的区域性管理机构日渐成熟，而郡县制自秦汉以来一直影响深远，构建了地方层面开展管理的基本架构，灌区水系统的维护与管理体现着多个行政层级的综合协调，这一过程中体现着区域的协调，多县的协作以及各个县域单元内的组织与动员。虽然在清代之后出现了专管水利的同知主持官修，而地方官员尤其县官，历史上一直在都江堰管理中起着十分关键的作用，都江堰水系统的维护也一直是其政绩考核的核心内容（表 4-1）。

---

① 参考：谭徐明. 都江堰史 [M]. 北京：中国水利水电出版社，2009：198.

历代行政制度与都江堰人工流域管理　　　　表 4-1

	中央决策层面		区域组织层		地方层		
	体系	职官或人事	体系	职官	体系	职官	
秦汉					郡	郡守／太守／守史	都水掾
					县	县令	都水长
西晋	尚书省 司农寺	都水行事 蜀渠平水 水部都督			郡	长吏	
					县	县令	
蜀汉		蜀后主视察汶水①			郡	郡守	
		诸葛亮设堰官②			县	县令	
唐	工部 → 水官；行台 → 御史台；杜光庭④		剑南道 西川	采访使③ 节度使	府／州	刺史、长史	水官
					县	县令	
宋	御史 → 提举官；丞相／户部尚书		剑南西道 成都路 利州路	制置使；转运判官；提刑	府／州／军／监	长吏（知府、知州、知军） 通判提辖⑤	防河健卒⑥
					县	县令	
元			成都路 行中书省	都提举漕运使；按察使	府／州	长吏、判官、佥事	有司
					县	县令	
明	巡抚 都御史⑦ 御史		按察司	布政使；按察司副使；水利司佥事	府／州	长吏	专职⑧
			四川水利茶盐道		军卫屯所		
			四川副使		县	县令	

---

① （晋）陈寿：《三国志·蜀志》："蜀后主登观坂，看汶水之流。"
② （北魏）郦道元：《水经注》卷 33：（蜀）"以此堰农本，国之所资，以征丁千二百人主护之，有堰官"。
③ 开元二十八年，采访使章仇兼琼开新津远济堰，见（宋）欧阳修：《新唐书·地理志》。
④ 当时的御用文学道士。
⑤ 《宋史·河渠志五》：（元祐间）差宪臣提举，守臣提督，通判提辖。县各置籍，凡堰高下、阔狭、浅深，以至灌溉顷亩，夫役工料及监临官吏，皆注于籍，岁钟计效，赏如格。
⑥ "刘公熙古帅州，始大修是堰……招置防河健卒，列营遍地……"引自：《全蜀艺文志·卷 37，记·戊》，清文渊阁四库全书本。
⑦ 《明孝宗实录·卷 36》载："弘治三年（1490 年）三月戊午。升刑部外郎刘杲为四川按察司佥事，提督水利。先是，巡抚都御史丘霈言：'成都府灌县旧有都江大堰，乃汉李冰所筑。溉民田者其利甚博，后为居民所侵占，日以湮塞。乞增设宪臣一员，专领其事，俾随处修筑陂塘堤塘以时蓄泄，庶旧规可复，地利不废'。工部覆奏。从之。"
⑧ 《明史·河渠志》："弘治三年，从巡抚都御史丘霈言：设官专领灌县都江堰。即水利佥事。"

续表

中央决策层面		区域组织层		地方层		
体系	职官或人事	体系	职官	体系	职官	
清	总督 都察院右副 都御使	松茂 成绵道① 通省 盐茶道②	巡抚； 布政使； 按察使	府／州	长吏、佥事	专职
				县	县令	
					乡绅③	
				水利同知④		
民国	建设厅		西川道	水利知事 公署⑤ 四川省水利局	都江堰工程处 堰务管理处	

县是我国地方行政管理的基本单元，俗语"皇权不下县"，"上面千根线，下面一根针"，在都江堰灌区，县的稳定性和关键作用非常明显，知县在都江堰整体人工流域的维护中起着非常重要作用。以上研究也可以发现，地区性的水利专业机构（专门负责都江堰岁修的专职到清代才出现，但也仅限于对官堰）仅负责都江堰大堰等官堰的维修，广阔的各级水网地带的维护则需要各县的管理与协作。因此我们可以以"县——地区"的基本结构来研究区域社会，既关注各县在区域层面的协作，也关注一县以内的协调与动员，同时关注国家、区域行政力量在其中起到的监管、协调作用。以下以这一思路，从国家决策与地区监管、多县统筹与地区整合、县域管理与乡村自治三个方面详细论述都江堰人工流域体系是如何被管理、使用和维护的，又是如何为区域居民的民生改善带来广泛福利的（图 4-10）。

4.3.3　国家决策与地区监管

从现有文献来看，国家与区域性行政机构起着统筹管理的职能，在处理都江堰重大利益纷争方面起着重要作用，同时对岁修也有兼管。

---

① 康熙八年设，驻茂县。
② 乾隆二十九年设。
③ 嘉庆《崇宁县志》："高云衢：字子章。贡生。品行端正，教授生徒，遇人即训以孝弟。康熙四十三年，万工堰被水冲塌，率其乡人凿山做沟，以灌田亩。人皆德之。"
④ 雍正五年设，衙门设于灌县。
⑤ 1920 年以前归西川道，1920 年撤销道级行政区后，隶属建设厅。

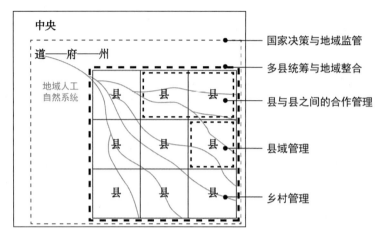

图 4-10 地区人工自然系统管理的结构（清代）
（图片来源：自绘）

古人认为平原水网管理在利益协调方面有两大要害："一者人害，上流豪滑之横据；一者土害，缘岸堤埝之多溃是也。不去二害，水终不得行所无事。"[①] 古人提倡要确保整个地区资源使用的均等与协调，做到"无以利独专，无以邻为壑"[②]。应详查各级各道，调查民情，"凡河不善者，必指画以善之；堰不良者，必督责以良之；民伪不辨者，必剖晰以辨之；民隐不通者，必洞达以通之。"[③] 应避免豪强独占，中饱私囊。这些基本职责在区域监管中体现明显。

据谭徐明考证，至宋代，伴随着成熟的水系统的形成，国家也逐步形成了较为成熟的水系管理体系，有关都江堰管理的史料也第一次出现在史书记载中。[④]

宋代以来，国家多次针对水系的管理出台政策与法令，如《宋史·卷九十五·河渠志·第四十八》载：

"元祐间，差宪臣提举，守臣提督，通判提辖，县各置籍，凡堰高下阔、狭浅、深以至灌溉顷亩、夫役工料及监临官吏，皆注于籍。岁终计效，赏如格。"[⑤]

再如明代孝宗敬皇帝曾下发诏令防止水利私用，并转派四川廉访司事吉当普巡行周视，如《大明孝宗敬皇帝实录》载：

---

① （明）庄祖诲：《程邑侯水利功德碑》，（民国）《金堂县续志·卷三·食货志·水利》。
② 冯广宏主编．都江堰文献集成·历史文献卷（先秦至清代）[M]．成都：巴蜀书社，2007：434.
③ （清）钱茂：《堰工祠记》，（民国）《灌志文征·卷四·碑志》。主述新建立堰丁祠的意义，论述水利管理的要害。现碑嵌二王庙前壁间。钱茂，任成都水利同知时，整治都江堰卓有成效。
④ 谭徐明．都江堰史[M]．北京：中国水利水电出版社，2009.
⑤ 《宋史·卷九十五·河渠志第四十八》，清乾隆武英殿刻本："政和四年，又因臣僚之请，检计修作不能如式，以致决坏者，罚亦如之。大观二年七月，诏曰：'蜀江之利，置堰溉田，旱则引灌，涝则疏导，故无水旱。然岁计修堰之费，敷调于民，工作之人，并缘为奸，滨江之民，困于骚动。自今如敢妄有检计，大为工费，所剩，坐赃论。入己，准自盗法。许人告。'"

"敕曰：成都府灌县地方旧有都江大堰，近年来多被官校人等创造碾磨或私开小渠决水捕鱼，以致淤塞水利，旱伤田禾及本省所属州县平旷地土数多，随处皆可修筑塘堰蓄水灌田，兹特命尔提督成都左贰官，并郫灌等州县各卫所官，将都江堰以时疏浚修砌，严加禁约势要官校旗军人等，不许似前侵占阻塞。仍督同各州县卫所抚民、捕盗、管屯等官，相兼管理，相度地方兴举水利，务臻实效，无事虚文。敢有不遵约束，沮坏水利之人拿问如律。应参奏者，奏请处之，毋得因而科扰，有损无益，致人嗟怨。如违罪不轻宥。故敕。至今上皇帝即位之明年，金四川廉访司事吉当普巡行周视。"①

另外，除了行政管理，成都平原抑制资源使用不均的重要方法是"均水"，涉及水道的重整等内容。在区域范围一个重要的案例是唐代益州大都督府长吏高俭对区域水资源使用均等化的努力。高俭在任期间，岷江周边因灌溉便利而地价高涨，"顷值千金"②，地方富豪往往因势占有，并"多相侵夺"③，为同时解决资源分派不均与豪强独占的局面，高俭"于故渠外，别更疏决"④，通过新开支流进行均水，保证水道均匀，平原居民可以广泛获利。这一通过自然系统均匀布局达到资源使用均等化改善民生的做法极具代表性，这也反映了"均水"在成都平原人居环境建设中的重要作用，亦可解释成都平原水道图中水道均匀分布的现象。

4.3.4　多县统筹与地区整合

各县组织与多县统筹的区域水系统管理情况可以由清代地方志中的相关内容一窥，主要包括多县统筹组织岁修经费与劳力、县与县之间自主展开流域治理以及祠庙等纪念性文化设施对促进形成统一整体的地区水文化等起到的整合作用。

4.3.4.1　统筹各县岁修费用与劳力

都江堰岁修经费筹集与劳力组织的过程反映着各县的统筹、协作对人工流域整体的贡献。

自秦统一以来，成都平原推行郡县制，因人口众多，平原地带设县较为密集，

---

① 转引自：冯广宏主编. 都江堰文献集成·历史文献卷（先秦至清代）[M]. 成都：巴蜀书社，2007.
② 《旧唐书·卷六五·高俭传》。
③ 同上。
④ 同上。

县的单元较小。北宋吕陶曾在《奉使回奏十事状》中这样论述：

"成都府永康军、彭、汉、邛、蜀、眉州，皆平川之地。止三百余里之中，而为州七、为县三十四，中间未有相去八十里而无一县者。"①

在清顺治年间，都江堰可直接灌溉平原成都、华阳、双流、温江、新津、金堂等九县，其县境中所有灌溉渠堰均分水自都江大堰。② 而到清代末年，都江堰分水扩展到平原灌溉 14 县，清宣统时水利同知钱茂《堰工祠记》载："由河灌堰，由堰灌田，以条分缕析，而达于所统之一十四属。"③（图 4-11）

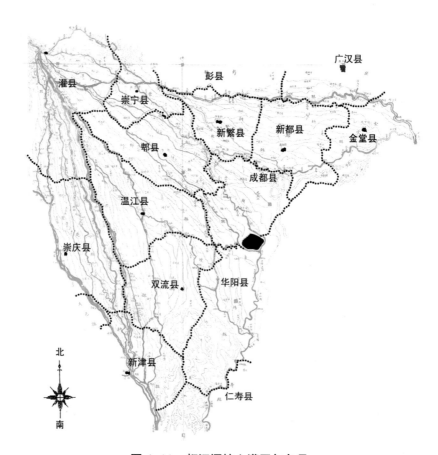

图 4-11　都江堰核心灌区与各县

（图片来源：根据《四川都江堰水道全图》绘制，底图来源：谭徐明．都江堰史 [M]．
北京：水利水电出版社，2009．）

---

① （宋）吕陶．奉使回奏十事状 // 冯广宏主编．都江堰文献集成·历史文献卷（先秦至清代）[M]．成都：巴蜀书社，2007：135．
② （清）查郎阿．四川通志 // 冯广宏主编．都江堰文献集成·历史文献卷（先秦至清代）[M]．成都：巴蜀书社，2007：315-318．
③ （清）钱茂：《堰工祠记》，民国《灌志文征·卷四·碑志》。

　　都江堰渠首、大小灌渠的岁修是在受益各县的共同协作下开展的。宋代以前，渠首岁修经费与所派劳力由灌区内各县共同承担，《宋史·河渠志》载："岁计修堰之费，敷调于民"①。明代初期，这一人工流域各县共同出人出材的合作体系仍然存在，而各县内部按受益田亩多寡向用水户摊派。到明成化九年后，稍有变化，距离堰首较近的灌县、郫县专出劳力，而其他各县不出劳力，而改为专供工料。到清代，雍正五年（1727 年）雍正改革岁修工程管理办法，将重要的水利工程岁修经费纳入国库开支项目，在各省上缴中央的赋税收入中扣除，都江堰官堰的岁修可以得到中央政府的专款。②但民堰岁修以及为补充大堰经费不足所需劳力与经费仍需要平原用水各县共同协作摊派。各县所出劳力、费用"俱由灌县详请用水州县"③，各县"每年照亩出银"④，而岁修所用竹木工料各县"计田均输"⑤。

　　在清代各县具体的摊派细则中，古人有较为平等化、精细化的考虑，并有区域性行政组织统筹安排，如：雍正七年，巡抚宪德丈量灌区田亩，将以往的按块征收费用转化为按亩征收，并根据各县地理形势、用水先后等制定出不同的单价，距离灌口较近的灌、郫、崇各县单价高（每亩派银二厘），而温江、新繁、新都、金堂、成都、华阳等较远者单价少（每亩派银一厘五毫）⑥，体现着对资源获利非均衡性的考虑。依照这一规则在均衡整个流域各县利益的基础上，上级区域性机构为各县上缴岁修银两开出清单，要求根据田亩数量出资，同时也决定了各县岁修人力的分配（表 4-2）。

　　都江堰人工流域的维护体现着各县的协作，体现在财力、物资、人力的共同调配与调动，"按粮多寡摊捐，以均苦乐。"⑦这个过程中也体现着区域性管理组织的统筹协调作用，如照粮派夫的规定需要得到四川巡抚的奏准；而各县如对本县摊派有异议，亦需要区域性政府机构协调，比如：汉州金堂县曾因摊派不均专门上奏需要"禀明州主，上控府尊，哀恳盐宪，迭次呈诉"⑧。可见各县摊派标准的制定亦须得到知州、知府、盐茶道等上级的批示，才可统筹推行。各县

① 《宋史·河渠志》。
② 参考：谭徐明. 都江堰史 [M]. 北京：中国水利水电出版社，2009.
③ 冯广宏主编. 都江堰文献集成·历史文献卷（先秦至清代）[M]. 成都：巴蜀书社，2007：435.
④ （清）查郎阿. 四川通志 // 冯广宏主编. 都江堰文献集成·历史文献卷（先秦至清代）[M]. 成都：巴蜀书社，2007：315-318
⑤ 嘉靖《四川总志·经略志》。
⑥ 这段史料参考（清）宪德：《都江堰酌派夫价疏》，雍正《四川通志·卷十三上·水利》，清文渊阁四库全书本。
⑦ （清）佚名. 都江堰十四属用水田粮碑记 // 冯广宏主编. 都江堰文献集成·历史文献卷（先秦至清代）[M]. 成都：巴蜀书社，2007：748.
⑧ 同上。

清代都江堰九县各县灌溉田亩、缴费、派夫清单　　　　　　表 4-2

县	清·李元，《蜀水经》记载各县灌溉情况		清·宪德《都江堰酌派夫价疏》	清·蒋廷锡《古今图书集成》载各县派夫数量	
	"按都江大堰，溉灌、郫、崇宁、温江、新繁、新都、金堂、成都、华阳九县，共田七十六万五百三十九亩。"①		派银一千二百八十二两二钱二分九厘。	"巡抚四川都察院右副都御使佟凤彩题、定修灌县都江大堰排夫条例。于先年十月起，至次年三月清明告浚。"②	
	堤堰	田亩	派银	大修	小修
灌县	太平堰、侍郎堰、徐堰、三泊洞、柏木河、羊子河、五陡河	116198	每亩派银二厘该银二百三十二两三钱九分六厘	69	23
郫县	万工堰、黄土堰、漏沙堰、牛王堰、腊塔堰	191625	每亩二厘该银三百八十三两二钱五分	339	113
崇宁	毛家堰、永宁堰、化家堰、龙口堰、平乐堰			69	23
温江	朱家堰、龙梁堰	1294	每亩一厘五毫该银一两九钱四分一厘	180	60
新繁	兴龙堰、天生堰、铁马堰、金牛堰、杨柳堰	46753	每亩一厘五毫该银七十二两一钱二分九厘五毫	90	30
新都	龙门堰、千工堰、马沙堰、插板堰	76971	每亩一厘五毫该银一百一十五两四钱五分六厘	36	12
金堂	老马堰、纺车堰、天工堰、石龙堰、蛮仔堰	55357	每亩一厘五毫该银八十三两三分五厘	90	30
成都	石堤堰、木笼堰、青波堰、双江堰	192726	每亩一厘五毫该银二百八十九两八分九厘	135	45
华阳	棚杆堰、龙爪堰、洗瓦堰、姐儿堰	近田54639	每亩一厘五毫该银八十一两九钱五分八厘	135	45
		远田24975	每亩一厘该银二十四两九钱七分五厘		

---

① （清）李元. 蜀水经 // 冯广宏主编. 都江堰文献集成·历史文献卷（先秦至清代）[M]. 成都：巴蜀书社，2007：341-342.
② （清）蒋廷锡. 古今图书集成 // 冯广宏主编. 都江堰文献集成·历史文献卷（先秦至清代）[M]. 成都：巴蜀书社，2007：312-313.

协作体现着自下而上的诉求与自上而下的管理与协调的统一。

每年岁修经费可能会有结余，结余经费或应对突发事件（如堤堰冲塌损毁），或作为区域内其他水系工程的日常兴修所用，清代成都城的金水河建立了每年按时疏浚的制度，并设有专门的管理人员，所需费用则出自都江堰岁修余额[①]，也可见区域水系与城市水系的统筹考虑。

4.3.4.2　两县之间自主开展流域治理

除了整个地区的统筹组织，平原县与县之间也有自主性的流域治理合作。例如在民国《灌志文征》收录的两县之间合作治理的一则政议：崇庆州内的羊马、沙沟、徐堰、黑石四河，曾因泥沙淤塞、河道不畅需要进行修整，后经调查，灌县鲤鱼沱、柴家坎、新埂子、黑石荡、汤家湾等处"与崇属各河均有关系"，因此，叶炯认为："崇、灌各河，彼此原有唇齿之依；若徒于崇宜受害处修筑浚淘，则来源未经修理，终属无济于事"，后经由崇州与灌县知县商定，动员两县乡绅决定"同时并举"。河道修理所需经费"照田亩、堰碾多寡分别摊派"，对沿河所涉居民摊派费用制定细则，"斟酌派助，以济要公"[②]。此例既体现了成都平原各县对整体人工流域系统的认识，也体现了两县官员主动合作，各县士绅积极动员，所涉居民共同集资开展小流域治理的面貌，亦可窥见平原县与县之间日常协作管理人工流域的常态。

4.3.4.3　各县祠庙对区域社会的整合作用

地区人工流域的整体管理还体现在祠庙文化与民间风俗方面。遍布平原各县的祠庙都供奉治水功臣，并往往刻碑记载当地水利兴修事迹、水系统使用与管理的规则，这些场所兼有祭祀与教育的双重意义，也从另一方面整合了区域水文化，促进了当地居民对整体人工流域系统的理解。政府主导的祭祀与日常居民祈福风调雨顺的祭祀相融合，增加了地域认同感。[③]

川主庙是成都平原特殊的庙宇，多供奉李冰，"川主"的祭祀遍布成都平原并一直延伸到岷江上游地带（表 4-3）。对川主的祭祀既有国家组织又有民间自发，通过供奉与祭祀促进了区域水文化的形成，有利于全社会对于水系的维护与协作管理。

---

① （清）项诚：《议开浚成都金水河事宜》.
② 以上引文均引自（清）叶炯：《浚黑石河禀》，民国《灌志文征·卷一·政议》，录自《崇庆州志》。
③ 谭徐明．都江堰史 [M]．北京：中国水利水电出版社，2009.

（清）蒋廷锡《古今图书集成·祠庙考》中载川主庙的分布　　表 4-3

行政区	祠庙	位置
成都府	二郎庙	在城东。祀李冰之子
温江	川主庙	在县北、南门外。久废；今各省商民重建
	川主祠	在县西五里颜家街
新繁	川主庙	在县治西南
仁寿	健儿庙	在县治南
	二郎庙	在县治东。俱秦李冰子。冰有功于蜀，故其子皆崇祀焉。今废
井研	川主庙	在县东门外
郫县	川主祠	在旧崇宁县治南。今废
灌县	崇德庙	在县治西三里。祀蜀守李冰。皇清巡抚张德地捐金重修；知府冀应熊于庙中书有"泽被民生"四字于碣
内江	川主庙	在县治内。尚存
汉州	李公祠	在治北。祀李冰
茂州	川主庙	在阜康门内。明洪武间修
威州	川主庙	在旧州里。祀秦李冰
	川主楼	在州治南宗渠村

4.3.5　县域管理与乡村自治

自古县下皆自治，地方志成为地方自治的重要参考，如《郫县乡土志》中称："吾愿读斯志者，即以斯志为地方自治之参考。"[①] 县是都江堰灌区最基本的地方行政单元，除了被整合到区域中的各县协作维护都江大堰与整个水网外，各县内部仍有自主开展的自然管理工作，各县都承接都江堰各个支脉，形成完备的水系统，成为流域管理维护的核心组成单位。

4.3.5.1　县域水系整体管理

平原水系中的各县官员，向来以是否维护好水系作为最重要的"政绩"评判标准。清代王培荀引用朱凌云诗讲述了都江堰灌区县官重视水利的心境："我本生居导江县，闲步长堤情不倦，快睹盛世蓄泄宜，千村万井安耕佃。"[②]

官员以维护水系的良好运转为最大治理政绩，一县之长要对一县水利情况

---

① （光绪）《郫县乡土志》。
② （清）王培荀．听雨楼随笔 // 冯广宏主编．都江堰文献集成·历史文献卷（先秦至清代）[M]．成都：巴蜀书社，2007：697．

躬身详细巡查，"不以地远为劳，不以堰多而倦"，斟酌"潴蓄之宜"，详悉"宣泄之利"，经画"疏瀹决排之功"，只有水道"经纬条贯，脉络交通，泄而不竭，蓄而不盈"，才能使得一县居民"无旱干水溢之忧，不烦督责而农事无不治"。①

县官是否能够很好地完成农田水利维护任务也成为一县民众对其开展评判的重要标准，江西莫侯治理郫县三年，政绩蔚然，宋代成都平原曾遭受罕见旱灾，"赤日射地，黄堨勃郁袭人，苗暍死町间，谷价翔贵。"②而莫侯所在郫县境内"道里清垲，白水激激，弥望棺叶覆地，秔芋人立，轩舞翠气，殊不知有云日苦。"③因政绩卓著，受到居民称赞，后专为其做像表示纪念。历史上很多县域的祠堂为专门纪念在水利方面有功的县官而设，如《华阳赵侯祠堂记》中载赵申锡上任华阳县，查旧道，翻资料，访老人重修沙坎堰，国家与农户得利，人们在沟渠旁专门建立祠堂，供奉其画像以表纪念。④

成都平原各县"凡一渠之开，一堰之立，无不记之其县之下"。⑤我们可以以新都县为例，观其县域之内水利、河道、湖泊情况，县城中的新都桂湖（著名西蜀园林）也纳入这一体系（表4-4，图4-12）。

（清）魏用之《新都水利考》中关于水系管理的记载　　　表4-4

相关记载	备注
襟带乎县城者，曰水利河；河导源锦水之白水堰。其水曲如环，自邑西折而东南流，岸高逾寻丈。田之高者不易溉，居民多为筒车以引水，故水利河谚谓之筒车河。	主干河流：水利河
而田之低者仍资乎堰：曰小白水，言踵白水而兴也；曰桂花，以种植名也；曰头堰、二堰、三堰，以数纪也。对峙于城之南，曰学门；县为明杨文宪公故里，熏其德而善良、明经、饬行者比比，故文学之盛，以堰名也。跂立于城之隅者，曰清凉，地旧有清凉寺，寺废而堰存也。曰萧公，曰天星，曰板桥，曰土地，曰油榨，曰沙堰；或以人纪，或以神纪，或以物纪也。	以主干河流分堰
凡堰之事十有三，而城隅又得一巨浸焉。此其大者，有梁有柱，有闸有盖，有抱耳，有送水，有梅花桩，有菱角兜，有蛇蚒笼。⑥	城中桂湖（巨浸），水利设施完备

---

① 本段引文均出自（清）魏用之：《新都水利考》，道光《新都县志·卷2·水利志》。
② （宋）杨天惠．莫侯画像记// 冯广宏主编．都江堰文献集成·历史文献卷（先秦至清代）[M]．成都：巴蜀书社，2007：149.
③ 同上。
④ 同上。
⑤ （明）顾炎武：《日知录》卷12"水利"条。
⑥ 表内文字引自（清）魏用之：《新都水利考》，道光《新都县志·卷2·水利志》。

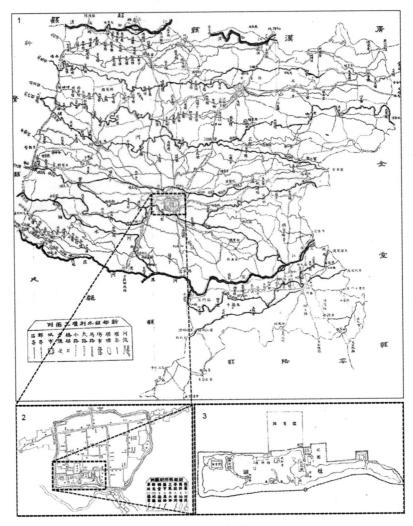

图 4-12　新都水系
(图片来源：(民国)《新都县志》)

新都县之内的岁修所用材料、费用非一县能够完全提供，也需要平原各县的协作，"有金堂峡之石，有岷江之竹箭，有灌口之梗枏杞梓、松柏豫樟"①，而岁修经费取之于县域之民，"有以亩计，有以粮计，有以田之数计。"②水系统的日常管理方面，"有长有吏，有夫有约"。一县之中的堤堰又分为大堰、小堰，"大堰，官督民为之；小堰，则每岁听民自举。"③每年岁修的开展都与大堰协调，在大堰放水之前县境内水道岁修必须完毕，官民协作互动，共同兴修，县域水道岁修

①　(清) 魏用之：《新都水利考》，道光《新都县志·卷2·水利志》。
②　同上。
③　同上。

之时全民动员："趋者集者，任者辇者，挽者曳者，缚者锤者，度材木者，捆载来者，坐而结者，立而营者，深淘若鹤俯啄者，小大斩斩，毋或惰偷，毋或呰窳。"①

县域水系管理与资源使用方面，县官同样利用"均水"的方法解决资源分配不均的问题，例如：彭县县官毛辉凤，道光年间，为政廉平，春耕之时，县内有两河居民结党谋利发生械斗。县官毛辉凤利用"均水"解决纷争，将河"分为五口，并作平梁，依旧则均其尺寸"②。均水后，纷争化解，毛辉凤也被县里居民崇祀为名宦。再有新繁县官梁某，未解决水资源分配不均，修堰"均水道之粮，禁水碾之害"，也得到了县里百姓赞扬，专立"万工碑"③以示表彰。这些举措也都印证了平原水系均布的形态与均水措施的密切关系。

某些县的县长还通过法令约束居民对水系统的使用，例如清乾隆十二年什邡知县史晋爵总结出六种易起争端的用水方式，包括挖堰、掘沟、挖田埂、废湃、截堵、专水利等，并通过法令避免这些不当的水系使用方式（表4-5）。

清乾隆十二年什邡知县史晋爵总结出六种易起争端的用水方式　　　表4-5

（1）挖堰	邑中大堰动费数十金，小堰或一二十金，一经挖掘，伤财亢秧，殊干法纪，所宜禁首。
（2）掘沟	高沟非让水，水不上沟，是让水源非得已。动辄挖掘，甚属不应，在所当禁。
（3）挖田埂	田之有塍，赖以蓄水，水已到田，其当爱惜，忽尔掘之，情殊可恨。此所当禁。
（4）废湃	水少之时，点沥有用。无故废湃，不念他人短少，理不应然，所当禁止。
（5）截堵	条粮同当，堰钱同认，水之多少，须当均匀共灌。若截堵利己，不顾损人，甚属不应，所当禁止。
（6）专水利	农忙水少之时，千口嗷嗷，痌瘝中群思早插。有等只知小利，不顾大计，截水冲碾，以致湃入别沟，水尾之田，不得栽插，尤为最当禁者。

注：表内文字均引自：四川水利厅，四川省都江堰管理局．都江堰水利词典 [M]．北京：科学出版社，2004：315.

总体而言，一县水系统的岁修讲究"顺天时，通地利，利物曲，裕民力"④，体现系统性与整体性。县域水网的维护体现着官督民办，官民互动，地方官员

---

① （清）魏用之：《新都水利考》，道光《新都县志·卷2·水利志》。
② （清）张龙甲．重修彭县志 // 冯广宏主编．都江堰文献集成·历史文献卷（先秦至清代）[M]．成都：巴蜀书社，2007：470.
③ （清）余慎，陈彦生．新繁县乡土志 // 冯广宏主编．都江堰文献集成·历史文献卷（先秦至清代）[M]．成都：巴蜀书社，2007：445.
④ （清）魏用之：《新都水利考》，道光《新都县志·卷2·水利志》。

在其中起到了重要的动员作用，并兼顾资源的均匀分配，各县各自的岁修活动与都江大堰的岁修相配合，因时开展，维持整体流域的完整、畅通。

4.3.5.2 乡村自主管理

社会学家傅衣凌认为，乡族在水利工程建设管理中起着重要的作用，国家对这一层级的国家权力干预极少，甚至是不必要的。[1] 在成都平原，除了在县官与士绅的动员下组织的县域水系岁修工作，各村户亦有自主的自然管理实践。万历《四川总志》载："各府塘堰，皆民间自修。"[2]

灌区林盘村落分布均匀，人口聚居为多姓氏杂居，很少有大家宗族。民国《新繁县志》中载："川省人家皆零星散处，既非聚族而居，亦无葬族之法。"[3] 嘉庆《崇宁县志》载："族聚而土著者甚稀，有祠者寥寥无几。"[4] 施坚雅在《中华帝国晚期的城市》中提到："（1949年）我在四川所看到的，大型村庄很少，大都是由集市联系在一起的小村落。"[5] 谭红在《巴蜀移民史》中经过对各县姓氏的统计，也说明平原林盘以中小家庭居多，家族力量并不发达，县志对宗祠的记载不多，只有少数县志对宗祠做了记载。[6] 小家族小村落的基本形式成为水网管理的社会基础，乡村水管理呈现着小型人居单元（林盘）自发管理与自主合作的状态。以新都县为例，新都县东南部地高水深，水深虽然不会淹没田畴、沉溺庐舍，但灌溉常常不足，民间自发作堰，设置成套的设备与完备的规则，"有水平、有水则、有水约、有水轮"。[7] 再如清刘坛《崇宁县志》中载："华家堰：在县东三里。是乡多华姓，因名。……每岁修费，民间照田自派。"[8] 民间还自选堰长，自主开展水道的管理工作，我们可以从新津县兴义乡小水堰更换堰长、沟长的报状中一窥这种现象（图4-13）。

另外，还有多个家族共同修堰维护的情况。如灌县长同堰的开辟，为王、艾、刘、张几个家族共同兴修，共同修堰并历代维护，这些家族的后裔为纪念前辈

---

① 傅衣凌. 中国传统社会：多元的结构 [J]. 中国社会经济史研究，1986（2）.
② （明）虞怀忠. 四川总志 // 冯广宏主编. 都江堰文献集成·历史文献卷（先秦至清代）[M]. 成都：巴蜀书社，2007：239.
③ （民国）《新繁县志》卷17《人物》11《孝义》.
④ （嘉庆）《崇宁县志》卷2《风俗》.
⑤ （美）施坚雅主编. 叶光庭等译. 中华帝国晚期的城市 [M]. 北京：中华书局，2000：9.
⑥ 谭红主编. 巴蜀移民史 [M]. 成都：巴蜀书社，2006：706.
⑦ （清）魏用之：《新都水利考》，道光《新都县志·卷2·水利志》.
⑧ 崇宁县志 // 冯广宏主编. 都江堰文献集成·历史文献卷（先秦至清代）[M]. 成都：巴蜀书社，2007：427.

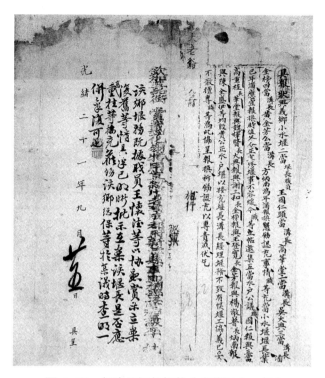

图 4-13　新津县堰长报状（光绪二十一年）
（图片来源：巴蜀撷影——四川省档案馆藏清史图片集．四川省新津县档案馆藏：49.）

辛苦开堰的功绩，专门立《新开长同堰暨建祠碑》[1] 以示纪念，世代相传。

　　我们还可以通过平原林盘与农田买卖的地契资料一窥清代林盘村落的组织构成及其反映的水管理特征。从新都县地契资料的署名中，我们可以发现，约、族、中、证、邻等署名大多为不同姓氏（图 4-14、图 4-15），光绪三十四年（1908年）一契落款为谯、周、杨、谢、黄等多姓，宣统元年（1909 年）一契为陈、易、王等多姓，亦可见在基地买卖中周边基地多为他姓邻居，说明平原聚落以多姓杂居为主，而大族较少，对小型公共水利的管理也呈现出多姓邻居协作的局面。[2]

---

[1]　碑文全文："高祖天顺公，暨艾文星、刘玉相、张全信诸先达，具呈郡守张、饬邑令秦侯规画，各倡捐数百金开堰；与王来通等五人，相度地势，仿李王劈离堆意，于横山寺凿岩。越三年，石工乃毕。由是并山而南，达石崩江置闸引水，分三段焉。嗣经宋侯指示，堰务始成，命曰长流堰，水势沛然。……嘉庆庚午年，文公哲嗣正荣、孙潆，竖开堰碑，诚善继善述者已。……艾公曾孙秉干，不忍前功遽没，同治癸亥年，命其侄四人，约王、张二公之孙五人，同堰者若干人，协恳通修。王侯勘审，命加石枧二尺，并增神仙洞与濠子堰石枧，永禁唐姓修碾，仅留一磨。……堰虽载入《县志》，而未蒙议叙；食其德者，每劝王、艾、刘、张之后裔，为四翁建祠；岁于开堰、报堰时致祭；令后人见之饮水思源，矜重堰务；庶不至忘其本始。"引自：冯广宏主编．都江堰文献集成·历史文献卷（先秦至清代）[M]．成都：巴蜀书社，2007.

[2]　参考：熊敬笃．清代地契档案史料（嘉庆至宣统）．四川新都县档案局，新都县档案馆，1986。

图 4-14　光绪三十四年（1908 年）新都县某契

（图片来源：熊敬笃．清代地契档案史料（嘉庆至宣统）．四川新都县档案局，新都县档案馆，1986.）

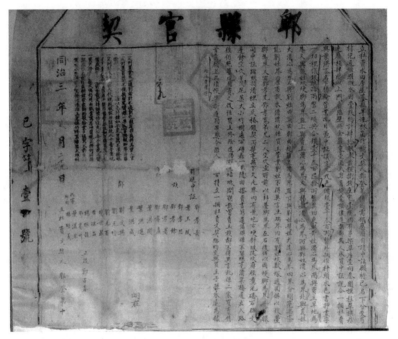

图 4-15　郫县某地契

（图片来源：自摄）

　　地契是乡民自主买卖林盘与田地的凭证，从转移条款内容来看，其中大都规定了对水系管理"古法"的尊重，买房入住林盘，耕作田地，必须按照原有既定的水使用与管理方法开展生产生活，不得随意更改水系，也必须按照风俗进行管理，充分说明了对平原水网系统的尊重与水网系统使用方法的尊重。金堂县《百户堰卖田契》中还规定了因时放水的要求，都是乡民自主管理水系统、尊重整体水网使用与管理规则的体现（表 4-6）。

清代地契中反映的乡村自主水管理 表 4-6

契约名	相关内容
新都县《黎书简弟兄杜卖水田基地房屋竹树文契》	其田<u>依古放流</u>，轮次一昼一夜，放水湃水<u>仍照旧规</u>。至于挖高补低、阴修阳造，卖主与田邻人等，均不得异言生端。①
新都县《郭寿廷捆卖水田基地房屋竹树墙垣文契》	……四趾分明，毫无紊乱。以上各处<u>放水湃水</u>，出入路径，人物行走，俱<u>依照旧规</u>照常行走，田邻人等不得异言生端。②
新都县《温永春兄弟杜卖水田文契》	其有公田、大小石堰、书押画字，一并包在田内受价。其有出入路径，<u>水分，仍照旧规</u>。③
新都县《黄益贞祖孙杜卖水田沟坎等项文契》	四界分明毫无紊乱。所有先年放水，在桥中二堰闸水灌溉，卖主田邻人等永<u>不得移堰迁沟阻拦</u>。④
新都县《周继富父子杜卖水田房屋等项文契》	杜卖水田、房屋基地、墙院周围篱寨、林园及宅内外河边、沟边、大小杂木竹树、芦茅茨草、荒包古埂、浮尘沙石、古堆、旱地、斜坡陡坎，每年耕种熟地，左右人畜出入路径、河边河埂、沟边沟埂、田埂荒坪、灌湃沟渠、桥梁石板、堰堤水道、堰埂石椿、石砌码头、堰田堰地，<u>一分水轮水分，仍照旧规</u>。⑤
新都县《陈有伦捆卖水田房屋基地林园文契》	宅内阴沟水洞<u>依古流通</u>，……水井一口，使水公用，其井归赵姓管业。⑥
新都县《温勉斋父子杜卖水田文契》	其有人畜路道，<u>依古行走</u>，放水沟道，依古灌溉，卖主房族及邻佑人等不得阻挡。⑦
新都县《周佑道父子杜卖水田文契》	新一甲老流堰灌溉水田一段一块，……<u>水路仍照旧规定</u>。⑧
新都县《杨志清杜卖水田房屋基地林园文契》	自卖之后，任随买主阴修阳造，不得异言，出入路径，<u>放水湃水，依古行走</u>。⑨
新都县《温包氏母子杜卖水田文契》	……所有灌溉<u>放水、过水、湃水，仍照旧规</u>。⑩
新都县《邱卢氏母子杜卖水田文契》	……所有界内放湃沟渠，<u>依古流通</u>。……⑪
新都县《王福通杜卖水田文契》	……其田界限，东北与沟心为界，西、南与买主田埂为界，其水道在卖主田内作沟过放。水轮日期<u>仍照旧规</u>。……⑫

---

① 熊敬笃．清代地契档案史料（嘉庆至宣统）．四川新都县档案局，新都县档案馆，1986：32.
② 熊敬笃．清代地契档案史料（嘉庆至宣统）．四川新都县档案局，新都县档案馆，1986：31.
③ 熊敬笃．清代地契档案史料（嘉庆至宣统）．四川新都县档案局，新都县档案馆，1986：34.
④ 熊敬笃．清代地契档案史料（嘉庆至宣统）．四川新都县档案局，新都县档案馆，1986：36.
⑤ 熊敬笃．清代地契档案史料（嘉庆至宣统）．四川新都县档案局，新都县档案馆，1986：38-39.
⑥ 熊敬笃．清代地契档案史料（嘉庆至宣统）．四川新都县档案局，新都县档案馆，1986：40.
⑦ 熊敬笃．清代地契档案史料（嘉庆至宣统）．四川新都县档案局，新都县档案馆，1986：46.
⑧ 熊敬笃．清代地契档案史料（嘉庆至宣统）．四川新都县档案局，新都县档案馆，1986：60.
⑨ 熊敬笃．清代地契档案史料（嘉庆至宣统）．四川新都县档案局，新都县档案馆，1986：60.
⑩ 熊敬笃．清代地契档案史料（嘉庆至宣统）．四川新都县档案局，新都县档案馆，1986：76.
⑪ 熊敬笃．清代地契档案史料（嘉庆至宣统）．四川新都县档案局，新都县档案馆，1986：80.
⑫ 熊敬笃．清代地契档案史料（嘉庆至宣统）．四川新都县档案局，新都县档案馆，1986：104.

续表

契约名	相关内容
新都县《徐贵元扫卖产业一文股契》	自筒车堰起水，河道沟堰车湖照旧管业，公共使水灌溉田亩筒车一架，堰头、水沟、枧槽、沟埂、沟底，水分，照旧八股使水，公共灌溉田亩。八日内一轮，本股该轮一日一夜，买主与徐华元同占一股，平分灌溉。其余七日七夜，该以外七股运水灌溉田亩。界内有水沟处，逢沟过水，无水沟处照旧逢田过水。无论本庄外姓，均不得异言阻挡。修整筒车、沟埂、堰头、水路工费，八股照派。……①
金堂县《百户堰卖田契》	立杜卖官仓社社田文契人：社首叶心朝、吴永恒；社众叶长茂、萧富全…… 情因遵县主示，将该处社田出售，还原额社谷银两，帮助军饷。是以给众公所商议，将社大小田块，每亩议作时价银二十一两三钱。眼同中证丈明，共计田十三亩九分。…… 其田一连四块，首百户堰碳子口灌溉：三夜一转，以作三轮放，逢白日占水一天，又占一上半夜。此半夜：曾姓占水一个时辰。 有插花田一块一亩九分，系占中沟水灌溉。每轮放早水一个时辰。与周烈足同轮灌溉。 界水两清，毫无紊乱。 会证：林其蓁等十八人 中证：周春元等六人②

在成都平原都江堰灌区，以一大族主导进行水系管理的案例还没有发掘到，由于历史上讲究均水、抑制独占，所以大型宗族对水系统的使用不能成为主导，而以分散的小聚落为基础，平原居民多样自主的协作构成了整个平原人工流域末端水系的治理常态。而与此相对，在成都东部的东山地区③，由于丘陵地形与客家移民等因素的综合影响，那里的水系统管理呈现出大型宗族为基础的管理形式，东山地区的洛带镇宝胜村刘氏宗族石刻族规碑文显示的刘氏宗族展开环境管理的相关情况：刘氏宗族内部一度"使水不均，强者多栽，弱者不忿"，后由宗族内部（涉及十七个刘姓）公议，立族约、条规十九则④，协调各家利益，制定惩罚措施，保证大型宗族内部对水系统的平均使用。由此对比也可见以宗

---

① 熊敬笃．清代地契档案史料（嘉庆至宣统）．四川新都县档案局，新都县档案馆，1986：138．
② 四川省水利电力厅编著．四川历代水利名著汇释［M］．成都：四川科学技术出版社，1989：447．
③ 东山地区跨华阳、新都、金堂、简阳等县，为浅丘陵地区，属于客家文化地区。历史上记载无河渠、无水源灌溉的地区，自然条件比较恶劣。在低洼的地上形成无数的大小塘堰，当地民众依靠其积蓄雨水，以供饮用和浇灌作物。
④ 参考：刘蓬春．清代东山客家的"风水"实践与"风水"观念——以四川成都洛带镇宝胜村刘氏宗族石刻族规碑文为例［J］．四川师范大学学报，2008.6：117-118．

族为单位、族约为基础的丘陵地带水利管理形式与平原水网的乡村自组织管理
形式的差异（图 4-16）。

图 4-16　成都市洛带镇宝胜村刘氏宗族碑文
（图片来源：自摄）

　　总体而言，从中央到区域再到各县，都江堰灌区水系统的管理以系统、协调
为原则，构建了一个与水系统运转与维护相适应的社会组织形式，清代赵式铭
在《都江堰堰工利病书》[①]中总结人工流域整体管理的要点：（1）官民协调：只
有民工、官工协调并举才能达到整体维护的效果；（2）上下游协调：如果下游
河渠不能系统疏导，上游官堰即使掏修得法也不能通行；（3）专业管理机构与
地方行政长官的协调：清代官堰整修设有水利同知专责，而下游民间渠道修整
由各县负责，因此整体的人工流域管理，水利同知只能针对官堰，而下游则必
须得到知县相助，只有知县组织钱财、人力，协作上下游统筹开展，"民工与官
工交修"[②]才能"下游与上游皆畅"[③]，民间又有多样、自主的管理，形成了与整体
水网相吻合的社会治理模式。

---

① 全文："……民工、官工，须相辅而行，乃克有济。若下游民工障碍，则上游官工虽掏修得法，亦难通行无阻。
　但官工因系水利同知专责，至民间自修之工，非得灌县知县相助为理，则水利同知未便过于干涉，致邻于
　侵越权限；且系属闲曹，虽舌敝唇焦，亦鲜效力。盖常情多急于近务，而忽于远图，藉非强制执行，鲜不
　意存观望。倘得灌县知县劝道晓谕，于平和之中稍寓强迫之意，小民怵于官办，筹款当属易易。如民工与
　官工交修，则下游与上游皆畅也。……"转引自：冯广宏主编．都江堰文献集成·历史文献卷（先秦至清代）
　[M]．成都：巴蜀书社，2007：718.
② （清）赵式铭．都江堰堰工利病书 // 冯广宏主编．都江堰文献集成·历史文献卷（先秦至清代）[M]．成
　都：巴蜀书社，2007：718.
③ 同上。

4.4　总结：系统均和的自然管理

中国古人对于山林川泽与人工自然系统的管理都有着悠久的历史，但在讲究"为天地立心"而弱化"为自然立法"的传统中国，山林川泽的保护往往处于非系统化的状态，往往因事而设，而于此相对应，古人对区域人工自然系统的管理实践极为发达，林盘村落自组织维护水系统，县域统筹开展官堰民堰的岁修，多县统筹维护大堰和主干水系统的运转，区域性组织与国家都在地区监管中起到协调的作用，形成了具有很强的整体性与系统性的管理形式。

从传统中国社会的组织结构来讲，可分为国家力量与民间力量两种，国家力量是官制秩序，自上而下，而民间是乡土秩序，以宗族为中心，每个家庭（家族）和村落是一个天然的"自治体"。[1] 在以上研究的都江堰灌区，维护人工流域体系的社会结构还充分体现出地区性的官民协调，各级官员与士绅阶层在组织与动员中表现得极为活跃，而居民对于地区自然系统维护之配合亦显得尤为明显。官民二元结构虽然存在，但地区社会结构的整体性与协同性则表现得更为清晰，呈现着民众自组织与官员统筹的协调。

古代水利工程是一项典型的地区"公共工程"，其建设与使用体现着对于自然资源的再分配以及居民福祉的提升。古代自然系统管理与社会治理讲究"均和"[2]，"均"代表了"平等化"，均资源，"和"代表"协调化"，协调不同人群组织。管理之根本在于使得整个地区人居环境之自然系统良好运转，并保障为地区居民生活带来普遍的福祉。古人称："夫蜀之所以称沃饶者，大抵水与田均适"。[3] 其均等化、协调化的结果也促使了均匀的水网格局与林盘格局的形成。

古代人居环境建设过程是一个创造人与自然和谐文化的过程，也是创造一个促进与自然和谐的人类社会的过程。自然系统使用与维护需要各种相应的社会制度、自然文化的建立。都江堰灌区的自然管理充分体现"用天之利，立人之纪"[4]的基本要求，充分体现了社会治理与地区自然系统的协调统一。

---

① Vinienne Shue, The Reach of the State：Sketches of the Chinese Body Politic, Standford University Press，1998// 转引自：秦晖. 传统十论——本土社会的制度、文化及其变革 [M]. 上海：复旦大学出版社，2004：4.
② 杨联升. 从经济角度看帝制中国的公共工程 // 杨联升. 国史探微 [M]. 北京：新星出版社，2005：171.
③ （清）郭维藩. 李冰凿离堆论 // 冯广宏主编. 都江堰文献集成·历史文献卷（先秦至清代）[M]. 成都：巴蜀书社，2007：671.
④ （唐）刘禹锡《刘梦得文集·卷13》，四部丛刊景宋本.

第 5 章

——成境：心灵境界与古代都江堰灌区的人居胜境

5.1 "境界"与人居环境

人们是在人居环境设定的境界[①]中存在与繁衍的。传统人居环境的形成反映着其主体人的内在境界与外在山水的交融，是外师造化而中得心源的创造。

5.1.1 "境界"与生态实践

"境界"一词出自佛家，但为中国传统文化关注的重要范畴。从中国哲学的角度来看，中国人追求的"不是满足感性的欲望，也不是获得外在的知识，更不是追求彼岸的永恒，"而是追求实现一种"心灵境界"，获得"安身立命之地，使心灵有所安顿，人生有所归宿。"[②]

"境界"是一种精神状态或心灵的存在方式，因人而不同，但同时，境界也是"意向活动所造之地，或意志自由所达到的目的地"[③]，是经主体意境强化或再现的客体。[④] 中国人讲的境界是和人的行为与实践密切联系的，境界绝不仅仅停留在理论或观念层面，而是由实践来实现和完成的。这种实践对内在于创造人格，如果通过心灵的功能和创造能实现"天人合一"则可称具备了"圣人境界"，这是古代文人志士孜孜以求的。而对外，这种实践反映着生命的体验以及对外界环境的改造，影响着人居环境的创造。从此种意义上讲，人居环境是境界实

[①] 本章选取"境界"这个范畴对传统生态实践进行研究。和"境界"关系密切的词还有"意境"、"意象"，这三个词都是重要的艺术范畴，三者既有联系又有区别。

有关"意象"与"意境"的区分，袁行霈有如下定义："意境的范围比较大，通常指整首诗，几句诗，或一句诗所造成的境界；而意象只不过是构成诗歌意境的一些具体的、细小的单位。意境好比一座完整的建筑，意象只是构成这建筑的一些砖石。"参考：袁行霈. 中国诗歌艺术研究 [M]. 北京：北京大学出版社，2009：55.

"意境"与"境界"不同。意境实现了主客观的统一，情与景的交融，而"境界"则是艺术家通过艺术形象，传达宇宙人生感悟，形成的诗意精神空间；完美的"意境"是浑然一体的，而"境界"则有高低之分；"意境"更适宜于分析抒情性作品，而"境界"则可用以评判各种艺术形式及艺术家的品格高下。艺术境界是"诗人、作家、艺术家通过一定的艺术手段，在作品中创造出来的某种精神领域。其中，创作主体所抵达的精神层级，是决定作品艺术境界高低的关键。就创作结果而言，"艺术境界是"一个弥漫着意蕴氛围，能够引发读者思绪与情感的形象场"。参考：杨守森. 艺术境界论 [M]. 上海：上海人民出版社，2008.

[②] 蒙培元. 心灵超越与境界 [M]. 北京：人民出版社，1998：456.
[③] 蒙培元. 心灵超越与境界 [M]. 北京：人民出版社，1998：457.
[④] 冯纪中. 人与自然——从比较园林史看建筑发展趋势 [J]. 中国园林，2010.11.

践与表达的重要载体，是古人获得立命之地、安顿之处、归宿之所的物质实体，而对"天人合一"境界的追求则直接影响了人与自然关系的精神构建，心灵境界承载着感情、直觉、体验、意向等多方面的表达，而自然山水与人居则成为感通天地、体现境界的基本物质元素。这种以境界为基础开展的人居环境实践从心灵层面构建着人居与山水的精神秩序，也影响了实际的物质环境建设。用今天的概念来讲，这种实践形式具备了深层生态的意味，又具有改造世界的重要力量，这也是中国传统生态实践独特的组成部分。

5.1.2　境界与场所

如何能准确地联系境界与实体的山水与人居，进而科学地理解这种传统的深层生态实践？

曹学佺曾这样概括《蜀中广记·名胜记》的写作方式："借郡邑为规，而纳山水其中；借山水为规，而纳事与诗文其中。择其柔嘉，撷其深秀，成一家之言……譬之奕，郡邑，其局也；山水，局中之道也；事与诗文，道上子也；能始纵横取予，极穿插出没之变，则下子之人也。"[①] 他以"奕"比拟山水、人居与诗文构成的整体，"郡邑"为其"局"，体现人居实体的布局，山水为其"道"，强调对天地造化的尊重，以事与诗为道上之"子"，表现场所、事件与人物，而能够游刃有余于局、道、子之间其强调了经营之人的综合融贯。这一郡邑、山水、诗文、人物四要素的融合体现着"场所"的发生，郡邑、山水成为物质与情感的双重对象，人物成为认知与存在的主体，而诗文等艺术载体体现了心灵境界与外在环境的互动。这种发生学的阐释方式说明要理解古人境界与实体环境的深层实践关系，需要做到郡邑、山水、诗文、人物四要素的统一。只有能对将其四者统而为一的"场所"与相应的"境界"表达做恰当的匹配，才能对这一实践过程有实在的了解。

在了解这种形而上的生态实践的过程中，古代山水诗、山水画是重要的文本，"胜迹"是将境界实体化的关键的场所。这些场所往往因历代咏叹描绘而积累众多诗文画作，又因其"胜"，在中国传统地域山水中常常得以有较为持久的保存，具有一定的稳定性，往往成为积累了古人情感与经验的、具有永恒意义

---

① （明）曹学佺. 蜀中名胜记 [M]. 重庆：重庆出版社，1984：11

的场所①。胜迹、山水与境界的融合则成为"胜境"，彰显着形而上的境界实践与形而下的环境塑造的统一，也只有达到这种统一才能在情感方面激发人与自然的和谐，形成人文与自然交融之精华，彰显地域山水人居之胜（图5-1）。

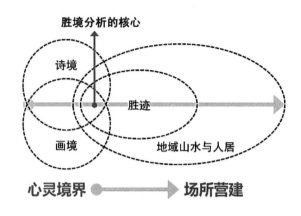

图5-1　胜境研究框架
（图片来源：自绘）

5.1.3　境界的划分与综合展现

关于境界的划分方式多种多样，人居环境的综合性与复杂性也决定了非单一的境界能够做完全概括。人居之境，可从人之于环境的存在方式来划分。

如前面所述，山水诗是反映人与环境存在方式的重要文本。叶维廉认为中国山水诗人意识中具有"即物即真"②的特点，即"以自然自身构作的方式构作自然，以自然自身呈现的方式呈现自然。"③关于诗境的构成特征，叶维廉如是诠释："中国诗的意象，是在一种互立并存的空间关系之下，形成一种氛围，一种环境，一种只唤起某种感受但不将之说明的境界，任读者移入境中，并参与完成这一强烈感受的一瞬之美的体验，中国诗的意象往往就是具体物象（即所谓'实境'）捕捉这一瞬的原型。"④依此理论,对人居之境的划分亦可以参考诗境的不同加以

---

① 巫鸿认为："'胜迹'并不是某个单一的'迹'，而是一个永恒的'所'（place），吸引着一代代游客的咏叹，成为文艺再现与铭记的不倦主题。与其他'迹'不同，胜迹作为一个整体并不显现为残破的往昔，而是从属于一个永恒不息的现在（a perpetual present）。这是因为胜迹将各自为营的'迹'融合为一个整体，从而消弭了单个遗迹的历史特殊性。……胜迹不是一种个人的表达，而是由无数层次的人类经验累积组成。"引自：[美]巫鸿. 时空中的美术[M]. 北京：生活·读书·新知三联书店，2009：71.
② 叶维廉. 中国诗学[M]. 北京：人民文学出版社，2006：81.
③ 叶维廉. 中国诗学[M]. 北京：人民文学出版社，2006：93.
④ Wai-Lim Yip "Classical Chinese Poetry and Anglo- American Poetry convergence of Languages and Poetry". Comparative Literature Studies Vol. XI. NO.1 (March 1974). 转引自：朱良志. 中国艺术的生命精神[M]. 合肥：安徽教育出版社，1995：167.

区分。袁行霈在对李白、杜甫、孟浩然的山水诗的境界分析中指出："李白的境界是宇宙境界，杜甫的境界是人生境界，孟浩然的境界是世外境界。"[①] 笔者认为这三种境界的划分恰恰表达了古人之于山水环境中的存在方式，因而转借于本章成都平原人居胜境的分析，以"宇宙"、"生活"、"出世"之境对成都平原人居环境进行分别阐述。其中，宇宙之境象征着永恒，以山水、人居要素构建崇高、宏伟的整体景象；生活之境代表家园，以山水为基础因境成景；出世之境体现着归宿，在山水中寻找心灵的安顿。

三种境界的分析对应了不同的场所环境，以多种场所片段的累积反应地区人居境界与实景，但为避免主观上的境界分类造成整体分析的片段化，本章最后以宋《蜀川胜概图》为对象进行综合研究，用整体的画境对照实际的人居环境，分析山水长卷中表达的区域生态整体与造境之"道"，综合的体现古人心灵境界对地区人居环境塑造的显著贡献。

5.2 宇宙之境——全景、层次、象天与登临场所

芮沃寿在《中国城市的宇宙论》一文中指出："所有的文明古国的城市都有将其各部分与神祇和自然力联系起来的象征体系。"[②] 中国传统人居环境对宇宙观的表达往往超出了城邑或建筑的物质实体，而倾向于运用大地山水要素与人居构成的整体进行表现。

5.2.1 人居环境与区域全景山水

古人对人居环境的描述与表达往往基于地域全景山水的把握，再以历代文人境界加以发挥与升华，形成具有全局性的宇宙之境。

自西汉杨雄《蜀都赋》就有对成都景象的全面描述，但重于对景物的颂赞。在晋左思《蜀都赋》中，成都已显宇宙气象，如左思《蜀都赋》载：

"（成都城）廓灵关而为门，包玉垒而为宇。带二江之双流，抗峨眉之重阻。水陆所凑，兼六合而交会焉；丰蔚所盛，茂八区而庵蔼焉。……于前则跨蹑犍牁，

① 袁行霈. 中国诗歌艺术研究 [M]. 北京：北京大学出版社，2009：250.
② 芮沃寿. 中国城市的宇宙论 //［美］施坚雅主编，叶光庭等译注. 中华帝国晚期的城市 [M]. 北京：中华书局，2000：37.

枕猗交趾。……于后则却背华容，北指昆仑。缘以剑阁，阻以石门。……于东则左绵巴中，百濮所充。……于西则右挟岷山，涌渎发川。……其封域内则有原隰坟衍，通望弥博。……远则岷山之精，上为井络。天帝运期而会昌，景福肸蚃而兴作。……"①

诗文中灵关、玉垒、二江、峨眉、六合、八区、华容、昆仑、剑阁、石门、岷山等基本意象限定了一个具有宇宙意义的全景山水场景。

至唐代李白，其七律《上皇西巡南京歌十首》通过诗人的宇宙境界，将成都与长安做对比，使我们既能认识到成都人居环境的大气象，又能领略其宇宙秩序（表5-1）。其中锦江、玉垒、峨眉、剑阁、汉水等自然要素成为地域全景的基本构成，石镜、散花楼、七星桥等成为体现宇宙秩序的基本人工要素，峨眉山等还建立了仙境，成为崇高的象征。

（唐）李白《上皇西巡南京歌十首》中表达的境界　　　　表5-1

李白《上皇西巡南京歌十首》②	要素	宇宙境界
胡尘轻拂建章台，圣主西巡蜀道来。剑壁门高五千尺，石为楼阁九天开。九天开出一成都，万户千门入画图。草树云山如锦绣，秦川得及此间无。	剑壁	（成都为）九天开，与秦川相仿
德阳春树号新丰，行入新都若旧宫。柳色未饶秦地绿，花光不减上林红。谁道君王行路难，六龙西幸万人欢。地转锦江成渭水，天回玉垒作长安。	锦江、玉垒	锦江如渭水、玉垒镇地域
万国同风共一时，锦江何谢曲江池。石镜更明天上月，后宫亲得照峨眉。	石境、峨眉	石镜北镇与天月呼应，峨眉为后宫
濯锦清江万里流，云帆龙舸下扬州。北地虽夸上林苑，南京还有散花楼。	清江、散花楼	江水与扬州相连，散花楼登临体验可比上林苑
锦水东流绕锦城，星桥北挂象天星。四海此中朝圣主，峨眉山上列仙庭。	星桥、峨眉	七桥象天，峨眉仙境
秦开蜀道置金牛，汉水元通星汉流。天子一行遗圣迹，锦城长作帝王州。水绿天青不起尘，风光和暖胜三秦。万国烟花随玉辇，西来添作锦江春。剑阁重关蜀北门，上皇归马若云屯。少帝长安开紫极，双悬日月照乾坤。	汉水、剑阁	限定山水界限

---

① （雍正）《四川通志》卷39《艺文·赋·晋·左思·蜀都赋》，清文渊阁四库全书本。
② （唐）李白：《李太白集·卷七》，宋刻本。

明代彭韶在《山川形胜述》中以天文地理与历代诗文为基础，将成都地域全景做全面而完整的表述，《山川形胜述》载：

"蜀之地，南抚蛮獠，西抗吐蕃。上络东井，岷嶓镇其域，汶江出其徼，以褒斜为前门，灵关为后户，峨眉为城郭，南中为苑囿，缘以剑阁，阻以石门。面越负秦，地大且要，诚天府之国也。"[①]

文字岷嶓、汶江、褒斜、灵关、峨眉、南中、剑阁、石门等作为区域的基本要素，阐释了地域自然山水要素的基本秩序，反映了古人利用地域山水全景建立宇宙境界的人居环境实践。

5.2.2　天——仙——人的层次表达

张光直认为，中国古代文明中的一个重要观念是把世界分为多个彼此沟通的层次，天、地、神、人各归其位。[②] 在地域山水与人居环境体系中，亦存在着这种多段式的、不同层次的境界布局。反映这种不同层次境界的画作在传统中国广泛存在，巫鸿亦曾以武梁祠的浮雕画像为对象分析了这种三段式的结构，认为这种结构表达了人心目中宇宙的三个有机组成部分——天界、仙界和人界。[③]

在成都平原边缘，出土于邛崃羊安镇汉墓的一枚东汉晚期的古镜——邛崃三段式神仙镜，镜背内区纹饰也恰反映了天界、仙界、人界的划分，对应了画面上中下三段（图 5-2）。其中，"天界"以伞状华盖表现，左右两侧有人群鞠躬祭拜，"仙界"以东王公与西王母的表现为代表，"人界"中央植连理树或建木，两侧有人交谈，反映人间生活。无论是天界还是人界，都有羽翼仙人的出场，与中段的东王公与西王母一起构建了一个完整的天、仙、人沟通的体系。[④]

对于整个成都平原的人居空间秩序，古人也有对不同层次境界的完整的表达和理解。

天界对应岷山、天彭山。《河图括地象》载："岷山之精，上为井络。帝以会昌，

---

① 引自：彭韶．山川形胜述 /// （明）杨慎．全蜀艺文志 [M]．线装书局出版社，2003：1503．
② 参考：张光直．考古学专题六讲 [M]．北京：生活·读书·新知三联书店，2010：4．
③ 巫鸿．武梁祠——中国古代画像艺术的思想性 [M]．生活·读书·新知三联书店，2006：92．
④ 苏奎．邛崃文管所藏"三段式神仙镜"的图像研究 // 成都文物考古研究所编著．成都考古研究 [M]．北京：科学出版社，2009：497．

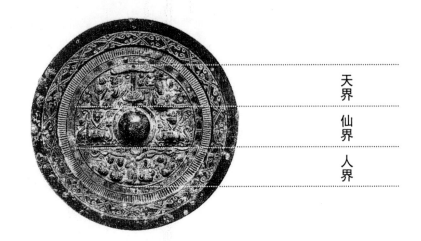

天界
仙界
人界

图 5-2　邛崃三段式神仙镜
（底图来源：苏奎．邛崃文管所藏"三段式神仙镜"的图像研究 // 成都考古研究 [M].
北京：科学出版社，2009：495.）

神以建福。"[1] 郭璞《岷山赞》载："岷山之精，上络东井。始出一勺，终至淼溟。作纪南夏，天清地宁。"[2] 天彭阙相应为天之谷，《岷山赞》载："岷山即渎水矣，又为之汶阜，天彭阙亦谓之天谷也。"[3]

仙界对应青城、峨眉。杜光庭记："岷山连峰接岫，千里不绝，青城乃其第一峰耳。高三千六百丈，周匝五千里。灵仙所宅，祥异则多，于是有瑶林、瑰树、金沙、玉田、甘露、芝草、天池、醴泉之异焉。"[4] 李白言："峨眉山上列仙庭。"[5]

人界则为平原城邑。整个岷山——青城——成都平原的空间序列在《三才图会》中也以图文方式充分反映（图 5-3～图 5-5）。

"三界"的划分区别了天、仙、人的基本层次，山岳在天界与仙界中被崇高化，显现出宇宙象征意义，在现实中则成为"自然中心"。而这种自然的崇高化不仅仅在物质对象，且更在精神，人们在地域文化的熏陶中以宗教与理性形成着山岳体验的崇高感，在心灵中构建了人与山岳的情感秩序，并赋予传统人居环境崇高、宏大、永恒的宇宙境界。

---

① （北魏）郦道元：《水经注》卷33，清武英殿聚珍版丛书本。
② （明）曹学佺：《蜀中广记·卷七》，清文渊阁四库全书本。
③ 同上。
④ 同上。
⑤ （唐）李白：《李太白集·卷七·上皇西巡南京歌十首》，宋刻本。

图 5-3　岷山图

"羊膊江水所出，山直上六千里，岭之最高者，遇大
雪开泮望见成都。"

（图文来源：（明）王圻，王思义编集 . 三才图会 [M].
上海：上海古籍出版社，1988.）

图 5-4　青城山图

"岷山连峰接岫千里不绝，青城乃第一峰也，山有
七十二小洞应七十二候，有八大洞应八节道书，以
此山为第五洞天，乃神仙都会之府。"

（图文来源：（明）王圻，王思义编集 . 三才图会 [M].
上海：上海古籍出版社，1988.）

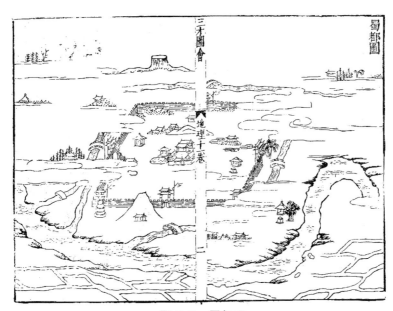

图 5-5　蜀都图

"武担山、岷江、浣花溪、诸葛井、洗墨池、草堂、琴堂、万里桥、锦江桥、升仙桥、大慈寺、锦官城、严君平宅、
五块石……"

（图文来源：（明）王圻，王思义编集 . 三才图会 [M]. 上海：上海古籍出版社，1988.）

5.2.3 "七桥"象天

古代人居环境建设重视与物质格局与天象的结合，这也是宇宙境界的另一种表达。西汉杨雄《蜀都赋》用"两江珥其市，九桥（七桥）[①] 带其流"形容成都城市格局，反映了"二江"水道与以水道为基础建设"七桥"的象天法地的布局，构筑了城市格局的宇宙象征意义。

"七桥"为李冰开二江后所造的七座桥。《华阳国志·蜀志》载："州治大城，郡治少城。西南两江有七桥：直西门郫江中冲治桥；西南石牛门曰市桥；下，石犀所沉渊中也。城南曰江桥；南渡流（江）曰万里桥；西上曰夷里桥；上（廖寅曰当作'亦'）曰笮桥。从冲治桥西出（廖寅曰当作'北'）折，曰长升桥；郫江上西有永平桥。长老传云：李冰造七桥，上应七星。"[②] "七桥"有象"北斗七星"的含义，李白言："星桥向北象天星"[③]。

《史记·卷二十五·天官书》言北斗七星："旋，玑、玉衡以齐七政。杓携龙角，衡殷南斗，魁枕参首。用昏建者杓；杓，自华以西南。夜半建者衡，衡，殷中州河、济之间。平旦建者魁，魁，海岱以东北也。斗为帝车，适于中央，临制四乡。分阴阳，建四时，均五行，移节度，定诸纪，皆系于斗。"[④]

李冰用"七桥"象"七星"，是利用此符号赋予成都城象天之意义，以此控整个地域，强调其中心地位。罗开玉认为李冰建七星桥寓意"齐七政"，"七政，谓春、秋、冬、夏、天文、地理、人道，所以为政也。人道政而万事顺成。"[⑤] "二江"和"七桥"，之数字也有"二与七为朋，居南方"[⑥] 之意义。以数字之象征，天象之符号赋予人居环境以含义，在今天看来有些牵强附会，但于古代，却表达了天道人道相通的宇宙观，古人也以七桥限定的空间构建了象征吉祥永恒、沟通天地的人居场所。

这一符号在之后的人居环境建设中多有使用，如：汉代驻军，郦道元《水经

---

① 九桥指的是在李冰筑"七桥"的基础上，至汉代又增两座；前人或考为鬼仙桥及升仙桥，位于城南北。

② 《华阳国志》中记载七桥为冲治桥、市桥、江桥、万里桥、夷里桥（笮桥）、长升桥、永平桥。"七桥"名称在历史古籍中多有出现，而位置和名称有不同，李膺《益州记》、《水经注》卷33、《元和郡县志》卷31各有说法，由于缺乏考古依据，所以当时确凿的证据已经不可获得，但对桥数为"七"，以及"七桥"的象征性确没有质疑。

③ （唐）李白：《李太白集·卷七·上皇西巡南京歌十首》，宋刻本。

④ 《史记·卷二十五·天官书》。

⑤ 参见：罗开玉. 论都江堰与蜀文化的关系 [J]. 四川文物 .1988（3）.

⑥ （汉）杨雄《太玄经》卷10（《四库全书》本）："一六为水，二七为火，三八为木，四九为金，五十为土，一与六共宗（居北方），二与七为朋（居南方），三与八成友（居东方），四与九同道（居西方），五与十共守（居中央）。"

注·江水注》："李冰治水，造桥上应七宿。故世祖（汉光武帝）谓吴汉曰：安
军宜在七桥连星间。"唐代高骈筑罗城，仍然强调七桥的统领作用，如《唐僖宗
赐高骈筑罗城诏》载："桥象七星，不移旧岸"①，在城市发展与建设过程中保持"七
桥"位置不变。"二江七桥"也逐渐成为人们认识成都的重要符号。

5.2.4　登临、沟通与超越

除了宗教与祭祀活动展开的天人沟通，在传统人居环境中古人还利用楼、塔
等高层建筑沟通天界与人间。古人常常站在高处鸟瞰世界，能看到大景观，得
到大气象。②

美学家张法在论述东西方文化对崇高的表达方式时讲到："如果说哥特式建
筑作为崇高主要是以下观上，它的墙、柱、窗扇、尖顶，它的整个外形都给人
造成一种飞腾向上，直入云天的超越尘世的宗教崇高感，那么中国的台（楼、亭、
阁）作为崇高则是主要是以上观下，站在台上，仰观宇宙之大，俯察品类之盛，
眺望四方之远。如果说哥特式建筑的心灵生升华作用的高潮是在与外面尘世完
全隔绝的弥漫着宗教气氛的教堂内部；那么中国台的心灵升华作用的高潮则是
在于天地万物有更多样的关照、更深远的体察、更亲切的交流的无遮蔽的四向
敞开的台上。"③

历代成都城均重视楼、塔的建设，有城市"层楼复阁荡摩乎半空"④的景象，楼、
塔所在之处多为人居环境点睛之笔。城楼、楼阁形成的平原制高点呈现着宇宙
大气象，为历代诗人咏颂。

如成都城中自建城始就兴建的张仪楼（白菟楼）。晋张载《登成都白菟楼》
咏白菟楼（张仪楼）："重城结曲阿，飞宇起层楼。累栋出云表，峣巀临太虚。
高轩启朱扉，回望畅八隅。"⑤

唐代成都城中与张仪楼齐名的还有散花楼。唐李白《登锦城散花楼》咏散花
楼："日照锦城头，朝光散花楼。金窗夹绣户，珠箔悬琼钩。飞梯绿云中，极目
散我忧。暮雨向三峡，春江绕双流。今来一登望，如上九天游。"⑥

---

① 《全蜀艺文志·卷26·诏策赦文敕·唐僖宗赐高骈筑罗城诏》，清文渊阁四库全书本。
② 袁行霈．中国诗歌艺术研究 [M]．北京：北京大学出版社，2009：250.
③ 张法．中国美学史 [M]．成都：四川人民出版社，2006
④ 李良臣：《东园记》，《成都文类·卷28》，清文渊阁四库全书补配清文津阁四库全书本。
⑤ （晋）张载：《登成都白菟楼》，《全蜀艺文志·卷六》，清文渊阁四库全书本。
⑥ （唐）李白：《登锦城散花楼》，《李太白集·卷十九》，宋刻本。

后唐羊马城兴建时，城楼风景也体现了宇宙气象。后唐李昊《创筑羊马城记》记载了唐罗城四角城楼上所见大气象，涉及象耳山、峨眉山、玉垒山、云顶山、天彭等众多山岳意象（表5-2）。

（唐）李昊《创筑羊马城记》体现的宇宙意象 　　　　　　表5-2

《创筑羊马城记》文		要素
俨楼橹於汶寥，悬刁斗于天表。		
其东南也，	直分象耳，迥眺峨眉；云霞敛吴楚之天，烟水送黔夔之棹。	象耳山、峨眉山
其西南也，	旁连玉垒，平视金堤；宵瞻火井之光，晓望雪峰之彩。	玉垒山、金堤、火井、雪峰
其东北也，	树遥云顶，气郁金堤。雨收而送嶂屏新，霭薄而重峦画暗。	云顶山
其西北也，	襟袖广汉，肘腋天彭；鱼龙跃万岁之池，鸾鹤舞阳平之化。	广汉、天彭、万岁池
其或碧鸡啼晓，金马嘶风；拥旌旄以登临，睹山川之形胜。[①]		

宋代有著名的筹边楼。宋范成大《水调歌头》咏筹边楼："万里筹边处，形胜压坤维。……夜夜东山衔月，日日西山横雪，……野旷岷嶓江动，天阔峤函云拥，太白暝中低。"[②]

清代成都城城楼的命名利用了四方景象，如乾隆四十八年重修成都城时对城楼的命名为"东博济，南浣溪，西江源，北涵泽"[③]，彰显成都城与全景山水的联系。

城市中的楼、塔拉近了宇宙与人居环境的距离，也为古人提供了超越现实、感受宇宙、体验崇高的场所，人们游走于天地与人居之间，彰显着心灵境界与地域全景山水的共鸣。

总体而言，成都平原人居环境的宇宙之境体现在以成都城为中心对地区山水要素的全景观照上，这一全景囊括了各个方位最主要的山水标示，从人居扩展到山水外延，在意象上构建了人居、山水一体的宇宙大全；在层次上，结合山岳的象征意义，人居环境出现了天—仙—人等不同功能的空间层次，从心灵上构建了一个山岳（岷山、峨眉、青城）崇高化的人居环境模式；成都城的建设又以"七星"

---

① （后唐）李昊：《创筑羊马城记》，《全蜀艺文志·卷三十三》，清文渊阁四库全书本。
② （明）曹学佺. 蜀中名胜记 [M]. 重庆：重庆出版社，1984：58.
③ （同治）《成都县志·城池》。

布局了象天法地场所，凸显着城市人居环境的宇宙象征意义；人居其间，最直接的宇宙体验通过各代城中最重要的楼阁建筑表达出来，人们通过登临，完成了与天地宇宙大全的充分沟通与心灵超越，达到天地与我一体的境界（图 5-6）。

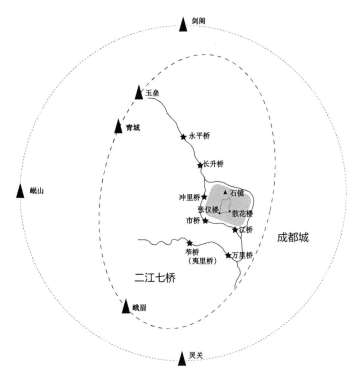

图 5-6　成都城宇宙全景示意
（图片来源：自绘）

5.3　生活之境——居住、育人与观游场所

生活之境源于生活需求，与日常活动息息相关，居住、育人、观游均是此类。此类场所的构建过程体现着古人对自然环境的追求，其境界体现着对人居内外山水意境的主动构建。

5.3.1　城乡人居的山水秩序与境界

古人常利用"借景"纳山水于人居，如古代画论言："聚林屋于盈寸之间，招峰峦于千里之外"[①]。这种借景的手法和视角经常在描述蜀地山水景物的文学作

---

① （清）笪重光：《画筌》，清知不足斋丛书本。

品中体现。如左思在《蜀都赋》中谈蜀汉增扩宫室："营新宫于爽垲，拟承明而起庐。结阳城之延阁，飞观榭乎云中。开高轩以临山，列绮窗而瞰江。……"[①] 其中，临山、瞰江均是借景视角的体现。

再如宋代李石《转运司爽西楼记》中概括了成都平原人居环境常借岷山之景构建山水秩序的意象，体现着人居场所与地区山水的空间呼应与情感交融，《转运司爽西楼记》载：

"岷为蜀山之杰，俯瞰井络于天西维者，皆平川也。环山四麓，凡府寺州廨，丘里之室，郊遂之居，得以审势高下，随方广狭，敞楼观，凿户牖，延空光，揖秀色。如植如负，如飞如骛，熙而阳，肃而阴，四时朝暮开阖晦明者，皆岷山云气往来、日月吞吐也。成都官治多胜处，端倚此山向背为重。异时名辈接武于此，往往贪得撷取为怀袖几砚间物。神明之所激妙，奇异之所钟萃，浩乎廓然。"[②]

这一阐释进一步说明了岷山在人居环境中的重要作用，城市官署建筑、府寺州廨都倚靠岷山，借山成景，在多个层次建构了与岷山的关系，成人居之胜。

同时，成都平原人居单元又强调人工环境的自然化，以"虽由人作，宛自天开"为理想境界[③]。不同类型的人居单元以不同的方式利用着外在山水，又孕育着内在的自然化。本文以场所空间分布的不同，从成都城市核心地带到外围乡村地带，选取城市宫苑、城市园林、城郊之居、市井住宅、乡村之居等若干类型的成都平原重要胜迹作为案例，结合诗境与实景详细分析，一窥古人对居住境界的追求与构建。案例选择以《全蜀艺文志》与《蜀中名胜记》收录的反映成都风貌景物的文学作品为基础，以成都城为核心，择其具有代表性且历代诗词积累较多之胜迹。其中，城市核心地带以城市宫苑蜀宣华苑为例，城市园林环境以宋西园、东园为例，市井住宅以徐太常草堂为例，城郊之居以杜甫草堂为例，农村之居以温江县为代表，一窥居住环境创造与地域山水之关系以及内部环境营造对山水的观照。

5.3.1.1　城市宫苑——宣华苑

宣华苑为前蜀王建、王衍父子两代君主营建，位于成都城中心地带，工程将

---

① （雍正）《四川通志》卷39《艺文·赋·晋·左思·蜀都赋》，清文渊阁四库全书本。
② （宋）李石．转运司爽西楼记 //（明）杨慎．全蜀艺文志 [M]．线装书局出版社，2003：938-939.
③ （明）计成：《园冶·卷一》，营造学社本。

隋大城宫苑摩诃池改造为龙跃池、宣华池，规模"延袤十里"①，成为唐五代时期乃至宋初规模宏大的王宫苑区。宣华苑结合道教文化，宫殿名称②皆隐喻仙境。在空间意象上也仿照仙境，规划设计强调与青城山的联系，王衍的后宫昭仪李舜弦诗《随驾游青城》载："因随八马上仙山，顿隔埃尘物象闲。只恐西追王母宴，却忧难得到人间。"③诗中青城被称作仙山，所处人事、环境也与仙境一一对应。在后蜀花蕊夫人《宫词》中也对宣华苑山水秩序进行了整体描述（表 5-3）。

宣华苑的境界　　　　　　　　　　　　　　　　　　　　　　　表 5-3

要素	花蕊夫人《宫词》中的宣华苑景象
五云楼、三十六宫、昆山	"五云楼阁凤城间，花木长新日月闲。三十六宫连内苑，太平天子住昆山。"
会真殿	"会真广殿约宫墙，楼阁相扶倚太阳。净甃玉阶横水岸，御炉香气扑龙床。"
龙池	"龙池九曲远相同，杨柳丝牵两岸风。长似江南好风景，画船来往碧波中。"
	"旋移红树斸青苔，宣使龙池更凿开。展得绿波宽似海，水心楼阁胜蓬莱。"
翔鸾阁	"翔鸾阁外夕阳天，树影花光远接连。望见内家来往处，水门斜过辇楼船。"
凌波殿	"太虚高阁凌波殿，背傍宫墙面枕池。"④

5.3.1.2　官署园林——西园、东园

历史上成都园林之胜甚多，本节以五代、两宋之西园和北宋东园为例剖析。两宋文化发达，文学作品丰富，史籍翔实，描述西园的宋诗甚多，而对东园的具体营建过程与境界的创造在宋李良臣《钤辖厅东园记》中有详细记载。由此两例可见成都城市园林的一般特征。

西园位于成都城内转运司以西，又称"运司西园"。为蜀权臣故宅改建，是典型的城市园林，最突出的特点是具有爽垲清旷的山林之境。北宋进士章粢在《运司园亭诗》中赞叹"何必忆山林，直有山林趣"⑤，另一位进士吴师孟则称"远如

① （宋）张唐英《蜀梼杌·卷上》，清钞本："王衍即位之日，即治宣华苑，乾德三年，苑成，延袤十里。"
② （宋）张唐英《蜀梼杌·卷上》，清钞本。其殿名有："重光、太清、延昌、会真之殿，清和、迎仙之宫，降真、蓬莱、丹霞之亭。"
③ （宋）洪迈《绝句》载舜弦《随驾游青城》。
④ （五代）花蕊夫人．宫词 // （明）杨慎．全蜀艺文志 [M]．线装书局出版社，2003：145-151.
⑤ （宋）程遇孙《成都文类·卷 7》，清文渊阁四库全书补配清文津阁四库全书本。

山林幽，近与尘埃隔"[①]。西园主要由玉溪堂、雪峰楼、海棠轩、月台、翠锦亭、潨玉亭、茅庵、水阁、小亭等要素构成，除了章粲、吴师孟，还有许将、丰稷、杨怡、杜敏求、孙甫等宋代文人士大夫对西园的各个场景、要素，展开不同层次、不同境界的描述（表5-4）。

西园的境界与实景对应表　　　　　　　表5-4

要素	境界	实景
西园整体	仙化二十四，境远难遍探。锦城史君园，雅与云洞参。（丰稷）	潭潭刺史府，宛在城市中。谁知园亭胜，似与山林同。（杜敏求）
玉溪堂	一水从何来，应是昆山顶。（丰稷） 秪此有光碧，何必昆仑洲。（许将）	酾成绿玉池，虚堂逗清影。（丰稷） 华构枕方塘，使台寂佳致。（吴师孟）
雪峰楼	雪峯在何许，楼倚青霄端。（丰稷） 爽气雪山来，一瞬极千里。（吴师孟）	曾构压池塘，不借亦不偪。影浮绿水静，寒逗雪山色。抚槛接修竹，连檐引苍柏。（章粲）
海棠轩	珍葩寄幽岛，正对孤轩植。（章粲） 水府聚群仙，红云幂翠幢。（孙甫）	香传雪楼浓，影落玉溪倒。（丰稷） 高轩瞰方池，澄波隔锁窗。（孙甫）
月台	见月月无几，筑台待婵娟。顾盼已尘外，欲挹瑶宫仙。（章粲） 累台郁临风，坐看月宵上。兹焉蹔遊日，一揽天地广。（许将） 天光净琉璃，露下真沆瀣。（吴师孟）	高凝桂影近，俯视云屋连。（章粲） 嘉木密交阴，月夕苦荟蔚。高台出林杪，远目望天际。（杨怡）
翠锦亭	畏日自成阴，隆冬宁灭翠。虚旷得寂理，懒癖资浓睡。（章粲） 夏暑借清阴，秋籁得自然。（杜敏求）	梗楠百尺余，排列拱檐际。（章粲） 燕居不废严，环竦布亭外。（杨怡） 介于二堂间，华构饶花品。红紫镇长春，四时如活锦。（吴师孟）
潨玉亭	飒爽无尘嚣，静适心所喜。（章粲） 清耳不待洗，高怀自沧浪。（杨怡） 方持利物心，默坐穷至理。（杜敏求）	养源在西山，如玉抱精白。（丰稷） 淙琤环佩声，晓夕清心耳。（杜敏求） 风微竹影碎，月皎波光起。（章粲）
茅庵	茨茅以为庵，环顾萧然虚。（许将） 笑指博山炉，香飞柏子绿。（丰稷） 规圆无四隔，空廊含万象。（杨怡）	珍禽弄巧舌，宛是居山野。（章粲） 旁依修竹密，上翳青松踈。（许将） 地占官府雄，盘基才袤丈。（孙甫）

---

① （宋）程遇孙《成都文类·卷7》，清文渊阁四库全书补配清文津阁四库全书本。

续表

要素	境界	实景
水阁	飞阁出方池，修曲见空莽。（许将） 小阁连雪峰，凭栏熹幽玩。（孙甫） 小阁平池阳，危桥属花屿。（杨怡）	架木浮水中，略彴通孤岛。（章楶） 方池导流水，横阁上寻丈。（杜敏求） 幽香萃花岛，鱼藻旨且多。（丰稷）
小亭	使华双轺车，禅境二方丈。固将物理齐，室隘志自广。（孙甫）	扁然沟上亭，左右相映带。修梢列翠幄，长松偃高盖。（许将） 尺水走庭除，花木皆周匝。（吴师孟）

东园和西园一样，同为成都府城内的城市私宅园林，详载于李良臣《东园记》。主人通过修造池水、假山，营建亭、楼，种植花木，以锦屏、武陵、幽芳、三雨、绿净、连碧、翠阴、朝爽、五峰等意融合形成城市幽静之所，塑造出城市山水人居之境，游者从城中进入东园可"俯清泉，弄明月，睇层峦之峨峨，悦鸣禽之嘲哳"[1]，顿时"尘容俗状，如风卷去"[2]。（表 5-5）

《钤辖厅东园记》中所体现东园的实景与境界　　　　　　表 5-5

"益州路兵马钤辖种侯，治其后圃为池亭台榭，植佳华，蓻美木。馆宇星陈，栏槛翼翼，于阛阓鼎沸之中，而有清流翠荫、萧寮傲睨之适。……惟旧有池，泉窦湮塞，涸为枯泥。偶新泉破地而出，从而导之，则故泉继发，觱沸衍溢，汇为澄澜。因筑堂其北，命之曰'双泉'。挟以二轩，一曰锦屏，以海棠名；一曰武陵，以桃溪名。梁池而南为亭，曰寒香，以梅名。后为茅亭，曰幽芳，以兰蕙名。池东为大亭，曰三雨，以桃、杏、梨名。池南两亭，东西对峙，曰绿净，曰连碧，双亭之北有老柏数十株，巨干屹立，为亭其中，曰翠阴，复楼其东，曰朝爽。西因垣而山，曰五峰，下曰五峰洞。前为山馆，水绕环之，宛如山间也。"[3]

堂：实景要素；寒香：景物之名（意境）；北：方位

综上，成都城市园林所造之境与喧哗都市形成鲜明对比，闹中取静，以人工自然创造山水林泉景象，具有净化心灵、安顿人心的功能，如李良臣在《东园记》中总结："山林泉石之胜，间旷静深，与人迹相绝，如廉夫节士冲澹高简，孑立尘外，使一人见之，名利之心都忘。虽平时贪黩忿燥、胸次焰焰未易扑灭者，亦复念虑灰冻，得大自在于一息之顷。"[4]

---

[1]（宋）李良臣：《东园记》，《成都文类·卷28》，清文渊阁四库全书补配清文津阁四库全书本。
[2] 同上。
[3] 同上。
[4] 同上。

5.3.1.3　市井住宅——徐太常草堂

唐代诗人岑参在其作品《东归留题太常徐卿草堂》中，集中描绘了徐太常位于少城北部的一个居所的场景，表现了成都城内典型庭院单元的居住境界（表5-6）。

《东归留题太常徐卿草堂》中反映的实景住宅实景与境界　　表5-6

不谢古名将，吾知徐太常。年才三十馀，勇冠西南方。顷曾策匹马，独出持两枪。虏骑无数来，见君不敢当。汉将小卫霍，蜀将凌关张。卿月益清澄，将星转光芒。	
复居少城北，遥对岷山阳。	形势
车马日盈门，宾客常满堂。	街巷
曲池荫高树，小径穿丛篁。	庭院
江鸟飞入帘，山云来到床。	房屋
题诗芭蕉滑，封酒棕花香。诸将射猎时，君在翰墨场。圣主赏勋业，边城最辉光。与我情绸缪，相知久芬芳。忽作万里别，东归三峡长。[①]	

其中描写居所的四句，首句写形势，居所在少城之北，虽居城中，仍借岷山为形势；二句言街巷，展现城市繁华，主人宾客满堂。三句言庭院，至清幽之境；四居写房屋，纳"江鸟"、"山云"于一室，主人静居其中，却仍能感受山川形胜。

5.3.1.4　城郊之居——杜甫草堂

杜甫草堂背成都西城，依浣花溪水。浣花溪位于成都罗城之外，溪畔向来为达官贵人及富豪的遨游之所，从地理上属于近城之郊野。杜甫《水槛遣兴》载："城中十万户，此地两三家"[②]，城郊人居之稀少与城内之繁华形成鲜明对比。该草堂兴建于唐，宋、明、清因其址，历代均有修复或重建，后成为重要的纪念地。因居于近郊，杜甫居住时期的草堂通过对溪水、林塘、雪岭、群鸥、红蕊、蓬门、篱、轩等景物的细致刻画，描绘出疏朗、静幽的郊区风景和人居境界，如载杜甫诗词《水槛遣兴》、《卜居》、《怀锦水居止》、《狂夫》、《客至》等诗文中的描绘（表5-7），其中表达的人居境界也一直为历代文人所推崇、神往（图5-7）。

---

① （唐）岑参：《岑嘉州诗·卷一·东归留题太常徐卿草堂》，四部丛刊景明正德本。
② （唐）杜甫：《水槛遣兴》，《杜诗详注·卷十》，清文渊阁四库全书本。

诗文	实景与境界
杜甫草堂相关诗文中构建的实景与境界	表 5-7
"浣花溪水水西头，主人为卜林塘幽。"①	溪水、林塘，或为林盘（农村生活）之意象
"万里桥西宅，百花潭庄北。层轩皆面水，老树饱经霜。雪岭界天白，锦城曛日黄。惜哉形胜地，回首一茫茫。"②	远借雪岭（岷山）构建整体形胜；宅、桥、树构成人居环境初步意象
"万里桥西一草堂，百花潭水即沧浪。风含翠筱娟娟净，雨浥红蕖冉冉香。"③	对纯粹自然环境的诗意改造——以城市园林"沧浪"为原型
"舍南舍北皆春水，但见群鸥日日来。花径不曾缘客扫，蓬门今始为君开。盘飧市远无兼味，樽酒家贫只旧醅。肯与邻翁相对饮，隔篱呼取尽余杯。"④	对郊野生活环境的动态描述

图 5-7　清嘉庆十六年杜公草堂图石刻

（图片来源：国家文物局．中国文物地图集－四川分册 [M]．北京：文物出版社，2009：475.）

5.3.1.5　乡村之居——温江县村落

成都平原农村地带具有"水上林木翳映，在所皆佳境"⑤ 的意象，人们结屋竹中，自成篱落，同时又重视区域山水对居住环境的滋养，借岷山、青城成林盘单元之胜。与城市人居环境不同，农村地区没有"培楼"观山水的传统，对

---

① （唐）杜甫：《杜诗详注·卷二十五·卜居》，清文渊阁四库全书本。

② （唐）杜甫：《杜工部草堂诗笺·卷二十三·怀锦水居止》，古逸丛书覆宋麻沙本。

③ 《杜诗全集·卷7·狂夫》，天地出版社，1999 年。

④ （唐）杜甫：《杜诗详注·卷九·客至》，清文渊阁四库全书本。

⑤ （明）王士性：《五岳游草·卷五·蜀游上·入蜀记中》清康熙刻本。

地域山水风景的利用，多体现在日常的劳作与生活中对自然的欣赏。如在《温江县乡土志》描绘的场景："虽无奇峰叠嶂崔嵬碑矶横亘区中，每当朝晴夕霁，青城诸峰罗列西城林外，蜿蜒如画，其灵光秀色蔼然在空气中，未尝不供人嘘吸也，又奚必张皇邛崃刻画培楼以为壮观云？"[①]

5.3.2　教化与环境营造

柳宗元曾论："因土而得胜，岂不欲因俗以成化；公之择恶而取美，岂不欲除残而佑仁；公之瀹浊而流清，岂不欲废贪而立廉；公之居高以望远，岂不欲家抚而户晓夫？"[②]古人重视山水环境对人的化育作用，物质环境的营建常常以感化人们心灵、教育子民为重要的出发点，地方官吏以教化为政务，亦会将其文人士大夫阶层对山水环境、人文环境的审美修养带入具体的环境营造中，观游场所的发掘与改造往往不仅满足游赏的需要，还具有为政示民的作用。在兴文风、劝农、纪念等方面均有体现。

5.3.2.1　兴文风

山水灵秀之地可孕育饱学之士，形成一方文风，如陆游曾赞眉州山水："蜿蜒回顾山有情，平铺十里江无声，孕奇蓄秀当此地，郁然千载诗书城。"[③]除依托灵秀山水，古人还常用奎楼（奎光楼、奎星楼等）补山水之不足，改造环境，象征孕育地方文风，这种做法在成都平原各城多有体现，如在成都城东南二江交汇处的望江楼，供文曲星（奎星），汉州县城中有"奎楼文笔"一景（图5-8）。在清代末年的一幅《都江堰灌区图》中，画匠以写实为主勾画平原水网，以写意为辅表现地域山水与城市格局，图中可见山、水、城、楼、塔形成的和谐整体。画面中部，位于内外江分水之处的"奎光塔"[④]十分突出（图5-9）。此塔实际位于灌县，其兴建与佛教无关，而与弥补风水有关。古人用该塔改造水口环境，又以"奎光"命名，象征对人才的渴望，有着风水改造与环境教化的双重功能。

---

① （宣统）《温江县乡土志》。
② （唐）柳宗元：《河东先生集·卷二十七·记·亭池·永州韦使君新堂记》，宋刻本。
③ 《唐宋诗醇·卷四十四·山阴陆游诗三·眉州披风榭拜东坡先生遗像》，清文渊阁四库全书本。
④ 北面塔门匾额上书：道光十一年辛卯仲冬吉日"奎光塔"督学蒲田郭尚先书。奎光塔旧属四川灌县，西部靠近青城山，为兴文风而建。

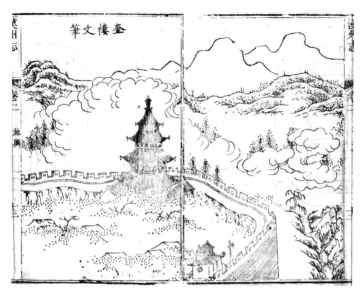

图 5-8　奎楼文笔

（图片来源：（民国）《汉州志》）

图 5-9　"清末都江堰灌区图"中的奎光塔

（图片来源：北京大学图书馆．皇舆遐览：北京大学图书馆藏清代彩绘地图 [M]．
中国人民大学出版社．2008：216．）

5.3.2.2　劝农

地方官员也运用环境建设进行"劝农"，体现对农业的重视。例如，清代曾先后八次担任成都水利同知的强望泰，负责修治都江堰二十多年，在距离离堆二十五丈之处建设"慰农亭"，取韩魏公诗"须臾慰满三农望"[1]之意。此亭可观水则盈虚，表达对水利与农事的重视。再如崇州人杨忠武（曾任陕甘总督）于

---

① （民国）灌志文征．卷三．碑志 // 冯广宏主编．都江堰文献集成·历史文献卷（先秦至清代）[M]．成都：巴蜀书社，2007：750-751．

华阳县乡村别墅营"观稼楼"，近对平畴，不忘农业之本，以环境营造践行劝农。①

5.3.2.3 纪念

纪念之地的教化作用更为显著，人居环境中的祠庙、碑刻以及各种遗迹大都有此种价值，经历历代保护与兴建，多成为人工与自然交融的胜境。例如武侯祠，晋代桓温平蜀，将成都城夷为平地，而独存孔明庙，后封武兴王庙，至今祠祀不绝，杜甫诗言："丞相祠堂何处寻，锦官城外柏森森，映阶碧草自春色，隔叶黄鹂空好音"②，祠庙建设"有气接巫峡、寒通雪山之势"③。

如纪念文翁文化蜀地的石室，如唐代卢照邻诗："锦里淹中馆，岷山稷下亭。空梁无燕雀，古壁有丹青。"④裴铏诗："文翁石室有仪刑，庠序千秋播德馨。古柏尚留今日翠，高岷犹蔼旧时青。"再如乡村中，为纪念水利功臣，常常择堤堰附近环境优美之地立碑铭刻事迹，如杨甲《縻枣堰记》中载："筑亭于縻枣堰下，云汀烟渚，竞秀于前，古木修篁左右环峙，相荫森森，亘数十里，幽旷清远，真益州之胜槩，也又亲书扁榜揭之颜间，遒劲绝尘，得古人用笔意藻，绘不加而胜益竒矣。"⑤

再如江渎祠，《史记·封禅书》载其始建于秦代，位于成都西南，庙前积水成池，名江渎池。清冯浩《设厅记》载："庙前临清池，有岛屿竹木之胜，红蕖夏发，水碧四照，为一州之观。"⑥

5.3.3 地区观游与风景系统

观游活动与地区山水相辅相成，并成为居民生活与地方施政的重要组成。为满足观游活动开展的风景建设及与之相伴的名人题咏往往可增山水之胜，各县、各城又设立八景、十景，形成系统，在传统人居环境中不可或缺，构建出人文与山水交融的观游场所，支撑着居民纵情山水、改善身心的生态实践活动。

5.3.3.1 "观游"为"为政"之具

古人向来重视观游对改善身心健康、提升精神气质的积极作用。如柳宗元指出："夫气烦则虑乱，视壅则志滞。君子必有游息之物，高明之具，使之清宁平

① 转引自：隗瀛涛．治蜀史鉴 [M]．成都：巴蜀书社，2002：373-374.
② （唐）杜甫：《蜀相》，《杜诗详注·卷二十三》，清文渊阁四库全书本。
③ （明）王樵：《方麓集·卷六·使蜀记》，清文渊阁四库全书本。
④ （唐）卢照邻：《幽忧子集·卷之二·文翁讲堂》，四部丛刊景明本。
⑤ 《全蜀艺文志·卷37·记·戊》，清文渊阁四库全书本。
⑥ 《蜀中广记·卷一·名胜记第一·川西道·成都府一》，清文渊阁四库全书本。

夷，恒若有余，然后理达而事成。"[①] 如田况指出："人之情，久居劳苦则体癃而事怠，过佚则志荒而功废，此必然之理也。善为动者，节其劳佚，使之谨治其业，而不失休游和乐之适，斯有方矣。"[②]

在成都平原，观游向来为地方官员施政的重要组成部分，如田况言："治蜀者，以行乐为郡务之一端"[③]，"悦民观赏，慰其劳苦"[④]，地方官对观游的重视甚至达到了"从之则治，违之则人情不安"[⑤] 的地步。成都平原经数代发展渐成观游习俗，这一点在《岁华记丽谱》（元费著）与《成都通览》（清傅崇矩）有关成都观游风俗的记载中均有体现，其场所遍及城内各种佛观、园林、胜迹、近郊山水以及青城与峨眉，观游活动往往在官府引导之下，并与节庆日结合。（表5-8）

宋、清两朝成都平原的观游活动　　　　　表 5–8

《岁华记丽谱》中载宋代太守参加的观游活动	《成都通览》载清代观游民俗
正月元日，游安福寺塔，晚登塔眺望。二日，出东郊。十四、十五、十六三日，观山棚变灯。灯火之盛，以昭觉寺为最。 二月二日，踏青节。初郡人游赏，散在四郊。出万里桥，为彩舫数十艘，与宾僚分乘之，歌吹前导，号小游江。盖指浣花为大游江。士女骈集，观者如堵。 三月三日，出北门，宴学射山。晚宴于万岁池亭，泛舟池中。二十一日，出大东门，宴海云山鸿庆寺，登众春阁观摸石。 四月十九日，浣花佑圣夫人诞日也。太守出笮桥门，至梵安寺谒夫人祠。登舟观诸军骑射，倡乐导前，沂流至百花潭，观水嬉竞渡。官舫民船，乘流上下。或幕帟水滨，以事游赏，最为出郊之胜。 六月初伏日，会监司；中伏日，会职官以上；末伏日，会府县官，皆就江渎庙设厅。初文潞公建设厅，以伏日为会避暑，自是以为常。早宴罢，泛舟池中。复出就厅晚宴，观者临池张饮，尽日为乐。 七月七日，晚宴大慈寺设厅，暮登寺门楼，观锦江夜市，乞巧之物皆备焉。 八月十五日，中秋玩月。旧宴于西楼，望月于锦亭，今宴于大慈寺。 九月九日，玉局观药市。官为幕帟棚屋，以事游观，或云有恍惚遇仙者。[⑤]	正月初一日，游丁公祠、游武侯祠、游望江楼；正月初五日，游武侯祠、正月初七日，游草堂寺；正月十五日，游武侯祠；正月十六日，游城墙游百病；二月至三月，游青羊宫二仙庵；三月二十八，游东门外东岳庙；四月初八日，游雷神祠观放生会；九月初九日，游望江楼。 避暑热时，中西人多赴灌县及嘉定。灌县之青城山，嘉定之峨眉山，皆西方清凉界也。峨山之水不及青城山水之清冽，故游灌县者甚多（省城赴灌县一日程，途路平坦，如作两日行更为舒适，第一日可宿崇义桥或郫县）。到灌县或住城内，或住城外，或住山上，均甚便。[⑥]

① （唐）柳宗元 . 零陵三亭记 // 柳宗元集 [M]. 北京：中华书局，2006.9：737.
② （宋）田况 . 浣花亭记 //（宋）袁说友等编著 . 成都文类 [M]. 北京：中华书局，2011.12：837.
③ 同上.
④ 同上.
⑤ （宋）韩琦：《安阳集·卷五十·墓志·故枢密直学士礼部尚书赠左仆射张公神道碑铭》，明正德九年张士隆刻本.
⑥ （元）费著《岁华纪丽谱》，民国景明宝颜堂秘籍本.
⑦ 傅崇矩 . 成都通览 [M]. 成都：巴蜀社，1987：1-2.

5.3.3.2 因"地灵"设景

风景的发现与构建是地域山水观游功能发挥的支撑，也是人居环境建设的重要组成部分。成都平原地域观游以山水为本底，天然风景极胜。《蜀中名胜记》开篇序言写道："游蜀者，不必其入山水也。舟车所至，云烟朝暮，松柏阴晴，凡高者皆可以为山，深者皆可以为水也；游蜀山水者，不必其山水之胜也。舟车所至，时有眺听，林泉众独，猿鸟悲愉，凡为山者皆可以高，为水者皆可以深也。"[①]

古人对观游之"景"的发现与营造均根植于"地灵"，以尊重自然山水之胜为基础。《金堂县志》中赞成都平原风景："半属人工半由天巧，……景随地著，情以景生，明秀之区即为风华所聚，宜乎骚人逸士藻思镂采，乞语烘霞，拈韵留题，流连不置也。……夫以地之所有天之所生，岂遂足炫异矜奇。"[②]

在成都平原实际的风景营建中，古人对山水地灵的尊重主要体现在以下几个方面：

（1）"因事为饰"的乡村风景建设。古人"因事为饰"，将与居民生产生活紧密相关的水利建设与乡村风景的塑造结合起来，避免矫揉造作的风景开发。如吕大防言："蜀田仰成官渎，不为塘埭[③]以居水；故陂湖潢荡之胜，比他方为少。倘能悉知潴水之利，则 蒲鱼菱芡之饶，固不减于蹲鸱[④]之助。……因事以为饰，俾其得地之利，又从而有观游之乐；岂不美哉！"[⑤]

（2）环境营造"尽地之胜"。宋范中芑曾提出"尽一溪之胜"的观念，针对一无名小溪开展环境营造，成为胜景（今日不可考），据《盘溪记》载：

"所居有溪环绕，清澈可挹，因取唐人李愿'太行之谷日盘'者名其溪。沿溪下上，沙澄而谷发，土腴而植蕃，跻攀曲折，视着屋稳处为堂、为亭、为轩、为菴、为寮，掩映相望，至者如行图画中。累巘为洞，穷之而深；治涉为航，浮之而安；架虚为桥，即之而通。悉旁缘昌黎序中语，撷其意而揭之扁榜。经营之初，物色自献，骋望之际，面势咸得，啸歌俛仰，觞酒杖履，尽一溪之胜，而胸中梗概始披于此矣。"[⑥]

（3）运用"借景"扬山水"余胜"。张俞曾提出了利用借景"扬山水余胜"的理论，应用于郫县望岷亭的兴建中，《望岷亭记》载：

"凡为亭观、池台于得胜之地，则虽无山川而旷，无江海而闲。况郫城据岷

① （明）曹学佺. 蜀中名胜记［M］. 重庆：重庆出版社，1984.10：11.
② 《金堂县志·治景图》。
③ 蓄水陂塘。
④ 蜀地特有的野生芋类，可以充饥。
⑤ （宋）吕大防：《合江亭记》，《成都文类》卷43，清文渊阁四库全书补配清文津阁四库全书本。
⑥ （宋）范中芑. 盘溪记//（明）杨慎. 全蜀艺文志［M］. 北京：线装书局出版社，2003：1213.

之阳，缭江宅川，自古都邑，故有丛亭之胜，山海备焉。今邑大夫安定胡君自江南来，从兹游观，然恨尚有余胜郁而未扬。会方牧广平公命作县之重门，门临闲田，尽埽芜秽，植为西园，遂作大亭，号曰"望岷"。是亭西至岷山，百里而近。蟠地郁天，万峰连延。"①

类似的例子还有很多，如唐彭县子城建望雪楼，遥望雪山；② 如永康军城西门之南，有西瞻堂，下临江水，西见青城、雪山；③ 如眉州蟇颐山有岷峨亭，可望岷山与峨眉；如青神县曾建有借景亭，下瞰史家园佳景，宋黄庭坚尝游此，题匾"借景"，留诗言："当官借景未伤民，恰似凿池取明月"。④

成都合江亭建设也有此种体现，该亭位于成都二江交汇之处，宋代曾为"船官治事之所"，亭之胜得益于二江与郊野风景，《合江亭记》载："俯而观水，沧波修阔，渺然数里之远，东山翠麓，与烟林篁竹，列峙于前，鸣濑抑扬，鸥鸟上下，商船渔艇，错落游衍。春朝秋夕，置酒其上，亦一府之佳观也。"⑤《蜀中名胜记》载："鸿盘如山，横架赤霄，广场在下，砥平云截，而东西南北迥然矣"。⑥ 唐符载云："一都之奇胜也。"

《新繁县志》中记载了该县曾有以兴建"望雪楼"借岷山、玉垒之景，将百里之外风景纳入平原县境的愿望（图 5-10）：

"邑内皆平畴沃壤，所图者林木沟塍，而外无非桥梁屋舍，因殿□久废之。望雪楼借他邑之名山舒一时之手揽，后之贤者倘因此而创一楼以望为，则□外彭灌之山皆吾有矣。□所图者岂得等之海市蜃楼也哉？"⑦

（4）文人观游、题咏提升风景境界。古人言："凡物之美者，

图 5-10　新繁县望雪楼
（图片来源：（同治）《新繁县志》）

① （宋）袁说友等编著．成都文类 [M]．北京：中华书局，2011.12：834.
② （明）曹学佺．蜀中名胜记 [M]．重庆：重庆出版社，1984.10：73.
③ （宋）王象之：《舆地纪胜·卷151》，清影宋钞本。
④ （明）李贤：《明一统志·卷71》，清文渊阁四库全书本。
⑤ （宋）吕大防：《合江亭记》，《成都文类》卷43，清文渊阁四库全书补配清文津阁四库全书本。
⑥ （明）曹学佺．蜀中名胜记 [M]．重庆：重庆出版社，1984：27
⑦ （同治）《新繁县志》。

盈天地间皆是也，然必待人之神明才慧而见"[1]，历代治蜀文人多遍游蜀中山水，以诗文提升山水之境。其代表为范成大，他曾"名山胜水，题咏殆遍"[2]，其《吴船录》中有关成都平原的记载非常翔实，平原重要胜境均有游历（图5-11）。

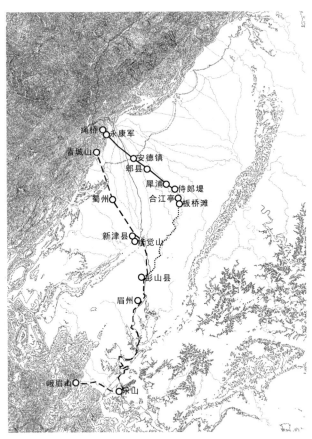

图5-11　范成大游成都平原图
（图片来源：自绘）

5.3.3.3　县/城风景系统

基于"地灵"且出于观游为政的需要，成都平原各县均设有"八景"、"十景"。八、十的数字并非十分重要，也曾有文人和学者对以数字为基础进行风景附会嗤之以鼻，但八景、十景文化确体现了地方人居中风景的体系化，风景的选择与构建基于地方风景之胜，也与历代著名诗赋结合，在城乡空间中体现着具体的诗境、胜迹、山水的融合，并成为重要的人居要素。

如明蜀王朱让栩构建了成都十景：龟城春色、岷山晴雪、阆宫古柏、市桥官柳、

---

① 《己畦文集·卷九·集唐诗序》。
② （嘉靖）《四川总志》。

草堂晚眺、橘井秋香、墨池怀古、济川野渡、昭觉晓钟、浣花烟雨。①

明代眉州八景：苏池瑞莲、蟆颐晚照、中坝渔村、松江野渡、峨眉雾雪、江乡月夜、象耳秋岚、灵岩石笋。②

又如清代金堂八景：云顶晴岚、韩滩春涨、净土晨钟、文澜秋月、宝塔临江、金船横峡、圣灯朝佛、白马湧泉。③崇宁八景：黉宫古桂、王井梅花、月照泉塘、灵宝流沙、清江夜渡、风洞烟霞、竹林听雨、晓寺闻钟。④

再如清新津县，县令王梦庚用十二首七律诗，绘了新津山水风景，形成了新津十二景：堰堤春涨、牧马秋成、驿路桑荫、花桥蚕市、西溪晓渡、南港晚渔、修觉诗碑、宝华钟梵、莲华接翠、稠粳出云、琴堂古柏、凤尾丛篁。⑤

从风景类型来看，这些系统化的风景关注到了县域内外的多种风景要素，既包括因借岷山峨眉形成的山水风景，又包括县域内的重要名胜古迹、山水要素，还加入了时间、气候以及感官等知觉因素。八景、十景体系的构建体现着人居空间的诗化，古人因景赋诗，又以诗将景提炼定格为可以传世的人居场所，以一定的秩序分布在人居环境中。如清代崇庆八景有清晏补之诗："惟爱西湖夜月圆，前村牧笛响悠然。市桥官柳依依绿，东阁红梅朵朵鲜。天目晓钟声八百，西江晚渡客三千。岷山晴雪无今古，白塔斜阳照九川。"⑥诗中描述的崇庆八景的主要分布在城郊，又围绕治所分布于东西南北，除了岷山晴雪为借景，远离崇庆，其他各景在方志中均有方位的描述，如"东湖夜月"和"高阁红梅"在治左，"前村牧笛"和"市桥官柳"在治南五里，"天目晓钟"在治北，"西江晚渡"在治

---

① （明）朱让栩《长春竞辰稿·卷八》，明嘉靖蜀藩刻本：
成都十景：龟城春色：煦景朝融邁九衢，无边春意偏三峒。葱菁草树敷丹腆，带砺山河入画图。锦地绣天花作国，金绳玉局宝为枢。巴人好奏升平曲，不是三分旧蜀都。岷山晴雪：晴日高明雪色新，接天雄镇迥嶙峋。乾坤万里银关固，巴蜀千秋玉塞屯。爽气入怀消酒病，寒光到面净诗尘。朱楼几许云天阔，倚遍雕阑独岈巾。閟宫古柏：玉座金铺迥绝尘，阴廊入地古根屯。吞吴气护龙髯老，灭魏心穿蚁窦新。千载冰霜留劲节，两川风雨长苍鳞。凋零不是涪江树，培植身憨更有人。市桥官柳：二月西城扬暖风，垂杨夹道荫长虹。黄金穗袅斜阳外，碧玉丝萦细雨中。拾翠佳人停绣幰，踏青公子驻花骢。殷憨莫厌频封植，千古风流仰杜公。草堂晚眺：遥指西郊旧草堂，少陵遗迹未荒凉。当年结构幽栖地，千载风骚翰墨场。南浦云通西阁月，雪山白映锦城黄。遊人仰止祠前水，一曲沧浪引兴长。橘井秋香：锦里清飚报素商，内亭深院晚云凉。鹤胎漫忆青天杏，龙秘犹传玉井芳。入镜灵漪江夏色，御风神列洞庭香。翁源菊涧成虚语，几度临皋寿羽觞。墨池怀古：玄厅咫尺锦城边，扬子遗踪几岁年。篆刻雕虫有科斗，含章词赋见漪涟。鸿都富贵烟云过，天禄声名日月悬。更喜榜书存海岳，高山不尽仰先贤。济川野渡：红亭锦水绿涟漪，荡漾晴光晓日曦。倚棹闲看横渡日，鸣桡喜见放舟时。凉风习习生苹末，小雨斑斑湿荔枝。估客晚来凝望处，梨花沽酒趁青旗。昭觉晓钟：霁晓禅宫宿雾开，蒲牢声吼出台台。残星寥落晨鸦起，斜汉迢迢候雁回。江绕鱼凫仙棹发，桥临驷马使车催。登临有客还怀古，废苑宣华锁碧苔。浣花烟雨：少城一曲浣花溪，窈窕曾闻咫尺迷。翠竹亭亭烟外暝，红蕖冉冉雨中低。寻幽青杖诗还赋，傍险银鞍酒更携。只恐鹧鸪催易晚，咿咿邻屋听鸣鸡。
② 中国人民政治协商会议四川省眉山县委．历代名人咏眉山．眉山县文史资料（第8辑）．1992.6：7-8.
③《金堂县志·治景图》。
④（嘉庆）《崇宁县志》。
⑤（道光）《新津县志》。
⑥（光绪）《增修崇庆州志》。

西五里，"白塔斜阳"在治西五十里。[①]方位四至呈现一定的均衡结构，距离除了白塔斜阳为郊野远景，其他几景均围绕治所在五里内分布。（图 5-12）

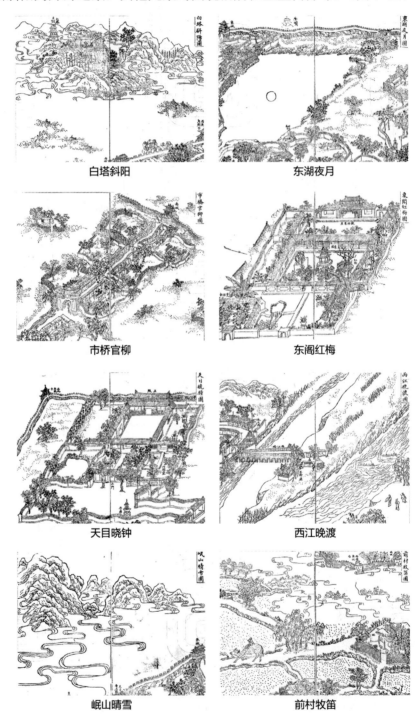

白塔斜阳　　　　　　　　　东湖夜月

市桥官柳　　　　　　　　　东阁红梅

天目晓钟　　　　　　　　　西江晚渡

岷山晴雪　　　　　　　　　前村牧笛

图 5-12　崇庆八景

（图片来源：（光绪）《增修崇庆州志》）

---

① （康熙）《崇庆州志》。

　　这种明确用"八景"、"十景"表达风景系统的现象，在宋代文献中已经出现，如著名的"潇湘八景"[①]等，随着时间的累积，这种风景建构形式传承至明清。诗学家叶维廉用"空故融纳万境"阐释八景的云山烟水与冥无美学。[②]朱良志用"平和"、"悠淡"、"空明"，"心灵的安顿"[③]阐释八景之妙。这种对风景体系化的考虑表达了古人对宁静悠远境界的追求，体现着诗境与实景的融合，成为体系化的观游场所，支撑了整体的人居生活之境。这种风景特征可以从"双流八景"中流传至今的图片中一窥（图 5-13、图 5-14）。

涌泉山瀑[④]　　塔桥响应[⑤]　　卦台钟晓[⑥]　　山寺圣灯[⑦]

牧马飧堂[⑧]　　　　　簇锦凉风[⑨]

金花夜月[⑩]　　　　　第一春波[⑪]

图 5-13　双流八景
（图片来源：(民国)《双流县志》）

① 潇湘八景：山市晴岚、远浦帆归、平沙落雁、潇湘夜雨、烟丝晚钟、渔村夕照、江天暮雪、洞庭秋月。
② 叶维廉. 中国诗学 [M]. 北京：人民文学出版社，2006.7：151.
③ 朱良志. 中国美学十五讲 [M]. 北京：北京大学出版社，2006：328.
④ 涌泉山瀑：浅沫留珠细浪吹，清泉汩汩入云微；旧游尚忆庐山瀑，拄笏支颐饱看时。
⑤ 塔桥响应：倚仗城南窣堵标，石幢藏篆籀云飘；闻声得度毗耶果，锡杖何年卓碧霄。
⑥ 卦台钟晓：霜清午夜暗飞声，入定山僧梦不惊；梵语课余天欲曙，还从石上悟三生。
⑦ 山寺圣灯：灵境须从静处观，鸟呼佛现几人看；翠微瞑色僧归寺，万点星光射木难。
⑧ 牧马飧堂：荒祠犹枕翠峰巅，云拥朝暾白似绵；剩有邨翁酬社酒，野棠花外蝶翩翩。
⑨ 簇锦凉风：凉生风穴水之滨，簇锦桥边贳酒人；百里橦花桃竹路，桑麻雨露沐深仁。
⑩ 金花夜月：毵毵堤柳拂吟鞭，舍利珠光证夙缘；镜里分明毛发现，长虹卧影月当天。
⑪ 第一春波：山光草色翠岚拖，第一桥头春浪多；小艇远横杨柳岸，散人应自号烟波。

图 5-14　双流八景图
（图片来源：（嘉庆）《双流县志》，图中八景为作者标注）

5.4　出世之境——佛道宗教场所

佛道场所的环境特征与宗教性质的深层生态实践关联。佛道之间既有相似，又有差异。其相似之处在于佛教、道教都以清净人们的心地为出发点，因而场所构建都追求与自然的和谐，向往山林清幽之地。而不同点则在于实践的方式，道教认为和谐自然的神仙世界就在人间，众生只要像道一样清静无为，即可得道，其修炼的重点在"静"，而佛教则倡导众生厌弃婆娑世界，欣求极乐净土，认为现实世界是染污的，众生只有转染为净，才能成佛，其修行的重点在"净"。[①]这些不同反映在佛道场所的构建中，表现出各自追求境界的差别——道教场所是在大地山水中寻找洞天福地，而佛教场所则表现出对净土的向往。

成都平原受到佛道宗教文化的影响很广。道教为本土宗教，成都平原是其发源地之一，兴起较早，汉代已十分兴盛，而佛教为外来宗教，魏晋之后兴起，唐宋时期繁荣，历史上还曾发生过佛道争夺灵山仙境建立神圣场所的事件，后经国家出面协调形成了佛教主占峨眉山，道教主占青城山的地理格局。[②]在广大的平原地带，佛道场所广泛分布于城乡，深入公共生活，更有与郊野山水结合开辟出尘脱俗清宁之所，成为人居胜境的重要组成部分，体现出佛道境界与生态实践对传统区域人居环境的广泛影响。

---

① 陈霞主编．道教生态思想研究［M］．成都：四川出版集团，巴蜀书社，2010：428.
② 蓝勇．西南历史文化地理［M］．重庆：西南师范大学出版社，1997.

5.4.1 道教之境

成都平原道教场所的开辟与道教概念"洞天福地"理想格局紧密相关。五代时期的道士杜光庭描述了"福地洞天"的地理特征与体系架构：地位为"天地之关枢，阴阳之机轴"，包含了"名山五千"，有"五岳作镇，十山为佐"，拥有"洞天三十六"，"海外五岳，三岛十洲，三十六靖庐，七十二福地，二十四化，四镇诸山。"[①]

"洞天福地"的概念将大地山川与逍遥、长生的仙境联系在一起，山岳、洲岛等成为"福地洞天"体系的基础，道人通过福地洞天的系统开辟将其广泛分布于人居环境，所谓"洞之仙曹，如人间郡县聚落耳。不可——详记之"[②]，形成了人间与仙境充分相互沟通的整体地理格局（图 5-15、图 5-16）。

图 5-15 海中三岛十洲之图
（图片来源：李丰楙. 仙境与游历：神仙世界的
想象 [M]. 北京：中华书局，2010：309-310.）

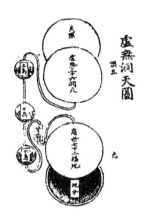

图 5-16 庐无洞天图
（图片来源：李丰楙. 仙境与游历：神仙世界的
想象 [M]. 北京：中华书局，2010：309-310.）

5.4.1.1 道教仙境体系与成都平原区域系统

成都平原地区，青城洞为十大洞天之第五洞天[③]，另外，《青城甲记》中称其

---

① （唐）杜光庭：《洞天福地岳渎名山记序》："乾坤既辟，清浊肇分，融为江河，结为山岳。或上配辰宿，或下藏洞天，皆大圣上真，主宰其事。则有灵宫门心府，玉宇金台。或结气所成，凝云虚构；或瑶池翠沼，流注于四隅；或珠树琼林，扶疎于其上。神风飞虬之所产，天骥泽马之所栖。或日驭所经，或星躔所属。舍藏风雨，蕴畜云雷。为天地之关枢，为阴阳之机轴；乍标华于海上，或回跂于天中，或弱水之所萦，或洪涛之所隔，或日景所不照，人迹所不及，皆真经秘册述而载焉。太史公云，大荒之内，名山五千，其间五岳作镇，十山为佐。又龟山玉经云，大天之内，有洞天三十六，另有日月星辰、灵官宫阙，主御罪福，典录死生，有高真所居，仙王所理。又有海外五岳，三岛十洲，三十六靖庐，七十二福地，二十四化，四镇诸山。"引自：《全唐文》卷 932，清嘉庆内府刻本。
② （宋）张君房：《云笈七签·卷之一百一十六棠七·阳平治》，四部丛刊景明正统道藏本："二十四化各有一大洞，或方千里、五百、三百里。其中皆有日月飞精，谓之伏神之根，下照洞中，与世间无异。……有得道之人及积功迁神反生之者，皆居其中……二十四化之外，其青城、峨眉、益登、慈母、繁阳、嶓冢，亦各有洞天，不在十大洞天、三十六小洞天之数。洞之仙曹，如人间郡县聚落耳。不可——详记之也。"
③ （宋）张君房：《云笈七签·卷二十七·天地宫府图》，四部丛刊明正统道藏本："第五洞天青城洞，周回二千里，名曰宝仙九室之洞天。在蜀州青城县，属青城丈人治之。"

为"五岳丈人，乃岳渎之上司，真仙之崇秩"[1]；峨眉山洞为三十六小洞天之第七洞[2]；大面山、绵竹山均为七十二福地之一[3]。这些山岳在道教体系中被神圣化，逐渐强化了地方灵山仙境的形象。

肇始于汉代的道教"二十四治"大都在成都平原的范围内，并以成都为中心环绕分布。《云笈七签》中记录了二十四治的位置及与成都城的距离，其中有二十治都在距离成都城三百里的范围内，分别是：阳平治、鹿堂山治、鹤鸣神山上治、漓沅山治、葛山治、庚除治、秦中治、真多治、昌利治、隶上治、涌泉山神治、稠稉治、北平治、本竹治、平盖治、后城山治、公慕治、平冈治、主簿山治、玉局治等。除玉局治位于成都城内，其他各治均分布于成都西北、东北与南部丘陵与山岳地带，围绕成都城，呈现着道教福地洞天二十四治体系与区域人居环境的紧密融合。根据《云笈七签》提供的地名线索可见其空间分布格局与环境特征（图5-17，表5-9）。

道教二十四治的位置与环境 表5-9

名称	今址	环境	与成都距离与关系
上八治			
阳平治	蜀郡彭州九陇县	道由罗江水两歧山口入，水路四十里。治道东有龙门拒守神水，二柏生其上；西南有大泉决水归东。（《云笈七签》）《题阳平观》："寻真游胜境，巡礼到阳平。水远波澜碧，山高气象清。"[4]	去成都一百八十里
鹿堂山治	在汉州绵竹县界北乡	不详	去成都三百里
鹤鸣神山上治	在蜀郡临邛县界	《云笈七签》："与青城天国山相连。……治前三水共成一带，神龙居之。"	去成都二百里
漓沅山治	彭州九陇县界	"漓沅治里鸿都观，响石关头白石沟。高尚原来于此隐，虚传范蠡五湖舟。"[5]	去成都二百五十里去鹿堂山治八十里

---

[1] （明）曹学佺：《蜀中广记·卷六》，清文渊阁四库全书本。
[2] （宋）张君房：《云笈七签·卷二十七·天地宫府图》，四部丛刊景明正统道藏本："第七峨眉山洞，周回三百里，名曰虚陵洞天。在嘉州峨眉县，真人唐览治之。"
[3] （宋）张君房：《云笈七签·卷二十七·天地宫府图》，四部丛刊景明正统道藏本："大面山，益州成都县，属仙人柏成子治之。……绵竹山，汉州绵竹县，是琼华夫人治之。"
[4] 《十国春秋·卷三十七·前蜀三·后主本纪》。
[5] （清）李调元《童山集·诗集卷三十二·漓沅治》，清乾隆刻函海道光五年增修本。

续表

名称	今址	环境	与成都距离与关系
上八治			
葛山治	彭州九陇县界，与漓沅山相连	"望玉垒一脉西来，毓秀钟灵，廿四峰高插晴空，仿佛青莲初破蕊；看湔水九溪东去，纡迴萦绕，八一洞横穿岳麓，神奇怪石可吞云。"①	去成都二百三十里。去阳平治水口四十八里
庚除治	广汉郡绵竹县西	"可以度厄养性，昔张力得道之处。"②："庚除治即绵远乡之庚除山，当地有无极观，山上有炼丹亭、养生台、鸳鸯池等古迹。"③	去成都二百八十里。
秦中治	广汉郡德阳县东	不详	去成都二百里
真多治	怀安军金堂县云顶山	"山有芝草、神药……山高二百八十丈，前有池水，水中神鱼五头……"④	去成都一百五十里
中八治			
昌利治	怀安军金堂县东栖贤山区	"在治东三学山栖贤峰。"⑤	去成都二百五十里
隶上治	广汉郡德阳县东	"山有二石室，有一神泉，白鹿、白鸠、白鹄时来饮之。"⑥	广汉郡德阳县东二十里
涌泉山神治	遂宁郡小汉县		去成都二百里
稠稉治	犍为郡新津县	唐道士王悬河《三洞珠囊》卷七《二十四治》："山高平地一千丈，昔轩辕黄帝学道之处也，治左右连冈相续。西北有味江水，山亦有芝草之药，可养性命。"新津八景之一"稠稉出云"。	去成都一百一十里
北平治	眉州彭山县	北宋张君房《云笈七签》卷二十八《二十四治并序》："山上有池水，纵广二百步，中有神芝药草。"《云笈七签》："上有天柱峰，夜见五色神灯。"	去成都一百四十里
本竹治	蜀州新津县（王纯五考为文峰山）	"山高一千三百丈，上有一水，有香林，在治陌北，有龙穴地道通峨眉山，上有松，昔郭子生得道之处也。后有竹林，西去十五里通鹤鸣山。"⑦"楼阁层层观此山，雕轩朱栏一跻攀。碑刊古篆龙蛇动，洞接诸天日月闲。帝子影堂香漠漠，真人丹洞水潺潺。扫空双竹今何在，只恐投波去不还。"⑧	去成都一百二十五里

---

① 1987 年刘筱波撰。转引自：王纯五．天师道二十四治考 [M]．成都：四川大学出版社，1996.9.
② （唐）陆海羽：《三洞珠囊·卷七·二十四治品》，明正统道藏本。
③ 新编《绵竹县志》，转引自：王纯五．天师道二十四治考 [M]．成都：四川大学出版社，1996.9.
④ （宋）张君房：《云笈七签·卷之二十八登八》，四部丛刊景明正统道藏本。
⑤ 《重修四川通志·金堂采访录·图经志》。
⑥ （南北朝）周武帝：《无上秘要·卷 23》，明正统道藏本。
⑦ （宋）张君房：《云笈七签·卷之二十八登八》，四部丛刊景明正统道藏本。
⑧ （唐）杜光庭《题本竹观》，《蜀中广记·卷十二》，清文渊阁四库全书本。

续表

名称	今址	环境	与成都距离与关系
中八治			
蒙秦治	越嶲郡台登县		去成都一千四百二十里
平盖治	蜀州新津县	"平盖山高古木疏，昔人曾此筑仙居。井通八角寒泉涌……系龙岩畔石潭虚"①	去成都八十里
	《蜀中名胜记》载为彭山县	"势压长江控八津，吴都仙客此修真。寒江向晚波涛急，深洞无霜草木春。"②	
下八治			
云台山治	巴西郡阆州苍溪县东		去成都一千三百七十里
沵口治	汉中郡江阳县		去成都两千九百二十里
后城山治	汉州什邡县	今有"大安王庙"道观，在前治道观遗址上兴建，山门石柱有对联可表明其环境："庙貌森严，与章山而并固；神威显灉，偕洛水以长存。"（洛水，今石亭江）③	（未载）
公慕治	汉州什邡县	不详	（未载）
平冈治	蜀州新津县	不详	去成都一百里
主簿山治	邛州蒲江县界	长秋山山巅，太清观，"孤峰耸峙，体象庄严，俯视万山，周回拱揖。"蒲江八景之一"长秋仙迹"。④	去成都一百五十里
玉局治	成都南门内	"矧当坤维奥区，舆鬼之分，墨池、石室，旁资古胜之踪，岷山、导江、远供清粹之秀。楼台屹峙，俯瞰郡城，纪历寝遥，基构斯在。"⑤	成都内
北邙山治	东都洛阳县		（未载）

注：灰底表格表示该地不在成都平原内。

---

① 佚名. 平盖山 // （明）曹学佺. 蜀中名胜记 [M]. 重庆：重庆出版社，1984.10.
② 题平盖治 // （明）曹学佺. 蜀中名胜记 [M]. 重庆：重庆出版社，1984.10.
③ 转引自：王纯五. 天师道二十四治考 [M]. 成都：四川大学出版社，1996.9.
④ 同上.
⑤ （宋）彭乘. 修玉局观记 // （明）杨慎. 全蜀艺文志 [M]. 北京：线装书局出版社，2003：1139-1142.

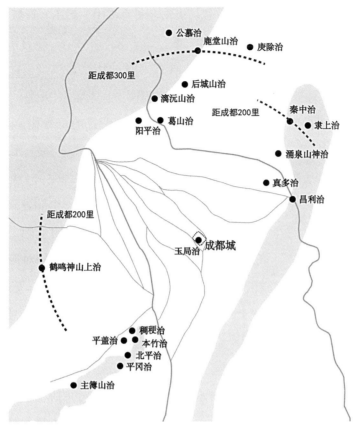

图 5-17　成都平原范围道教二十四治分布图
（图片来源：自绘）

5.4.1.2　洞天福地的场所环境

道教场所兴建极重山水，"列宫阙"要选"清景"，"开洞府"要于"名山"[①]。既重山水景象提供的环境基础，又重人工环境营建塑造的教化威严。如《甘水仙源录》载："凡道观之称于世者，或占山川之秀，或擅宫宇之盛，非宫宇则无以示教，非山水则无以远俗，是二者难于兼得，虽使兼之，非有道德之士，亦莫能与焉。"[②] 在洞天福地中，自然生态是文化生态的基础，文化生态是自然生态的一种朴素的延伸，暗示古人既希望超越凡世的局限，又力图保持稳定生存环境的基本追求。[③]

道教特有的"真形图"表现着道教对场所地理环境的基本理解。《正统道藏·洞

① （宋）张君房：《云笈七签·卷二十七·天地宫府图》，四部丛刊景明正统道藏本。
② 《甘水仙源录·神清观记》卷十，《道藏》第 19 册，807.
③ 詹石窗 . 道教文化十五讲 [M]. 北京：北京大学出版社，2003：378.

玄部·灵图类》中所载"真形图"①包含五岳，另有霍山、潜山、青城山（图5-18）和庐山。原图为彩绘，当前仅存黑白版本，图中文字示意："黑者山形，赤者水源，黄点者洞穴口也。画小则丘陵微，画大则陇岫壮。葛洪高下随形，长短取象。家有蓄图者，善神守护其家，众邪恶鬼灾患疾病，皆自消灭也。"②五岳真形图与山川的平面图神形俱似，可理解为是具体山岳形式的符号化，《五岳真形图序》载："五岳真形者，山水之象也。盘曲回转陵阜，形势高下参差，长短卷舒。"③其"真"在于对山岳生命力量的符号表现，道观场所也常为生命力最强、可与仙境联通之处。法国学者石泰安指出④，道教胜地是嵌入在一个同建筑和人体相对应的奇特系统中的。这个系统构成了一切宗教仪式和巫术的基础；通过操纵该系统中某一真实的物体，高道们就能达到或影响另一世界中相对应的东西。这种符号化的力量后来与道教语言系统发生直接关联，道教名山的一张'符'或'真形图'，可使道士在冥想中登上这座山。⑤将道教之境运用生命符号表现地理环境，又运用这种符号构建人间—仙境冥想关联，是道教深层生态实践的另一种表现。

　　"福地洞天"之境是修道者择山水之胜而构建出的人间仙境，所谓"石室丹台别有天"，"曲径通幽处，丹房花木深"。⑥《洞玄灵宝三洞奉道科戒营始》卷一《置观品》中详细记载了道教场所的理想仙境："夫三清上境，及十洲五岳，诸名山或洞天，并太空中，皆有圣人治处，或结气为楼阁堂殿，或聚云成台榭宫房，或处星辰日月之门，或居烟云霞霄之内，或自然化出，或神力造成，或累劫营修，或一时建立，其或蓬莱、方丈、圆峤、瀛洲、平圃、阆风、昆仑、玄圃，或玉楼十二，金阙三千，万号千名，不可得数。"⑦

① 曹婉如等编．中国古代地图集·明代［M］．北京：文物出版社，1995.10：图172-图576。关于"五岳真形图"的记载，最早见于约为魏晋时人所撰《汉武帝内传》一书。晋葛洪《抱朴子·遐览》（内篇卷十九）也论及"五岳真形图"。可惜，早期的图今已不传。现在看到的"五岳真形图"主要有两类。一类形似道教的符，难称地图，姑且不论。另一类以明正统十年（公元1445年）重辑的《道藏·栋玄部·灵图类》（正统刊本）中之《洞玄灵宝五岳古本真形图》为代表。此正统刊本除绘泰山、华山、衡山、恒山和嵩山五岳真形图之外，还有霍山、潜山、青城山和庐山真形图，共计九幅山岳图。图后有一段文字："黑者山形，赤者水源，黄点者洞穴口也"。为道士所绘，和一般图不同。白点表示洞天福地。
② （明）傅梅：《嵩书·卷八·黄裔篇》，明万历刻本。
③ （汉）东方朔：《五岳真形图序》，《云笈七签·卷79》，四部丛刊景明正统道藏本。
④ 《住所——远东和中亚的宇宙及人体躯体》（1957年）、《远东宗教观念和建筑》（1957年）、《宗教纪念建筑和宇宙象征主义》（1957年）
⑤ 蒋见元．西方道教研究鸟瞰//陈鼓应主编．道家文化研究．第4辑［M］．上海：上海古籍出版社出版，1994：365.
⑥ 王纯五．天师道二十四治考［M］．成都：四川大学出版社，1996：35.
⑦ 《洞玄灵宝三洞奉道科戒营始》卷一《置观品》。

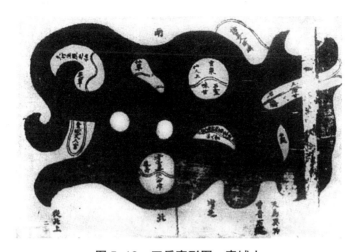

图 5-18　五岳真形图·青城山
（图片来源：曹婉如，郑锡煌．试论道教的五岳真形图 [J]. 自然科学史研究，1987，6（1）.）

成都平原各道教场所环境的建设是道教深层生态实践的具体体现。道教灵山名岳呈现整体胜景，与道教三岛十州体系相联系，环境幽静。

如青城山，《青城山志》载："青城诸山，以大面为祖，高台为枢，天师洞蟊居其中，卅六峰散列南北。群山环卫，空翠四合，若城郭围绕，故亘古号为胜地云。"[①]"（青城）列玉刹于海林之北。……为福地洞天，而上清宫尤擅青城之胜也。"[②] 如青城丈人山，《封丈人山为希夷公敕》载："乃神仙之窟宅。丈人即天阙紫府，镇于蜀郡青城。方象外之昆丘，状海边之蓬岛。"[③]（图 5-19）

城市道观不仅追求建筑群体本身的仙境含义，还具有与周边山岳、洞天体系联通的象征意义。如青羊宫，"簇峨眉之秀气，半入都城"。[④] 再如玉局观，"青城第五洞天相连。"[⑤] 宋京《玉局蜀事补亡》载："君不见青阳老人飞下天，口宣至道朝群仙，地中神人捧玉局，异事秘怅于今传，城坤隅地有穴，俗说西与岷山连，

① 王文才纂．青城山志 [M]. 成都：四川人民出版社，1982：13.
② 王文才纂．青城山志 [M]. 成都：四川人民出版社，1982：122.
　"天下名山胜地，往往具足梵宇仙宫，造化何心，神灵有主。……莫非激扬烦萌，栖妙果于香城，挥发盖缠，握玄珠于净域。虽真元混沌，阴阳为破道之墟，而素键潜融，天地即降魔之境。所以功悬日月，业净云雷，先临妙物之津，清发乘时之气。元房雾转，抗金枢于桂岭之西；绀殿星开，列玉刹于海林之北。此青城为福地洞天，而上清宫尤擅青城之胜也。"
③ 《封丈人山为希夷公敕》，《全唐文》卷 88，清嘉庆内府刻本。
④ （唐）乐朋龟：《西川青羊宫碑铭》，《全唐文》卷 814。
　《西川青羊宫碑铭》载："巍峨云阁，乍似化成，炭业霞堂，初疑涌出。橧张羽翼，栋压虹霓，粉壁霜凝，丹楹火亘，窗笼倒景，户辟长霄。岗阜崔巍，楼台显敞，齐东溟圆峤之殿；抗西极化人之宫，牵剑阁之灵威，尽归行在；簇峨眉之秀气，半入都城。烟粘碧坛，风行清磬。……其宫室牖户，台榭池塘，似云雾之结成，如丹青之写出"
⑤ （宋）张君房：《云笈七签·卷之一百二十二棠十三》，四部丛刊景明正统道藏本。

嵯峨古观森伟像，老栢惨淡含风烟"①。

图 5-19　青城洞天
（图片来源：（乾隆）《灌县志》）

道观亦常种植柏树烘托仙境。如五显、川主二庙，"五显庙前后左右有古柏九株，川主庙亦有古柏九株；长七八尺围，数丈余高，葱茏古茂，若有神呵护云。"②
如二王庙，"层级而上，雄壮华丽。殿前有紫薇二株，高丈余；道士编结，如掌对立。"③

总体而言，道教之境体现的是福地洞天的场所与实际的山岳地理的结合，成都平原的道教场所自成体系，二十四治格局以成都为中心，城中道教场所也强调与青城、峨眉的联系，形成了一个与人居环境交融的出世之境的子系统。

① （宋）宋京：《玉局蜀事补亡》，《成都文类·卷五》，清文渊阁四库全书补配清文津阁四库全书本。
② 续修新繁县志 // 冯广宏主编．都江堰文献集成·历史文献卷（先秦至清代）[M]．成都：巴蜀书社，2007：444.
③ （清）黎庶昌．丁亥入都纪程 // 冯广宏主编．都江堰文献集成·历史文献卷（先秦至清代）[M]．成都：巴蜀书社，2007.

5.4.2　佛教之境

佛教中蕴含着超越现实的净土理想，是佛教生态观在场所建构中的体现。在现实的场所构建中，佛教场所强调清净庄严，重视山水，出土于万佛寺的《佛教花园与山水》碑刻充分表达了这一氛围（图 5-20）。佛教思想认为众生平等，草木山河均有佛性，僧人以佛教的方式将自然生态环境神圣化，同时又凸显佛教场所出尘脱俗、普度众生的庄严形象。

成都平原的佛教场所分布广泛，城市、市郊、乡村地带、周边山岳均有。佛寺往往主形胜之地，有凌驾之势，内部环境清静，禅音缭绕。以下根据笔者所及之史料，将所见成都平原地区传统佛寺按所在地域分成城市、近郊、乡村和山林四类，初步梳理其境界。

图 5-20　碑刻：佛教花园与山水

（图片来源：出土于万佛寺，梁代，藏于四川省博物馆，引自：The John C. and Susan L. Huntington Archive of Buddhist and Related Art, The Ohio State University）

5.4.2.1　城市佛寺环境

城市佛寺净而不尘，如市井山林，武担山寺因主城中高地可山川极望，增名都之气。

以成都大慈寺为例，李德裕《资福院记》载："蜀山葱蒨，下临于雉堞，锦江明灭，近缭于郊坰。红树依槛，清渠傍砌。海雏乍来，灵草长秀。彼之听和音者，不难于寂虑；闻异香者，自入于禅熏。"[1]

再如成都武担山寺，如诗人王勃描绘："冈峦隐隐，化为阇崛之峰；松柏苍苍，即入祇园之树。引星垣于沓嶂，下布金沙；栖日观于长崖，傍临石镜。瑶台玉甃，尚控霞宫；宝刹香坛，犹芬仙阙。珊珑接映，台凝梦渚之云；壁题相辉，殿写长门之月。……披桂幌，历松扉，梵筵霞属，禅扃烟敞。鸡林俊赏，萧萧鹫岭之居；鹿苑高谈，亹亹龙宫之偈。于时金方启序，玉律惊秋，朔风四面，寒云千里。层轩回雾，齐万物于三休；绮席乘云，穷九垓于一息。碧鸡灵宇，山川极望。石兕长江，汀洲在目。龙镳翠辖，骈阗上路之游；列榭崇闉，磊落名都之气。渺渺焉，洋洋焉，信三蜀之奇观也。"[2]

再如位于新津县城内治东的新津观音堂。童明德《建观音堂碑记》载："斯堂也，巷曲幽深，洁而无秽，门环简静，净而不尘。漪漪绿水，可灌可浴；翠翠青山，宜晴宜雨。仰瞻岚径，来往樵牧，讴吟俯玩，沉渊出没，鱼龙变化，真尘缘静土，市井山林也。"[3]

5.4.2.2　近郊佛寺环境

近郊佛寺主形胜之地，续风水气脉，俯瞰平川，寺内尘无一点，禅解自然。

如新津修觉寺，位于新津县近郊修觉山内，古文献载："修觉山在县东南五里，山有修觉寺、纪胜亭"[4]；"寺有左右二井，春夏汲东，秋冬汲西，水则甘冽。反之，则否。名曰林泉，殆灵泉云。其下为三江渡，因而名。其上为宝华山，横跨江表，俯瞰平川，取物华天宝之义也。峰顶多雪，又曰雪峰。"[5]

① （唐）李德裕《资福院记》// 龙显昭主编．巴蜀佛教碑文集成 [M]．成都：巴蜀书社，2004.5：54-55.
　"此院为成都大慈寺九十六院之一，唐丞相邹平公段文昌舍先人故宅而建，故碑云"归于净土，环以香林，以为精舍"。
② （唐）王勃：《王子安集·卷6·晚秋游武担寺序》，四部丛刊景明本．
③ （清）童明德．建观音堂碑记 // 龙显昭主编．巴蜀佛教碑文集成 [M]．成都：巴蜀书社，2004.5：582.
④ 雍正《四川通志》卷23，清文渊阁四库全书本．
⑤ （明）曹学佺：《蜀中广记·卷7》，清文渊阁四库全书本．

如成都菩提寺。唐代西川节度使段文昌的《菩提寺置立记》载："蜀城正南，当二江合流之上，万井聊甍之内，独有冈阜，廻抱数里。地形含秀而高坦，木色贯时而鲜泽。以气象言之，不有金刹梵宇，孰能主其胜势乎？"①

如成都昭觉寺，宋李畋《重修昭觉寺记》载："昭觉寺，成都福地，在震之隅。……树绕七重，尘无一点，信花界之胜果，锦江之福田者焉。"②康熙皇帝赞昭觉寺："入门不见寺，十里听松风。香气飘金界，清阴带碧空。霜皮僧腊老，天籁梵音通。咫尺蓬莱树，春光共郁葱。"③（图5-21）

图5-21　清代咸丰四年《成都昭觉寺全图》

如崇庆净居寺，心融《补葺净居寺碑》载："崇庆之南去城二十余里，有古迹名净居寺，蜀之望刹也。虽无镂石，而里人相传，创自宋淳熙间。远自青城发脉，迤逦而来；近联雾岭烟霞，回环保障。宝月澄霁，遥瞻大峨之巅；庆云舒彩，目盼瓦屋之顶。锦水双江，渔火交映。……崇地之驻脉也。"④

如成都净众寺⑤（又名万佛寺、万福寺），唐末郑谷在其诗《西蜀净众寺松溪八韵兼寄小华崔处士》中描述："小巧功成雨藓斑，轩车日日扣松关。峨眉咫尺无人去，却向僧窗看假山。"北宋文学家范镇在《净众寺新禅院》诗中描述："金地西郊外，一来烦念掳。但逢是仙境，鲜不属僧居。岸绿见翘鹭，溪清无隐鱼。"⑥

① （宋）袁说友等编著．成都文类 [M]．北京：中华书局，2011：698
② （宋）李畋．重修昭觉寺记 // 龙显昭主编．巴蜀佛教碑文集成 [M]．成都：巴蜀书社，2004：89-90.
③ （清）罗用霖：《重修昭觉寺志》卷1，清光绪二十二年刻本．
④ （清）心融．补葺净居寺碑 // 龙显昭主编．巴蜀佛教碑文集成．成都：巴蜀书社，2004：522-523.
⑤ （明）曹学佺．蜀中名胜记 [M]．重庆：重庆出版社，1984：18.
⑥ 《蜀中广记·名胜记第二·川西道·成都府二》，清文渊阁四库全书本．

如成都金沙寺，杨慎《重修金沙寺慈航桥记》载："三明慧窟，影不出山；五净禅枝，迹不入俗。"①

5.4.2.3 乡村佛寺环境

乡村佛寺，散落村落之间，主乡村形胜之地。

如郫县玉泉寺，许儒龙《玉泉寺装塑佛像碑记》载："郫多刹宇，散布村落中。……犀浦二里玉泉禅寺，长林清流，地以擅胜。"②

如崇庆崇佛寺，《崇佛寺碑》载："慈云高覆，慧日长悬。净土傍江源之墟，腴田饶香积之供。金身撑汉，绀宇连霄。前俯羊马，后倚青城，与峨眉、玉垒竞相斗丽。松籁偕铃铎俱韵，泉声共钟磬齐鸣。"③

5.4.2.4 山林佛寺环境

山林佛寺择形胜吉祥之地，为清绝之境，成世间奇观。

如彭州龙怀寺，唐王勃《龙怀寺碑》载："龙怀山者，井络之所交会，岷隅之所控带。攒峰北走，吐香嶂于玄霄，巨壑南驰，歇洪涛于赤岸。香城宝地，左右林泉，碧岫丹岑，徂来烟树。隋开皇五年始赐额为龙怀寺，因嶂为壁，凭崖列户，地邻绵左，遂均绵上之恩，山似龙盘，即建龙怀之刹矣。"④

如汶川胜因寺，文同《茂州汶川县胜因院记》载："青城诸峰，惟大岷最为高厚。然丈人、上清之望者，乃世俗之所能见尔。如吾所居，正向其面，脉络表里，披敛出没。涧壑钩蔓，峦岭曲折。高林巨樾，巍冈险顶，晨霞夕霭，染渍辉耀。湍瀑淙激，禽虫啼响，一日万状，无有穷极。岿眼倾耳，不知厌倦。此方外清绝之境，世间奇伟之观，而惟简辄擅有之。"⑤

如崇庆定慧寺，陈嵩《定慧寺碑》载："界州治西二十里余。前望味江，后通羌戎，上达光严、常乐，下接白塔、中峰、青城、天彭，遥带于界寺之前。古有石盘雄伟，其形势且长，……呼为龙头山云。……天下好山水，僧家偏占多，

---

① （明）杨慎．重修金沙寺慈航桥记 // 龙显昭主编．巴蜀佛教碑文集成 [M]．成都：巴蜀书社，2004：522-523. 金沙寺，在成都城南外万里桥东洲七星滩．

② （清）许儒龙．玉泉寺装塑佛像碑记 // 龙显昭主编．巴蜀佛教碑文集成 [M]．成都：巴蜀书社，2004：546-547.

③ （清）释丈雪．崇佛寺碑 // 龙显昭主编．巴蜀佛教碑文集成 [M]．成都：巴蜀书社，2004：535. 崇庆县东二十里，康熙元年僧融胜重建．按《舆图》，蜀国居天竺之左，唐安在锦水之西．治东二十里许，有崇佛寺者，唐宋名刹也．

④ （明）曹学佺：《蜀中广记·卷5》，清文渊阁四库全书本．

⑤ （明）曹学佺．蜀中名胜记 [M]．重庆：重庆出版社，1984：105

况定惠坐落龙头古迹，孤峰峻岭，地灵人杰。"[1]

如崇庆天竺寺，刘成穆《重修天竺寺记》载："寺在山之中峯，从其下望之，歚坼宕出，若云非云，若龙非龙。輴輴盘盘，占□腾落，幕如也。溪□硐栈，若虹若虾。其上，时有金宝之气，其状无常，若烟非烟，若霞非霞，嬫暉光明。炎炎蒸蒸。厥草厥木，区达畅欝。□□烊烊，垂泉泻流，溇注耳落，瀑如也。及见其宫室壮矣哉！……佛好净居，为之宫殿、台榭以贮其象；象有采色，为之绀刹、瑶墀以崇其丽。有伏服为之银，树石鼎以餙其备；有音乐为之钟，皷铙磬以阚其度。是故梵津鹫卫之名兴焉。"[2]

如青城山香积寺，罗元黼《香积寺记》载："山最高处，矫焉特立，名孤鹤顶。其下冈峦竞秀，长林蓊蔚，幽篁曲涧，隔绝尘嚣。寺居其中，别有天地。入山石梁曰鸡香桥，岩瀑飞流曰五迭泉，左右二亭曰摩云、虎啸。又有龙门洞。观陆游诗所状，峰撑苍昊，壑裂厚坤，穴吹腥风，壁挂抓痕，信为奇绝。池名鸡骨，清可鉴影，云昔禅师濯足处。而龙池水最甘冽。"[3]

如灌县普照寺，高屡和《普照寺源流记》载："位于灌县南四十五里，斯寺之枕斯山也，自上清右岭萦纡而下，列嶂层峦，别开堂奥，后束峭壁，前排断崖。古槐一株，长撑老乾，紫柏双树，各抱冬心。当此春明，涧水琮琤，烟花象外，已觉万缘皆空。……疑是古桃源，艳冶花千树。……果证菩提，普遍无漏；秀依春水，照见皆空。"[4]

如金堂到场禅寺，僧大佑《栖贤山到场禅寺石塔记》："岷峨岌□摩苍穹，重峦回合连金堂。中有栖贤古道场，吁嗟此地最吉祥。遂建浮屠石孔刚，巍巍雪岭遥相望。无边佛刹一毫芒，八万四千俱摄藏。优昙示见联芬芳，金文宝□何炜煌。善哉无上大法幢，镇此全蜀之名邦。邦人普熏知见香，仰瞻佛日增辉光。愿此功德江汉长，群述永蕃为津梁。雨旸时若国富康，本支百世传无疆。"[5]

如金堂云顶山寺，高辰《重修云顶山寺》载："云顶山，屹然高峙，为沱江门户，锁阴其原。……周围严密，以成天府，固不仅系一邑风脉已也。……

① （明）陈嵩．定慧寺碑∥龙显昭主编．巴蜀佛教碑文集成［M］．成都：巴蜀书社，2004：282
② （明）刘成穆．重修天竺寺记∥龙显昭主编．巴蜀佛教碑文集成［M］．成都：巴蜀书社，2004：331
③ （清）罗元黼．香积寺记∥龙显昭主编．巴蜀佛教碑文集成［M］．成都：巴蜀书社，2004：884.
　　青城山东十余里为香积山，有精蓝曰灵岩寺，即《周地图》之通灵岩寺也。年代绵邈，遂直以山名寺矣。
④ （清）高屡和．普照寺源流记∥龙显昭主编．巴蜀佛教碑文集成［M］．成都：巴蜀书社，2004：878.
⑤ （明）僧大佑．栖贤山到场禅寺石塔记∥龙显昭主编．巴蜀佛教碑文集成［M］．成都：巴蜀书社，2004：226.
　　到场禅寺在金堂县东四十里栖贤山，洪武改为"栖贤禅院"，明毁，今日碑文在金堂县文管所。

至若山之胜境，上有神泉，旁有枯楠，前有离石，异迹彰彰。"[①]

总体而言，佛道场所的境界成为成都平原人居环境的重要组成，在创造清宁之地的过程中，佛道也显示出不同的表达逻辑，佛教场所：择井络交汇之所→土形胜之地→以镇蜀地→普度众生；道教场所：应福地洞天体系→构建地域系统→获得联通仙境的场所，体现着出世境界的相同目的与环境表达的不同含义。

5.5 宋《蜀川胜概图》中反映的区域生态整体

古人常言蜀中名画众多，且巴蜀山水是文人画创作的一大主题，现馆藏于美国弗瑞尔博物馆的宋代李公麟的《蜀川胜概图》是具有很高艺术价值，且能够充分反映成都平原人居景象的珍贵山水长卷。这一长卷国内已有郭声波、蓝勇等教授进行研究，其研究均运用民国时期日本兴文株式会社刊行的《支那南画大成·卷15·内府藏李龙眠蜀川胜概图》（珂罗版）。笔者以美国弗瑞尔（Freeer）博物馆高清版本开展进一步研究，结合地理环境对图中地名深入考察，并对长卷反映的山水人居意境进行分析，探讨古代成都平原人居要素与大地山水之间构成的整体生态。[②]

5.5.1 《蜀川胜概图》长卷概况

《蜀川胜概图》的作者李公麟，字龙眠，为北宋著名画家，笔墨潇洒，尤擅白描，其画作形神兼备，画技、境界均十分高超，人物、山水、花鸟无所不精。今人评价其为宋画第一人[③]，而同时期的苏轼也曾赞李公麟："其神与万物交，其智与百工通。"[④]

---

① （清）高辰．重修云顶山寺记 // 龙显昭主编．巴蜀佛教碑文集成 [M]．成都：巴蜀书社，2004：632.
② 参考：郭声波．宋《蜀川胜概图》岷江上游地名考释 // 宋代文化研究（第11辑）[M]．北京：线装书局，2002；郭声波．宋《蜀川胜概图》成都平原地名考释 // 宋代文化研究（第12辑）[M]．北京：线装书局，2003；蓝勇．宋《蜀川胜概图》考．文物．1999（4）等。
　　郭声波考证《蜀川胜概图》运用了民国时期的珂罗版，笔者运用美国弗瑞尔博物馆扫描版，更正其中部分地名，如郭声波从珂罗版中解读出的"武侯祠"实际为"蚕丛祠"，位置考证中大部分遵郭声波的研究，天彭阙、万春、江渎庙等位置有异议，未遵。
③ 郑午昌《中国画学史》中称李公麟："字伯时，舒州人。熙宁中进士，官至朝奉郎。居京师十年，不游权贵门。得休沐，遇佳时，则载酒出城，拉同志二三人，访名园荫林为乐。元符三年致仕，归老龙眠山，因号龙眠山人，优游林壑凡三十四年。初画鞍马于韩幹，后一意于佛，可追吴道子，尤以白描见长，世多法之。大概山水似李思训，人物似韩滉；而笔墨潇洒，则类王维，不愧宋画第一。好古博学，黄庭坚称之为古之人。
④ （宋）苏轼：《东坡全集·卷23·书李伯时山庄图后》。

《蜀川胜概图》为李公麟山水画卷的著名代表作，卷长 746.5 厘米，高 32.2 厘米，描绘了自岷山源头至巫山一带的山水风景与人居环境。乾隆曾收藏此画，对其高度评价，将其列为"四美"[①]之一，并于画中赞："岷山导江几千里，神禹底绩犹堪指。龙眠绘事秘府多，食蔗至是观止矣。休论待诏重临摹，定知此李胜彼李。古淡天然意匠营，长歌约略记起止。纵横全蜀览无余，太冲有赋难擅美"[②]。

《蜀川胜概图》是少见的写意与写实相结合的存世宋代山水长卷，因此极为独特。长卷从右至左，标有 160 多个地名，涉及山岳、城市、建筑、水道等（表 5-10），山水形态与人居要素的表达追求写实，细致勾勒，地名与风景表现相结合，表现方法与古代地图相仿；同时，此画又承接宋李成一派山水绘画的特点，山水描绘强调"造境"，在画面组织与山水摹写中表现着对自然造化的理解，具有师造化、重丘壑、尚气势的审美取向。长卷中对岷江山水的刻画与李公麟另一幅山水长卷《潇湘卧游图》（乾隆题"气吞云梦"）有相似之处，以水为脉络，气脉贯通，具有卧游、畅神的表现目的。这种写实与写意兼顾的表现形式使得此长卷既具有极高的艺术价值同时也具有较高的地图价值。蓝勇认为，宋人的《蜀川胜概图》是地志学山水画向"观念性山水画"转变时期的杰作。成为我国古代写实"图经"和山水画有机结合的重要例证。[③] 这种写实与写意俱佳的名作无疑是我们研究和解读成都平原地区人居难得材料，研究既可以从"境界"体验入手，感受古人对地域山水与人居环境构建的整体理解，又可以按图索骥对应地域山水、人居要素，获得较为实际的、清晰的地理信息，并将二者结合，深入分析人居意境与本土生态实践特征。

5.5.2　长卷胜景的"观游"

《蜀川胜概图》所绘地理范围远大于本书研究的成都平原范围，本书研究对象大约占长卷的一半画面，涉及从岷山到眉山地区的范围，包含 100 个宋代古地名（表 5-10）。按长卷组景特征和画中题字内容画卷可进一步分为岷山段、青城段、成都段、新津段、眉山段五段（表 5-11，图 5-22）。

---

① "四美"：《女史箴图》、《潇湘卧游图》、《蜀川胜概图》、《九歌图》。
② 《蜀川胜概图》忠州段《乾隆丙寅仲夏朔养心殿御题》。
③ 蓝勇．宋《蜀川胜概图》考 [J]．文物．1999（4）：54.

《蜀川胜概图》成都平原范围内各类地名 表 5-10

地名类型	地名
政区、县、城	茂州界、汶山界、威州界、道江县、青城县、老人村、均水驿、郫县、温江县、横源、崇庆府界、江原县、广都县、双流县、邛州界、新津县、永丰、彭山县、龙安、眉山、石佛镇、无忧城、古口（城）、锦官
山名	铁豹岭、天彭关（阙）、岷山、紫微山、虎头山、大皂山、雪岭、离堆、禁山、玉垒、万春、大面山、成都山、丈人山、青城山、最高峰、三十六峰、罗家山、修觉山、彭女山、蟆颐山
水名	岷江、沱江、白沙、卧牛潭、味江、浣花溪、外江
建筑名	大禹庙、江渎庙、崇德庙、万象楼、灵岩寺、西瞻、长生观、伏龙观、花蕊夫人府、延庆宫、清都观、上清宫、储福宫、工部宅、君平宅、蚕丛祠、昭觉寺、雪锦楼、大慈寺、盘古祠、琴台、玉局观、正法寺、散花楼、蜀学、张仪楼、先主庙、合江亭、青羊观、小东门、江乡馆、至德观、远景楼、景苏楼、岷峨亭、晚赋园
其他胜迹	石纽、玉垒关、水则、牡丹平、升仙桥、石牛、通仙井、天涯石、墨池、石笋、万里桥、芳草渡

《蜀川胜概图》各段地名 表 5-11

区域	图中地名
岷山段	从右至左：茂州界、汶山、铁豹岭、天彭阙、岷山、江渎庙、大禹庙、石纽、威州界、无忧城、古口（城）、岷江、沱江
青城山段	从右至左：白沙、紫微山、万象楼、崇德庙、灵岩寺、虎头山、玉女关、大皂山、均水驿、西瞻、水则、卧牛潭、离堆、伏龙观、雪岭、玉垒、禁山、万春、大面山、导江县、老人村、长生观、花蕊夫人宅、牡丹平、青城县、成都山、延庆宫、清都观、丈人山、最高峰、青城山、上清宫、储福宫、三十六峰、罗家山、郫县
成都段	从右至左：味江、温江县、横源、崇庆府界、浣花溪、工部宅、万里桥、青羊观、君平宅、升仙桥、石牛、通仙井、天涯石、蚕丛祠、昭觉寺、雪锦楼、外江、大慈寺、盘古祠、琴台、玉局观、锦官、小东门、正法寺、墨池、散花楼、石笋、蜀学、张仪楼、先主庙、合江亭、芳草渡
新津段	从右至左：江原县、广都县、双流县、邛州界、新津县、修觉山、永丰
眉山段	从右至左：彭山县、彭女山、龙安、江乡馆、远景楼、蟆颐山、至德观、景苏楼、眉山、岷峨亭、晚赋园、石佛镇

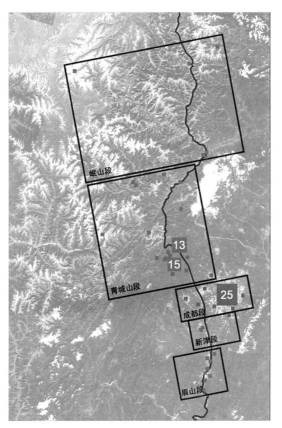

图 5-22　《蜀川胜概图》五段组景与胜迹分布
灰点代表《蜀川胜概图》中所绘胜迹，数字代表较为集中
的胜迹个数。自上往下的方框依次为：岷山段、青城山段、
成都段、新津段、眉山段
（图片来源：自绘）

5.5.2.1　岷山段

　　岷山段，山体崔巍，石形嶙峋，充满神秘色彩。李公麟取景以石纽为中心，位于一山腰平台，山形孤立，平台上遍植嘉木，其上有大禹庙文字，其下标有江渎庙。石纽周边有岷山、天彭关、铁豹岭、汶山等环绕，将其孕育其中。天彭关山体似阙，以郦道元《水经注》描绘氐道县天彭阙[①]为意象。此处既为岷江源头，也是大禹出生之地，古蜀祖先亦从此发源，因此整个画面表现出崇高诡

[①] 关于天彭阙，历来有很多说法，后人亦有考证天彭为宝瓶口、灌口一带，如魏达议曾在《天彭阙·离堆·汶水（上）》（1986.3.2）中考证。《元和郡县志》载："彭州以岷山导江，江出山处，两山相对，古谓之天彭门，因取以名"。笔者认为将天彭阙意象与岷山源头结合为一有其合理性。《水经》载："秦昭王以李冰为蜀守，冰见氐道县有天彭山，两山相对，其形如阙，谓之天彭门，亦曰天彭阙。江水自此以上，至微弱。"

秘的天界形象。乾隆题："石纽秋风落日斜，别鬓往圣生于此。蚕丛鱼凫开国事，谪仙已莫详原委。"[①]（图 5-23）

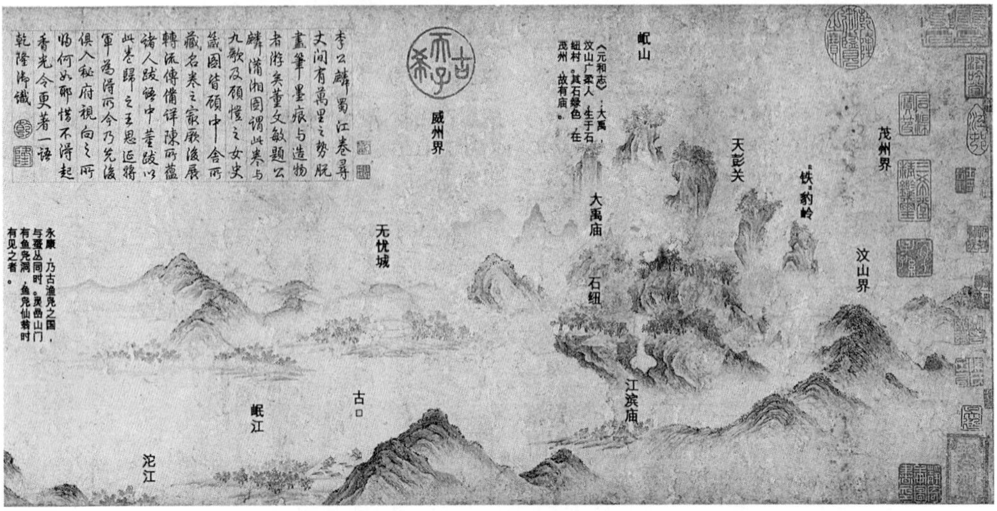

图 5-23 （宋）李公麟《蜀川胜概图》（岷山段）
（图片来源：美国华盛顿弗瑞尔博物馆）

5.5.2.2 青城山段

青城山段，取景宏大，以都江堰——青城山——郫县一带为核心详细描绘，有罗家山、成都山、青城山、大面山、禁山、大皂山、雪岭屏列其后。图中以离堆、伏龙观为中心，伏龙观呈"石头虎踞之状"[②]，有"蓬丘鳌观之奇"[③]，右有紫薇山、虎头山为汶山余脉，山上有西瞻堂、万象楼等观景建筑，山中有崇德庙、灵岩寺等胜迹，卧牛潭、水则等均以文字标注，未详细描绘。左侧青城山延续雪岭、大面山等远山脉络，三十六峰群峰高耸，最高峰孤峰向天，上清宫道教建筑群坐落于半山台地，周围近山青翠点染，山脚青城县城屋舍俨然。另有建福宫、长生观、延庆宫、清都观等建筑群藏于青城远山，花蕊夫人宅藏于近山，均只有字迹，而未有描绘。群山中胜迹有藏有露，山脉连绵不绝，山峰形态各异，簇拥成景，呈"青城天下幽"之境，李公麟题"唐玉真公主修真之地"，乾隆御批题此段："江走白沙山紫微，楼延万象供凭视。灵岩授记忆当年，卧牛伏

---

① 《蜀川胜概图》忠州画面上"乾隆丙寅仲夏朔养心殿御题"。
② 冯伉：《移建离堆山伏龙观铭（并序）》，《全蜀艺文志 · 卷四十四箴铭赞》，清文渊阁四库全书本。
③ 同上。

龙连玉垒。万春大面列遥屏，青城故宅传花蕊。三十六峰峰各殊，巇崿嵌嶷复岌嶪。"[1]青城山之左即为成都平原都江堰灌区，郫县为平原第一县，县中屋舍简略勾勒，一七级楼阁式古塔尤为突出，塔体庞大，也是整个长卷中最高大的建筑，似有以此塔控整个平原之意（图5-24）。

图 5-24　（宋）李公麟《蜀川胜概图》（青城山段）
（图片来源：美国华盛顿弗瑞尔博物馆）

5.5.2.3　成都段

成都段，以立面形式表现成都城，仅小东门较为写实，左右两侧表现成都郊野风景，房屋延绵、密树掩映，楼塔、桥梁作为点缀，范围右至浣花溪，左至芳草渡。乾隆题："万里桥头杜老居，浣花溪畔薛家址。锦官城外柏森森，丞相祠堂何处是。"[2]该段胜迹众多，图中标有浣花溪、工部宅、万里桥、青羊观、君平宅、升仙桥、石牛、通仙井、天涯石、蚕丛祠、昭觉寺、雪锦楼、大慈寺、盘古祠、琴台、玉局观、锦官、正法寺、墨池、散花楼、石笋、蜀学、张仪楼、先主庙、合江亭、芳草渡等，大都仅以文字标示，未有详细描绘。画面繁简得宜，似成都城藏于田园之中，旨在突出郊野风景与成都城的融合（图5-25）。

---

[1]《蜀川胜概图》忠州画面上"乾隆丙寅仲夏朔养心殿御题"。
[2]《蜀川胜概图》忠州画面上"乾隆丙寅仲夏朔养心殿御题"。

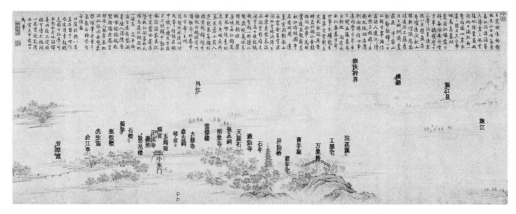

图 5-25 （宋）李公麟《蜀川胜概图》（成都段）
（图片来源：美国华盛顿弗瑞尔博物馆）

5.5.2.4 新津段

新津段，乾隆提：“双流迤逦接新津，彭女如螺云表峙。”[①]画面中修觉山孤峰耸峙，细致描绘，彭女山脉衬于其后，延绵其左。李公麟以夸张的手法凸显修觉山在平原江水合江之处的显著地位，成为岷江中最有标志性的山体。山上有高塔与寺庙，《蜀川名胜记》中载修觉山曾有修觉寺，称“神秀禅师结庐于此”，历史上唐明皇驻跸，为题修觉山三字。修觉山与新津县城隔江相望，形成对景，构成该段画面的核心，其他双流县、永丰镇等均简略勾勒（图 5-26）。

图 5-26 （宋）李公麟《蜀川胜概图》（新津段）
（图片来源：美国华盛顿弗瑞尔博物馆）

---

① 《蜀川胜概图》忠州画面上“乾隆丙寅仲夏朔养心殿御题”。

5.5.2.5　眉山段

眉山段，冯梦龙《醒世恒言》载："四川眉州，古时谓之蜀郡。又曰嘉州，又曰眉山。山有蟆顺、峨嵋，水有岷江、环湖，山川之秀，钟于人物。"画家提炼出"眉州眉山共一城"的基本意象，山水城市交融一体。眉山城描绘仍以立面形式表现，与成都段突出郊野风景与城市的融合不同，画中突显了景苏楼、远景楼以及一座六层楼阁塔，体现着楼塔建筑与山水环境的呼应。眉山城后山脉连绵，似《眉山天下秀》中描绘的意境："大峨两山相对开，小峨迤逦中峨来。三峨之秀甲天下，何须涉海寻蓬莱。"[1] 蟇颐山与眉山城隔水相望，山上立有岷峨亭，北望岷山南望峨眉。该山为眉山郊野风景地，其风景又以借景形式融入眉山城，范成大曾有诗言："雨后蟇颐山色开，玻璃江清已可怀。绿荷红芰香四合，又入芙蓉城里来。"[2]（图 5-27）

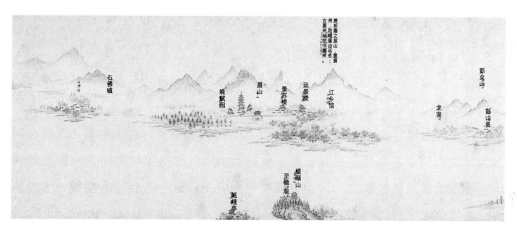

图 5-27　（宋）李公麟《蜀川胜概图》(眉山段)
（图片来源：美国华盛顿弗瑞尔博物馆）

5.5.3　山水长卷中反映的地区整体生态的构建方法

《蜀川胜概图》写实与写意相结合，是李公麟外师造化、中得心源的体现，画家运用自身对山水、人居的整体理解驾驭着画面的构思与经营，画境、心境、实景相通互现，物物联系、心物交融，心灵境界与画面造境都整体涌现出来，体现着天地万物一体的整体生态。这种整体生态既存于画面，又存于现实，表

① 眉山天下秀 // （明）杨慎．全蜀艺文志 [M]．北京：线装书局出版社，2003：199.
② 范成大称眉山亦为芙蓉城。（宋）范成大：《石湖诗集·卷 18·次韵陆务观编修新津遇雨不得登修觉山径过眉州三绝》，四部丛刊景清爱汝堂本。

达着古人对地域山水人居构建的抽象理解，也蕴含着古人的生态实践智慧。结合古代画论中的相关理论，长卷体现的山水人居生态实践方法可以从以下几个方面理解：合天地造化的创作境界、搜妙创真的观游组景、气韵生动的山水脉络与人、居、山、水的整体经营等。

5.5.3.1 师天地造化的设计境界

宋徽宗时期翰林图画院韩拙在《山水纯全集》中言：

"且画者辟天地玄黄之色，泄阴阳造化之机……惟画造其理者，能因性之自然，究物之微妙，心会神融，默契动静于一毫，显于万象，则形质动荡，气韵飘然矣。"[①]

清代沈宗骞在《芥舟学画编》中论：

"虽一艺乎，而实有与天地同其造化者。夫岂浅薄固执之失，所得领会其故哉。要知在天地以灵气而生物，在人以灵气而成画，是以生物无穷尽，而画之处于人亦无穷尽。惟皆出于灵气，故得神其变化也。"[②]

古代山水画卷创作以合天地造化的境界为根本，古人下笔"必合天地"[③]，作画技巧至极要"夺天地之工，泄造化之秘"[④]。要达到这样的境界画家必须以天地为师，才能通画之"道"，如明代董其昌所说"画家以古人为师，己自上乘，进此当以天地为师"，才能达到"出于自然而后神"的境界。师天地造化既是强调对客体生命气象的摹写，又是重视主体对天地生气的心灵体验，山水作画如天地造物，天地以灵气生之，而画家以灵气而成画，只有达到主客的统一才能形成画面的整体生态。

北宋《宣和画谱》曾这样评价李公麟的作画方式：

---

① （宋）韩拙《山水纯全集》："且画者辟天地玄黄之色，泄阴阳造化之机……凡域于象数，围于形体，一扶疏之细，一岍嶂之微，覆于穹窿，载于磅礴，无逃于象数。而人为万物最灵者也，故人之于画，造于理者，能尽物之妙，昧乎理则失物之真。何哉？盖天性之机也。性者，天所赋之体，机者，至神之用。机之一发，万变生焉。惟画造其理者，能因性之自然，究物之微妙，心会神融，默契动静于一毫，显于万象，则形质动荡，气韵飘然矣。故昧乎理者，心为绪使，性为物迁，泪于尘坌，扰于利役，徒为笔墨之所使耳，安得语天地之真哉！"
② （清）沈宗骞：《芥舟学画编》："盖天地一积灵之区，则灵气之见于山川者，或平远以绵衍，或峻拔而崒嵂，或奇峭而秀削，或穿窿而丰厚，与夫脉络之相联，体势之相称，迂回映带之间，曲折盘旋之致，动必出人意表，乃欲于笔墨之间，委曲尽之。不綦难哉！原人有是心，为大地间最灵之物。苟能无所锢蔽，将日引日生，无有穷尽，故得笔动机随，脱腕而出，一如天地灵气所成，而绝无隔碍。虽一艺乎，而实有与天地同其造化者。夫岂浅薄固执之失，所得领会其故哉。要知在天地以灵气而生物，在人以灵气而成画，是以生物无穷尽，而画之处于人亦无穷尽。惟皆出于灵气，故得神其变化也。"
③ （宋）郭熙：《林泉高致》。
④ （清）邹一桂：《小山画谱·卷下》，清粤雅堂丛书本。

"公麟以立意为先，布置缘饰为次……从仕三十年未尝一日忘山林，故所画皆其胸中所蕴。"①

苏轼又曾从诗情画意的角度评价过李公麟画作的生动之处：

"生成变坏一弹指，乃知造物初无物。古来画师非俗士，妙想实与诗同出。龙眠居士本诗人……君虽不作丹青手，诗眼亦自工识拔。"②

李公麟《蜀川胜概图》的绘制天地生气灵动于画面，人居环境孕育其间，亦为李公麟师法天地，整体造境的体现，再加上乾隆题笔描绘各段"诗意"，呈现出妙想与诗同出的境界。这种师天地，体生气，主客一体整体造境的模式也体现了山水长卷中区域人居环境表达的生态智慧。

5.5.3.2　搜妙创真的观游组景

五代后梁画家荆浩在谢赫六法的基础上提出山水"六要"，提出了气、韵、思、景、笔、墨等范畴，并提出了"景者，制度时因，搜妙创真"的命题。③"搜妙创真"的理论既点出了山水景象创作的基本方法——"搜妙"，搜罗天地"发窍最精处"，还提出了山水长卷的表现的目的——"创真"，整体呈现生生不息的天地景象。

古人认为，山水画应该表现宇宙的生气，做到"气质俱盛"，认为"画之道，所谓以宇宙在乎手者，眼前无非生机。"④而要做到这一点，"搜妙创真"是具体方法，就是要"度物象而取其真"⑤、"同自然之妙有"⑥。

山水长卷以观游的形式组织地域山水风景，"真景"往往存在于天地"发窍最精处"，画家需要寻觅与把握大自然的生命气象，寻找"造化真景"组织形成。如清蒋和《画学杂论》言："游观山水，见造化真景，可以入画。"⑦

---

① （宋）佚名：《宣和画谱·卷七·人物三》，明津逮秘书本。
② （宋）苏轼：《次韵吴传正枯木歌一首》，《苏文忠公全集·东坡后集卷三》，明成化本。
③ （五代）荆浩《笔法记》："气者，心随笔运，取象不惑。韵者，隐迹立形，备仪不俗。思者，删拨大要，凝想形物。景者，制度时因，搜妙创真。笔者，虽依法则，运转变通；不质不行，如飞如动。墨者，高低晕淡，品物浅深。"
④ （明）莫是龙：《画说》。
⑤ （五代）荆浩：《笔法记》。
⑥ （唐）孙过庭：《书谱》。
⑦ （清）蒋和：《画学杂论》

在荆浩提出的"绘画六要"中，用"景"代替了谢赫"六法"的"应物象形"，是将"景"上升到"真"的意义，用"景"体现精妙的生生不息的山水形象。①

《蜀川胜概图》以岷江为线索，各段组织取景皆因胜迹，且抽象表达人工要素与自然山水最为切合，生命意味最为浓重的景致加以组合（如山水发源之地——天彭石纽），各段皆体现"灵性"，求其"真景"，连贯成长卷，是"搜妙创真"的集中体现。同时，这种方法也体现了古人在大尺度风景设计中运用的高超境界——以连续的、精妙的"真景"体系组织呈现大地山水之生命气象，同时又为体会山水生命气息创造系统的观游场所。

5.5.3.3　气韵生动的条理脉络

钱钟书在《管锥编》中断句谢赫六法："一、气韵，生动是也；二、骨法，用笔是也；三、应物，象形是也；四、随类，赋彩是也；五、经营，位置是也；六、传移，模写是也。"②传统山水画，气韵为第一要义，生动为最基本要求，其他各法均以此为纲。明代文学家王世贞在《艺苑卮言》言："山水以气韵为主，形模寓意乎其中，乃为合作。若形似无生气，神采至脱格，则病也。"③清唐岱《绘事发微》言："画山水贵乎气韵。气韵者非云烟暮霭也，是天地间之真气。凡物无气不生，山气从石内发出，以晴明时望山，其苍茫润泽之气，腾腾欲动。"④

"气韵生动"向来是山水画卷表现的重要标准，而"气韵生动"的表现目的也是"创真"。而且在宋代以来的山水画论，对"真"的探索不仅存在于对物质对象的摹写与感性体会，还强调与"理"的结合，将"常理"、"格物"的阐释与生命的表现联系在一起，有了更为科学的表达方式，并成为高人逸士的重要追求。如苏东坡言："余尝论画，以为人禽宫室器用，皆有常形。至于山石竹木水波烟云，虽无常形，而有常理。常形之失，人皆知之，常理之不当，虽晓画者有所不知……世之工人，或能曲尽其形，而至于其理，非高人逸士不能辨。"⑤

---

① 叶朗．中国美学史大纲 [M]．上海：上海人民出版社，1985：242-243.
② 钱钟书：《管锥编》第四卷。
③ （明）王世贞：《艺苑卮言》。
④ （清）唐岱：《绘事发微》。
⑤ （宋）苏轼：《苏文忠公全集·卷31·净因院画记》，明成化本。

元黄公望《写山水诀》也曾论："作画只是个"理"字最紧要。"① 张怀言："造乎理者，能画物之妙，昧乎理者则失物之真。"②

对生命之"理"的探索直接影响着山水画的布局与表现，也影响着古人对地域山水风景的客观理解与生态实践，在实践中产生了"调理脉络"等结构性的生态表达方式。清沈宗骞《芥舟学画编》言：

"'条理脉络'四者，乃作画之最要。条者，统所合而分之，不使纷散也。理者，节所乱而整之，不使敧侧也。脉则贯之隐而不见者，所谓灰线也。络则贯之显而可见者，所谓纲目也。非特百无之生自具，即笔墨间亦动而即有。故极工细而不嫌繁琐，极率易而不嫌脱略也。"

"调理脉络"是"气韵生动"的结构性支撑，无此结构性支撑则会失去生命的依托。画面的整体气韵依托于山水脉络的生动表现，往往是地域山水生命结构的提炼与表达。山水长卷中，常以龙脉体现山水，山脉开合起伏，通过贯通一气的布局体现长卷的生命特征，如若"开合起伏得法，轮廓气势已合，则脉络顿挫转折处，天然妙景自出。"③

关于山脉，清王原祁《雨窗漫笔·论画十则》中谈到山脉的调理脉络结构：

"画中龙脉，开合起伏。……龙脉为画中气势源头，有斜有正，有浑有碎，有断有续，有隐有现，谓之体也。开合从高至下，宾主历然，有时结聚，有时澹荡，峰回路转，云合水分，俱从此出。起伏由近及远，向北分明，有时高耸，有时平修，敧侧照应，山头、山腹、山足，铢两悉称者，谓之用也。"④

关于水脉，常常留白，但留白的负空间亦有体现生命结构的要求。如清华琳《南宗抉秘》言："通体之空白，亦即通体之龙脉。"⑤

《蜀川胜概图》中，山脉主要由彭女山——修觉山、青城山——雪岭、岷山——汶山三条主脉构成，岷江则大面积的留白，既是"搜妙创真"观游线路，又是利用"负"的形式形成具有灵性的吞吐空间，反映着"冥无"空间境界（图5-28～图5-31）。

"气韵生动"不仅是对客观的天地生理结构的表达，同时还要为人提供心灵

---

① （元）黄公望：《写山水诀》。
② （宋）张怀：《论画》，《绘事发微·宋张怀论画》，清乾隆刻本
③ （清）王原祁：《雨窗漫笔·论画十则》。
④ （清）王原祁：《雨窗漫笔·论画十则》。
⑤ （清）华琳：《南宗抉秘》。

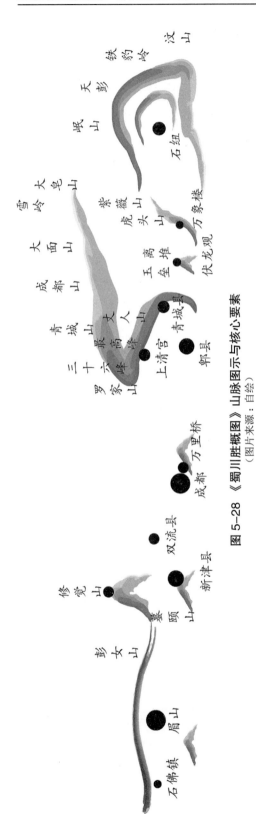

图 5-28 《蜀川胜概图》山脉图示与核心要素

（图片来源：自绘）

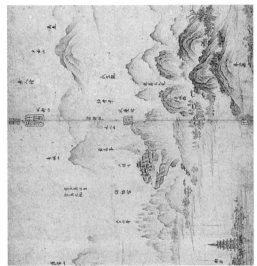

图 5-30 雪岭——青城山局部

图 5-29 彭女山——修觉山局部

图 5-31 岷山——汶山局部

安顿的场所，在让人在风景的欣赏中和谐的存在于天地之间。北宋郭熙在《林泉高致》中阐释了高远、深远、平远的"三远"①体系，深远带来玄妙之思，高远产生壮美之感，而平远则使得观画者与对象之间处于一片和融的关系之中。朱良志认为："平远之境为中国画界所重，最为重要的是给人的性灵提供一个安顿之所，从而成为画家最适宜的性灵之居。"②《蜀川胜概图》长卷整幅以平远表现，岷江上游天彭、石纽等处，虽呈现诡秘之态，但非宗教化的崇高之感，与青城山、修觉山等段一致，都整合在平远的长卷表现中，与平原一体成为人居环境的一部分，平静而有生气。

从某种意义上来讲，中国古代山水长卷是将现实的山水生命气象与画家的心灵境界融合并符号化的产物，山水长卷的创作过程可以看作从地域风景到艺术符号的转变。而这种符号化的创造过程体现着无所不在的生命精神，其组织体现着气韵生动的生命结构的基础作用，山水的条理脉络和使人安顿情思的观察视角将山水人居的生态整体充分表达出来。

5.5.3.4　人、居、山、水的整体经营

山水画将丰富多样的实景抽象提炼，使今人在全局中把握山水人居之"道"，体味其地域生态之"真"，把握其整体的生命感，为现实的人居环境建设提供了理想境界的表达范本。

山水长卷中人、居、山、水等要素的综合布局是画境表现的重要方面，这些要素依附于画卷的生命结构，以山水画卷整体的气韵生动的表现为目的，要素之间重在形成和谐的生态联系。这种联系是真实境界的反映，也是生命特征的抽象表达。

作画中安顿布置一切要素，"须要识笔笔相生，物物相需道理。"③画面要"山水有气势，林木有机趣。"④要素的布置以体现生气为目的，综合经营，形成整体。略举以下画论片语说明这种整体经营的创作方法：

---

① （宋）郭熙《林泉高致》："山有三远，自山下而仰山巅，谓之高远。自山前而窥山后，谓之深远。自近山而望远山，谓之平远。高远之色清明，深远之色重晦，平远之色有明有晦。高远之势突兀，深远之意重叠，平远之意冲融，缥缥缈缈。"
② 朱良志．中国美学十五讲 [M]．北京：北京大学出版社，2006：325.
③ （清）沈宗骞：《芥舟学画编》卷四，清乾隆四十六年冰壶阁刻本。
④ （清）蒋和：《画学杂论》。

古代画论中的生态策略

表 5-12

画论片语	生态策略
"拆开则逐物有致，合拢则通体联络。自顶及踵，其烟岚云树，村落平原，曲折可通，总有一气贯注之势。"[1]	逐物有致、通体联络、一气贯注
"天下之物，本气之所积而成。即如山水，自重冈复岭以至一木一石，无不有生气贯乎其间。是以繁而不乱，少而不枯，合之则统相联属，分之又各自成形。"[2]	生气贯乎其间、统相联属、各自成形
"山脉之通，按其水径；水道之达，理其山形。"[3]	山通按水径、水达理山形
"更看临期山形，不得犯重树头，不得整齐山，借树为衣，树借山为骨，树不可繁，要见山之秀丽。山不可乱，要显树之精神。"[4]	借树为衣，借山为骨，见山之秀丽，显树之精神
"水要有源，路要有藏，幽处要有地面，下半少见平阳，脉络务须一串，山树贵在相离，水口必求惊目，云气足令怡情，人物当简而古，屋宇要朴而藏。"[5]	脉络一串，山树相离，水口惊目，云气怡情，屋宇朴藏
"山之人物以标逆路，山之楼观以标胜概，山之林木映蔽以分远近，山之溪谷断续以分浅深。水之津渡桥梁以足人事，水之渔艇钓竿以足人意，大山堂堂为众之主，所以分布以次冈阜林壑为远近大小之宗主也。……山以水为血脉，以草木为毛发，以烟云为神彩，故山得水而活，得草木而华，得烟云而秀媚。水以山为面，以亭榭为眉目，以渔钓为精神，故水得山而媚。得亭榭而明快，得渔钓而旷落，此山水之布置也。"[6]	山水人居综合布置，互显生气，互提精神

　　这些山水布置之法表现了山水、人居各个要素之间一气的联系、通体的联络，但同时又互不干扰各自成形，体现着人居要素与山水之间的生命秩序，体现自然生态与人文生态的交融，最终是要达到的是"可游、可居"的整体的山水人居境界。[7]

　　在《蜀川胜概图》中，各段实际风景的描绘都体现着山水人居整体经营的匠心，城市方面，眉山突出着楼阁、山脉的交相呼应，成都段体现着郊野与城市的一体；县镇简单勾勒藏于树林，单郫县突出一塔掌控平原；寺观、纪念性胜迹多与奇异、独特山石结合布局，形成孤峰、半山平台与建筑的点睛。

---

① （清）沈宗骞：《芥舟学画编》卷四，清乾隆四十六年冰壶阁刻本。
② 同上。
③ （清）笪重光：《画筌》，清知不足斋丛书本。
④ （唐）荆浩：《画山水赋》。
⑤ （清）沈宗骞：《芥舟学画编》卷四，清乾隆四十六年冰壶阁刻本。
⑥ （宋）郭熙《林泉高致》。
⑦ （宋）郭熙《林泉高致》："世之笃论，谓山水有可行者，有可望者，有可游者，有可居者，画凡至此，皆入妙品。但可行可望不如可居可游之为得，何者？观今山川，地占数百里，可游可居之处十无三四，而必取可居可游之品。君子之所以渴慕林泉者，正谓此佳处故也。故画者当以此意造，而鉴者又当以此意穷之，此之谓不失其本意。"

若以作画比拟地域山水人居的创造，《蜀川胜概图》确实呈现了一个完整的大尺度山水人居设计过程。画家李公麟遍考地域胜迹，涉及山岳、江河、城市、建筑、历史遗迹等多种人工、自然要素类型，以师法天地的境界整体造境，因地成景，完成了跨越四百余里的山水人居的整体构思；以岷江为线索开展观游，搜天地之妙，发掘自然、人工发窍最精之处，创造具有生命精神的"真景"；"真景"依存于气韵生动的山水条理脉络，地域整体山水气脉的贯通又孕育出地域生气；各处人、居、树、石等微观要素的组织都依赖于整体的生命结构，其间又呈现出无所不在的气脉联系，相互映衬，彰显精神。整体画卷山水、人居、诗境、画境融为一体，场所、事件综合演绎，且总有一些能够体现天地灵性的人工建筑在聚集生气的同时又激发着一种与天地一体的存在。

5.6　总结：天地境界的整体胜境

境界是将古人带向生态实践，体现生命精神，实现生生不息的地区人居环境的重要实践范畴，也是在形而上的层次上较容易把握的范畴。[①]

古代人居环境充分体现着依靠形而上的心灵境界展开的实践过程，创造了艺术化的物质环境。德国建筑师恩斯特·伯施曼（Ernst Boerschmann）在研究中国古代建筑时引用德国诗人的诗句形容中国建筑："只有领会了最高境界的不真实，才能塑造最高境界的真实。"[②] 孟兆祯院士在中国园林设计中提出的"景以境出"概念也有此种意味。[③] 古人将人与自然的和谐提升到精神、情感等形而上的层面，并深刻影响到人居环境的塑造。

"天人合一"是传统中国文化的精髓，钱穆、季羡林等国学大师都将此作为中国文化之根本。而这种精髓从精神的范畴理解更容易阐释和把握，如蒙培元在《中国哲学主体思维》中的论述："'天人合一'反映了农业时代人与自然和谐相处的愿望，但它根本意义在于解决人的心灵问题，在于安排人的精神生活问题。"[④] 哲学家冯友兰先生以"向前看"的学术研究精神，将古人对"天人合一"

---

① 王国维在《人间词话》中肯定这一范畴，提出："言气质、言神韵、不如言境界。"王国维. 人间词话 [M].
　北京：中华书局，2009.
② ［德］恩斯特·伯施曼著，段芸译. 中国的建筑与景观（1906—1909 年）[M]. 北京：中国建筑工业出版
　社，2010：12.
③ 孟兆祯. 园衍 [M]. 北京：中国建筑工业出版社，2012：55.
④ 蒙培元. 中国哲学主体思维 [M]. 北京：人民出版社，1993.

的追求与境界论结合，提出以"天地境界"①为最高追求的境界体系，并认为这将为未来中国人的精神境界的发展产生深远影响。"天地境界"所要解决的问题正是人与自然的关系问题。天地境界的本质强调的是人与自然的统一，这种境界不仅包含了存在意义上的统一也包含了认识意义上的统一。②冯友兰的"天地境界"体现着中国古人的最高理想，也是对未来人类发展的最高要求，其中蕴含着丰富的生态伦理，在这种境界的指导下，自然界不再是被控制的对象，而是与人的生命息息相关的主体，是人类生命的精神家园，这样的境界中，"大全的自然具有最高的主体性"③，克服了人类中心主义的态度，便于促进人与自然的共同发展，体现着哲学层次上的生态学。④

以"天地境界"构建山水、人居，让人们在人工与自然设定的境界中探索宇宙的自然，追求人生的意义，创造生生不息的整体胜境是古人生态实践的重要方式，也是古代人居环境实践的重要目的。从"天地境界"的角度认识古人实际的生态实践，可以发现这种形而上的精神力量对人居、自然的整体驾驭作用。实践中，山水要素成为人居环境建设的"主体"，在各个层次中突显。我们通过古代山水诗文、重要胜迹与实际地理环境的对应，可见这种实践既以地区全景山水为基础构建宇宙秩序，又以多层次的山水渗透构建生活环境，宗教活动也在大地上找到了与山水充分融合的场所体系，是山水、胜迹与天地境界多层次、多尺度的交融，是整体生态实践的体现。正如《蜀川胜概图》中凝练出来的理想化的地区人居环境，其蕴含的布局方法、组织形式、表现手法以及内在的境界表达形成了天、地、人、居的广泛和谐，创造了生生不息的整体人居胜境。

---

① 《新原人·境界》，商务印书馆，1946年：冯友兰先生将人生境界分为四种，依次为自然境界、功利境界、道德境界和天地境界。天地境界最高。天地境界的特征是：在此种境界中底人，其行为是"事天"底。在此种境界中底人，了解于社会的全之外，还有宇宙的全，人必于知有宇宙的全时，始能使其所得于人之所以为人者尽量发展，始能尽性。在此种境界中底人，有完全底高一层底觉解。此即是说，他已完全知性，因其已知天。他已知天，所以他知人不但是社会的全的一部分，并且是宇宙的全的一部分。
② 蒙培元. 人与自然——中国哲学生态观 [M]. 北京：人民出版社，2004：402-403.
③ 卢风. "天地境界说"对生态伦理的启示 [J]. 学术月刊，2002.4：5：冯友兰的天地境界说为现代生态伦理学提供了三方面颇有价值的启示：（1）它认为"大全的自然具有最高的主体性"，主张人应"事天"，这就克服了近现代西方哲学把自然看作只具有"工具价值"的僵硬的主客二分，从而为现代生态伦理学扫除一大理论障碍；（2）其欣赏程朱理学以顺应的态度应对世事，张扬了一种亲和、顺应的主体性，这正好符合现代生态伦理学抑制人类扩张型主体性的理论需要；（3）其重视以哲学的"负的方法"体认不可言说的神秘的"大全"，由此敬畏无限和自然，从而有效地克服了现代西方人本主义与科学主义共同支持的人类中心主义，为人类走出生态危机创造了理论条件。
④ 蒙培元. 人与自然——中国哲学生态观 [M]. 北京：人民出版社，2004：404.

第 6 章

生命的秩序：都江堰灌区本土人居实践的

生态哲学基础与地区特征

6.1 传统生态实践的哲学阐释

探究生态问题根本上说是"究天人之际"的老问题。对形而上的"天人之际"的理解及其阐释方式直接影响着实践的价值与目的，也塑造着人居环境的物质形态与精神意义。

古代中国人居环境建设过程中人与自然的关系非常辩证，既有和谐与统一，亦有冲突与调适，体现着多样性、复杂性、甚至矛盾性，要从整体上把握人居环境建设中体现的生态实践特征就必须超越形而下的现象，从精神、观念、哲学等层面进行总结提升，概括其基本的生态实践特征，有利于当今的认识与发展。

6.1.1 "生"的哲学阐释

如果要从语言的角度为由 Ecology 翻译而来的"生态"在传统中国寻找一个可以对应的词汇，从哲学层面讲，"生"或"生生"可能是最合适的选择。

"生"的概念起源于《周易》。《周易·系辞》说："天之谓盛德，生生之谓易。"又说："天地之大德曰生。""生"成为中国文化中的重要概念，运用并阐发于各种哲学经典中。"生生"有孳化、产生之意，体现的是生命无所不在的联系，但"生生"与"生"的观念又不是简单的生长，其根本上是生命的创造，而且不是一次的创造，还具有时间因素，是"生生不穷"的不断创造，有生长的含义。哲学家蒙培元认为中国的生的哲学就是"生态哲学"[1]的意义，"'生'在本质上就具有生态学的含义。"[2]

从实践的角度来看，从"生"来理解实践过程较之"天人合一"的概括更容易明确和实际。正如科学哲学家金吾伦所论："中国古代哲学中'天道生生'的

---

[1] 蒙培元. 生的哲学 ——中国哲学的基本特征 [J]. 北京大学学报（哲学社会科学版），2010.11：5. "生的哲学，可以理解为生命哲学，但是，按照通常讲生命哲学的方法，有两种讲法，一种是从生命的本能、欲望和知觉上讲，一种是从超绝的形而上学或道德的形而上学去讲。我认为，这两种讲法各有道理，但是还不足以说明中国哲学的特征。中国的生的哲学，有其独特的意义，这就是生态哲学的意义。"
[2] 蒙培元. 中国哲学生态观的两个问题 [J]. 鄱阳湖学刊，2009.7：96.

思想比'天人合一'的思想更基本，也更重要。因为后者比较含糊，后人对它的理解分歧很多，而从实践上看，中国古代更多的是应用技术，而技术是改造自然或者说是反自然的。因而很难认为是'天人合一'的。而'天道生生'的思想非常明朗。"① "生"是一个较容易理解和把握的哲学概念，并具有动态的实践性，联系了生命目的与实践过程。

6.1.2 "生命"为关注对象

以往，我们常常运用"自然观"、"环境观"等概念理解传统人居环境实践建构的人与自然的关系。但从根本上讲，中国人关心的自然并不是西方那种对象化的外在的"自然"、"环境"，更准确地说，中国人关心的是"生命"②，构建人与自然关系的根本观念，毋宁说是一种"生命观"在起作用，这也是"生"的哲学体现的基本目的。

中国古人对生命的关注不仅在人的生命、自然的生命，还在人与自然共同构成的生命联系，融入了古人常常提到的"天地万物一体"观念，是一种具有宇宙性的整体生命，方东美将其概括为"广大和谐的生命精神"，③ 唐力权曾将其概括为一种生命哲学，体现着有机主义与理想主义的特征，提出了以生命为中心，人、自然、心灵三位一体的表达模式，如其在《蕴徽论》中的论述：

"中国传统哲学本质上乃是一生命的哲学；而就这一点而论，它同时又是人文主义的，因为人的生命是其首要的关切。它又是自然主义的，因为它承认人与自然的连续性并强调人类生命与伟大的自然生命的统一。最后，说这一以生命为中心的哲学是'理想主义的'，不仅因为它是在人类存在的理想完善中去发现生命的意义，而且还因为它高度强调心灵之为生命意义的中心。"④

6.1.3 生命为主体思维的人地秩序构建

哲学家蒙培元在阐释"生"的唯物主义基础时曾指出："古人所说的生，主要是指生命创造及生命系统，特别是与人和大地的生命直接有关"。⑤ 德国建筑

---

① 金吾伦. 生成哲学 [M]. 保定：河北大学出版社，2000：156-157.
② 牟宗三. 中西哲学之会通十四讲 [M]. 上海：上海世纪出版集团，2008：9-10.
③ 程静宇. 中国古代生命整体观 // 程静宇. 中国传统中和思想 [M]. 北京：社会科学文献出版社，2010.5：518.
④ ［美］唐力权. 蕴徽论——场有经验的本质 [M]. 北京：中国社会科学出版社，2001：22.
⑤ 蒙培元. 生的哲学——中国哲学的基本特征 [J]. 北京大学学报（哲学社会科学版），2010：6.

师恩斯特·伯施曼（Ernst Boerschmann）认为，在中国建筑营建的过程中，有一条像红线一样贯穿于中国人的精神领域的主导思想——"一种人与土地的密切关系"①，这种密切关系不是资源、经济等物质关系，不是机械的物质秩序，而一种活生生的生命秩序。在传统中国人居环境生态实践中，人居环境的建设过程主要体现于这种人地生命秩序的构建，反映着"生"的哲学，体现着生命观念对山、水、建筑、城市等自然、人工的一切物质材料的驾驭，是一种以生命为主体思维②的人地秩序的构建过程。（图6-1）

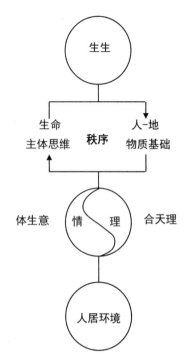

图6-1 古代人居实践的生态哲学基础
（图片来源：自绘）

6.2 人地秩序"情"与"理"

人居环境的建设是一种实在的创造，人地秩序的生命表达不是一种玄学的理解，如果结合宋明理学的范畴，可以将其划为"理"与"情"两方面。③ 在人地秩序的构建中，生命的体现不仅需要理智的了解，而且需要感情的满足，人的实践过程中对自然山水的利用，既要求重视"穷理"又要求重视"达情"，二者共同作用，构建了具有生命特征的物质与精神世界。

6.2.1 理："合天理"

传统中国，"理"是天理，朱熹言"理者天之体。""生"是天的基本功能，包含有生命与生命创造的含义，"天理"与自然界的"生生之理"相关。④

宋明理学重视"天理"，进一步确认理是自然界的秩序、法则，但这种秩序

---

① ［德］恩斯特·伯施曼着，段芸译．中国的建筑与景观（1906—1909年）．北京：中国建筑工业出版社，2010：5.
② 蒙培元．中国哲学主体思维［M］．北京：人民出版社，1993.
　　实践过程中以生命为主体的实践方式是一种深层的思维方式，也是传统文化与哲学中更具稳定形态的东西。
③ 用蒙培元在中国哲学研究中提出的"情感"与"理性"的命题。
④ 参考：蒙培元．人与自然——中国哲学生态观［M］．北京：人民出版社，2004：419.

与法则不是物理学的物理，是与生命相联系的"物性"。西方物理学的物理是没有生命的、机械论的、还原论的、因果论的，与生命没有任何联系，只是被改造、控制的对象。而中国古人讲"天理"是有生命的，是自然界发育、流行、造化、创生的法则，与实际的山水生气相关，如郭象《庄子注》言："山水即天理"。古人讲"格物穷理"也是穷事物的生命之理。①

在实际的人居环境建设中，古人讲究"合天理"，即符合天地生命发生的基本法则，人居活动与之相匹配，体现着对天地生生之道的根本尊重、发展、运用，反映在具体的人居环境实践中，可以从以下三方面认识。

6.2.1.1　自然利用体现着人地相参的均和原则

人居环境建设中，古人"量地以制邑，度地以居民"②，地邑建设人口发展与自然条件"相参"③，这种"相参"一方面是提供充足的自然资源，满足人居环境的发展，另一方面是不给自然带来过大压力，有保持生态平衡的目的，形成一种适宜的匹配。

战国《商君书·卷四·徕民》中记载了人居环境发展所需的各种资源匹配情况：面积百里的人居单元，山陵占十分之一，薮泽占十分之一，溪谷流水占十分之一，都邑、道路占十分之一，恶田占十分之一、良田占十分之四，山陵、薮泽、溪谷都正好与人口匹配、满足需要，又不会因人口压力造成环境的破坏，使资源可持续发展与利用。

在国土层面，不同的地域单元承载着与土地资源数量相应的人口。如苏轼《策别安万民三·均户口》中的论述：周之时，京师为九百万夫之地，但山陵林麓、川泽沟渎、城郭宫室涂巷合计占据了三分之一，田又有上、中、下三等，因此可养三百万之众；九州岛则为两千七百万夫之地，而一夫之地可以养五人，因此可养活三千五百万人口。④这是从国土资源的角度对人口数量进行的适宜匹配。

具体到地区，除了资源总体数量的匹配，均等化与协调化的自然分配与使用也是最基本的人地秩序与人居单元构建法则。《管子》言："地不平均和调，

---

① 蒙培元．人与自然——中国哲学生态观 [M]．北京：人民出版社，2004：341．
② （汉）郑玄：《周礼》卷3，四部丛刊明翻宋岳氏本．
③ 同上．
④ （宋）苏轼：《苏文忠公全集·东坡诏集·卷三》，明成化本．

则政不可正也。"① 在都江堰灌区，这种均和体现得尤为明显，尤其是水、田均适，以均匀的水系统分配养活人口、保证生产生活，资源匹配于人口，保证可持续发展，人与人能均等使用自然资源，促进着地区自然资源为广大人民带来广泛福利，同时又能根据水性变化合理的开展生产与维护，维持可持续的利用。

6.2.1.2 以水为基础展拓人居，体现气脉生长的生命特征

古人以水系的构建作为发展人居的基础，这与农业时期的生产方式有关。《管子》就曾提出过控制水系、发展农业为基础的都市发展模式——为了发展两个都邑，古人对"泾水十二"进行人为控制，使得"汶、渊、洙、浩"四水水量充足，因而小流域灌溉与充足的农业生产得以发展；收获时节，整个流域的粮食产出正好能与其中两个都邑的发展需求相匹配——《管子》中将这种以灌溉水系为建设基础的都邑发展模式称为"善因天时，辨于地利而辟方都之道"②。

古代人居环境的展拓，相伴于农业用地的开辟，其发展过程又体现着水脉生长的基本特征。都江堰灌区发展过程尤为明显，由二江逐渐扩展到整个平原，水系由一支生长至千万，其结构恰如北宋邵雍《观物外篇》中以理学思想论述的生成过程："……十分为百，百分为千，千分为万。犹根之有干，干之有枝，枝之有叶。愈大则愈小，愈细则愈繁。合之斯为一，衍之斯为万。"③

《管子》载："水者，地之血气，如筋脉之通流者也。"④ 以水为基础的展拓还有生命创造的深层含义。而且在道家理论中，水还被看作"宇宙之根源"⑤，其经典中有"水像道"、"人当法水"的说法，并以水官为三官（天官、地官、水官）之一，强调将水与"天理"结合在一起，认为"所以立天地者水也，成天地者气也"⑥。以水为基础的展拓即为气脉的延展，又是通过人工水系的疏导以水"反辅"⑦ 自然，形成了一个互相促进的生命进化过程，构建了具有生命特

---

① 《管子》卷1，四部丛刊景宋本。
② 黎翔凤．管子校注[M]．北京：中华书局，2004：1455.
  "桓公曰：'寡人欲毋杀一士，毋顿一戟，而辟方都二，为之有道乎？'管子对曰：'泾水十二空，汶渊洙浩满三之於，乃请以令使九月种麦，日至日获，则时雨未下而利农事矣。'桓公曰：'诺。'令以九月种麦，日至而获。量其艾，一收之积中方都二。"
③ （宋）邵雍：《皇极经世书·卷十三·观物外篇·上》，清文渊阁四库全书本。
④ 《管子》卷14，四部丛刊景宋本。
⑤ 饶宗颐．老子想尔注校证[M]．上海：上海古籍出版社，1991：70.
⑥ 杨泉：《物理论》。
⑦ 庞朴．《一种有机的宇宙生成图式》，载陈鼓应主编：《道家文化研究》（第十七辑），三联书店，1999：301-305.
  庞朴先生指出，"《太一生水》敢于提出宇宙本源在创生世界时受到所生物的反辅，承认作用的同时有反作用发生，在理论上，无疑是一种最为彻底的运动观，是视宇宙为有机体的可贵思想。"

征的大地。这种"反辅"作用在 20 世纪 90 年代出土的郭店楚简中发现的《太一生水》一文中也有所表达："太一生水、水反辅太一，是以成天。天反辅太一，是以成地。"[①] 阐释了一种以水为客观基础的生命相互作用的生成模式。

　　都江堰灌区水系统的形成受到道家思想影响极重，唐代道士杜光庭、清代道士王来通都对水系统管理与建设有很大贡献，杨雄《太玄》的道家哲学也与此有关。其水网发展反映着生命创造的功能，顺应自然，以水生地，水道生长一直与"生生"的哲学含义联系在一起，脉络展拓，反辅自然，由此也带来人居环境的生命展拓，所谓"人居其间，顺其自然之气化"[②]。（图 6-2）

图 6-2　清《古今图书集成·职方典》中的成都府水道图
（图片来源：冯广宏主编. 都江堰文献集成 [M]. 成都：巴蜀书社，2007.）

---

① 李零：《郭店楚简校读记》，载陈鼓应主编：《道家文化研究》（第十七辑），三联书店，1999：476.
　《太一生水》全文如下："太一生水、水反辅太一，是以成天。天反辅太一，是以成地。天地（复相辅）也，是以成神明。神明复相辅也，是以成阴阳。阴阳相辅也，是以成四时。四时复相辅也，是以成冷热。冷热复相辅也，是以成湿燥。湿燥复相辅也，成步而（后）止。……故步者，湿燥之所生也。湿燥者，寒热之所生也。寒热者，（四时之所生也。）四时者，阴阳之所生（也）。阴阳者，神明之所生也。神明者，天地之所生也。天地者，太一之所生也。"
② （清）王人文：《历代都江堰功小传》。

6.2.1.3 人居单元象征着阴阳协调的有机整体

生命的构成具有整体性特征，中国古代人居环境的创造以整体观为指导，不同尺度的居住环境均关注自然与人居构成的整体，从天下到区域、到城市与宅院等各个层次均有体现。这种整体性要求人居、山水要素的完整构成与结构的有机性，在古代人居环境的图像表达中多有反映，如《山海经图》中反映的山岳、海洋、岛屿与"中原"地区形成的天下尺度的生命整体（图6-3），如《职方九州岛图》九州中的镇山、河流与田野，反映着各州亦是完整单元（图6-4）；再如《黄帝内经》中论及的"宅"，"以形势为身体，以泉水为血脉，以土地为皮肉，以草木为毛发，以舍屋为衣服，以门户为冠带"[1]，生命整体与有机结构凸显。

图6-3 山海经图
（图片来源：朝鲜18世纪的《四海总图》）

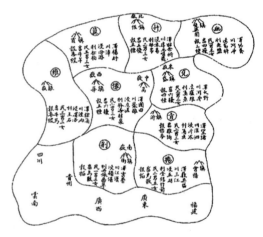

图6-4 《周礼·职方》中的九州岛图
（图片来源：转引自张杰. 中国古代空间文化溯源[M].
北京：清华大学出版社，2012：84.）

《周易大传》中认为生命整体的本源与"太极"有关，"太极"也被古人看作一种"物质性的生命体"[2]，"太极"统一的基本方式包含有阴阳之道，以阴阳一体孕育生命，所谓"一阴一阳之道以生万物"[3]，生命属性的体现则需要以阴阳调和为基础。在人居环境实践过程中，阴阳太极成为人居环境整体生命体现的一种表现方式。

生命脉络生发于山水之间，不同大小的人居单元都连接于此脉络，同时各自又都形成阴阳调和的同构整体，如清清江子《宅谱问答指要》载：

---

① 《黄帝内经》。
② 张岱年. 中国哲学史纲——中国哲学问题史（上）. 北京：中国社会科学出版社，1982.
③ 《泰誓上》，《尚书引义》卷四。

"两山之中必有一水，两水之中必有一山，水分左右，脉由中行，郡邑市镇之水旁拱侧出似反跳，省会京都之水，横来直去如曲尺，……山水依附，犹骨与血，山属阴，水属阳，……故都会形势，必半阴半阳，大者统体一太极，则基小者亦必各具有一太极也。"[①]

成都平原的城市，生命脉络发源于天彭阙、经由玉垒山，延展于整个平原。平原城市水道环绕，因借山水，均成阴阳调和的单元体，追求整体形胜，眉山城"峨眉揖于前，象耳镇于后，介岷峨之间，为江山秀气所聚"[②]，双流城"城前绕柳河，后环南冈叠阻，西水层环，屏围于山嶂"[③]，都是人居单元形成阴阳调和整体的体现。

6.2.2 情："体生意"

有关情的方面，超出了理性，需要用体验和感受付诸实践，涉及真实的自然界，也是体验生命、创造生命的重要方式。情使人们看到自然美，热爱自然，在山水中找到精神的家园，也是人们善待自然，体验生生的基础。人居环境的创造过程也是"体生意"的具体实践过程，可从以下三方面认识。

6.2.2.1 以"山水为起点"承载人居环境精神境界的表达

中国重"存在论"，而不重视"知识论"，重视人的生命放在世界中去寻求它的意义。在人居环境建设过程中，对待自然，人们超越了分析和实证的层面，一种与心灵相关的形而上学的意识其着重要作用，强调一种"境界"的追求与表达，致力于解决人类精神生活方面的问题。有这种境界与没有这种境界对人居环境的表达有很大的不同。这种境界能够帮助人在人居环境中找到安身立命之处，消除人与自然的冲突与紧张，在人与自然的交融中消除一切不安，这也成为人居环境建设的目的。

古代人居环境建设以体现境界为先，强调人居环境的精神意义，山水成为构建人居环境整体，并承载境界的物质媒介。古人以"地"为基础，"境界因地成形"[④]，形成体验的场所。古人利用山水对境界的表达反映在多种层面，借助地域名山构建人居存在的永恒意义，借助山水环境丰富生活风景，又将宗教、山水

---

① （清）清江子：《宅谱问答指要·卷1》，"问宅其取法有何证据"条。
② （民国）《眉山县志》。
③ （民国）《双流县志》。
④ （清）布颜图：《画学心法问答》。

融合寻求超脱现实的出世意义，通过不同层次、功能的山水与人居关系的构建，古代人居环境不仅提供了安身立命的场所，还提供了宇宙的意义、生活的风景与心灵的安顿，成都城对地区宇宙秩序的构建，县、城、地区观游风景的主动营造，以及佛道活动与山水地理的结合都是重要体现，表现着天地境界与地区山水风景的融合。

今人言山水，常常将其与隐逸思想联系，这样的观念对今人认识传统山水人居有很大的局限。文学家林庚曾在中国山水诗研究中对这种观点进行批判，认为山水审美不是建立在远离现实的思想基础上的，也不是在园林、田园或隐逸这样的生活基础上成长的，而是经济发展更为成熟的阶段上的产物。[①] 这种观念突出了山水的主体性，将对山水的关注看作与经济发展并行，并体现着更高层次的境界追求。我们当以这种观念为指导，将山水理解与阐释与"天地境界"结合，与生态实践结合，而非寄情山水、玩物丧志。正如林庚先生所言：

"山水审美应作为生活的起点，而不是生活的归宿，是一个展望，而不是一个结束，是强加的生活意志，而不是玩物丧志。"[②]

6.2.2.2　人与自然交融的"中和"之道

传统生态实践是自然与人文交融的实践过程，中国古人追求自然与人文的辩证统一，所谓"天无人而不立，人无天而不存"，实践是"自然的人化"与"人的自然化"的双向过程。曹学佺《蜀中名胜记》中说："一切高深，可以为山水，而山水反不能自为'胜'；一切山水，可以高深，而山水之胜反不能自为'名'。山水者，有待而'名胜'者也。曰'事'、曰'诗'、曰'文'，之三者，山水之眼也，而蜀为甚。"[③] 钱钟书称赞中国艺术有"笔补造化天无功"[④] 的特征，并将其作为"道术之大原、艺事之极本"，认为"自然界无现成之美，只有资料，经艺术驱遣陶熔，方得佳观"，[⑤] 古代诗画艺术既以师天地为最高境界，而又以增山水之胜、成山水境界为重要功能，所谓"诗以山川为境，山川亦以诗为境"[⑥]，都体现了人文自然交融的创造特征。

---

① 林庚．山水诗是怎样产生的 // 林庚．唐诗综论 [M]．北京：商务印书馆，2011.
② 同上．
③ （明）曹学佺．蜀中名胜记 [M]．重庆：重庆出版社，1984：11.
④ （唐）李贺：《李贺歌诗集·歌诗编第四·高轩过》，四部丛刊景金刊本．
⑤ 钱钟书．谈艺录 [M]．北京：生活·读书·新知三联书店，2010：154-155.
⑥ （明）董其昌：《画禅室随笔·卷三》，清文渊阁四库全书本．

在人居环境建设中，人与自然的交融体现在天地之间"中和"尺度的建立。古人认识非荒野的自然，是包含了人文情感与人文结构的自然，山水生命因人而彰显，人依山水构建生命场所，人们往往在山水最具灵性处发展人居环境，将人工的结构与自然的结构相结合，城市选址多于山水之间的"奥区"，如成都：宇内奥区 [①]，灌县：西南奥区 [②]，眉山县：岷峨奥区 [③]（图 6-5），玉局观：坤维奥区 [④]，人工的部分以"中和"之道存在于自然山水之间，其目的是体现生命，如《中庸》言："致中和，天地位焉，万物育焉。"然后可"赞天地之化育"，"与天地参"。[⑤]

这种中和之道在自然中找到了一个合适的存在尺度，既利用自然创造人文，又体现着对自然的尊重，超越了单纯的自然主义，也避免了人类中心主义，完成了人与自然的在合理的尺度中最广大的交融。运用海德格尔的存在理论解释——找到了人与天地之间的存在尺度，也就保证了可持续的基础。[⑥] 古人的"中和"之道正是以一种孕育生命的"中和"尺度，表达了对可持续存在的愿望。

6.2.2.3　以人居——山水秩序化育人文、孕育生命

以山水为出发点、中和之道体现人文自然的交融，在物质环境中更直接的体现是"人居——山水"秩序的构建。这种秩序不能单从机械的、物理的意义上去理解，更要从生命意义上去理解。

在成都城的建设中，自建城以来就将自然纳入人文结构当中，天彭、凤凰、磨盘、武担等大小山岳都被纳入成都城市营建的结构体系，又与政治、宗教活动结合，通过轴线、意象等建构与烘托，成为人文环境的一部分，为补足形胜兴建的合江亭、望江楼等还具有了化育人文的作用，创造出象征孕育生命的城市山水秩序。

古人创造的人居环境是人们化育自然同时以自然化育人文的过程，良好的山水环境有利于培养圣贤，有利于人类的可持续繁衍。如《地理原真》载："自古来，出圣出贤尽在朝阳俊秀之处，清雅之地"。[⑦] 再如《阳宅十书》载："卜其兆

①（光绪）《华阳县志》。
②（民国）《增修灌县志》。
③（民国）《眉山县志》。
④（宋）彭乘．修玉局观记 //（明）杨慎．全蜀艺文志 [M]．北京：线装书局出版社，2003：1139-1142.
⑤《中庸》。
⑥［德］马丁·海德格尔著，孙周兴译．演讲与论文集 [M]．北京：生活·读书·新知三联书店，2011：205.
⑦ 题湖峰道人李怀远撰，光绪辛卯新镌，福建人民出版社 1992 年冲印．转引自：刘培林．风水：中国人的环境观 [M]．上海：上海三联出版社，1995：267.

图 6-5　眉山城全图
（图片来源：《清初四川通省山川形胜全图》，四川大学图书馆藏）

宅者，卜其地之美恶也，地之美者，则神灵安，子孙昌盛，若配置其根而枝叶茂"[①]。《增修灌县志》也记录了都江堰灌区人居环境建设以山水化育人文的基本原则："宇宙之山川形胜大者建为王都，小者设为藩镇，又小者列为州郡，县邑疆域异制则风俗异，宜而其间，忠义孝子出焉，理学名儒出焉。"[②]

利用山水孕育生命、化育人文是人居环境创造的基本目的，以山水形胜构建健康环境，人居其间，通过体验山水，知心灵之善，以山水为基础形成人文兴盛的文化环境，成为人文、山水交融的生命场所。不论多大的尺度的设计层次，人们都强调"卧游"与"畅神"，小至亭台楼榭，大至整个地域山水风景，场所的塑造重在"观生意"，体验天地生生大化，最终达到生命精神与天地一体的境界。

6.2.3 "情理交融"的生态实践

人居环境生态实践，有理的方面，又有情的成分，理的部分产生了气脉、形

---

① 《阳宅十书》。
② （民国）《增修灌县志》。

势等物理概念，而情产生了唯生、仁爱等情感内容。用现代语言来讲，情与理代表了两种生态实践过程，理性——科学主义尊重科技工作者的专业知识，精神——审美主义强调具体环境的重要性。[①] 但与西方强调情理二分相对应，古人在实践过程中体现的是情理交融的。

古代山水画论言："理在画中，情在形外"[②]，情与理共同构成了山水画的整体表现。山水画家与大地山水的互动体现着地理与情感的结合，由此诞生了具有生命象征意义的图像表达。实际的建设中情理的体现与交融则更为复杂，"理"与"情"的统一集中表现在自然利用改造与人居境界创造的同一中，古人不仅求人居建设"合天理"，还要求人居场所"体生意"，两者皆满足才意味完整的生态实践，才能形成具有完整生命特征的人地秩序。

在传统人居环境生态实践中，人与自然互为主体，相互完成生命的创造。人们以山水孕育人居场所，满足生存发展基本需要的同时又以人居建设协助化育天地生生，体现其整体的生命秩序。中国人从来不会把自然看作无生命的异己存在。[③] 作为人居环境实践主体的人，从天地生生中抽离出来一种"唯生"的思想作为宇宙本质的认识观念，并成为古人的一种主体思维，成为指导实践的基本观念。这种唯生思想善于体会天地之生，发现天地之生，并以有机的视野将天地间的各种要素通过生之理、生之道阐释出来。在这种生命主体思维的主导下，人的实践活动的重要的功能是"化成"，要协助完成天地的生命过程，就是《周易·泰·象辞》中所载的"裁成天地之道，辅相天地之宜"，"裁成"是裁度以成之，按照自然界的生生之道完成自然界的生命过程，"辅相"是辅佐天地以完成其生长之"宜"。人在获得自然界所需一切生存条件的同时，更要帮助自然界完成生命意义，同时也就完成了人的生命意义。这一过程完成了山水、人工要素生命的联系，并提供了生命体验的场所，实现人化育天地，成化自身的过程。这种以生生的大地山水为基础建设人居，又以生命主体思维驾驭物质材料表达"生意"的过程体现出传统人居环境生态实践中人与地的基本辩证关系。

中国古人"情"与"理"的表达，都是以"生命主体思维"主导，"情"与"理"的表达都以体现生命为根本，人居环境生态实践是生命为主体思维

① ［美］戴维·索南菲尔德著，张鲲译. 世界范围的生态现代化——观点和关键争论 [M]. 北京：商务印书馆，2011：128.
② （清）石涛：《大涤子题画诗跋卷一·跋画》。
③ 胡晓明. 中国山水诗的心灵境界 [M]. 北京：北京大学出版社，2005：3.

的人地秩序构建过程。在这种原动力的趋势下，中国古人获得了跨越各种尺度，贯穿于各种层面的人居环境实践方法。这种生生的人地秩序的形成与西方理性、机械的空间追求形成了鲜明对比，影响着人居空间的塑造，美学家朱良志将中国人观念中的空间概括为一种"生生的空间"，这种空间不是功能的空间，而是结构空间。功能空间的创造是以科学和理性态度对待物象，认知的目的是为了实用，而结构空间的创造依据主体的直观，物质对象被人的思维整合为一相互关联的生命同一体，"自我生命与宇宙相与涣化，参与到万物运转之中去。"[①]

在传统生态实践中，"生命主体思维"对人与自然整体的驾驭与构建过程既需要天地生生之理的理解，也需要情感体验的获得。将生命当做目的和理想，也是一种理想主义[②]的体现，体现着生命观与物质世界的关联，这与西方现代哲学家怀特海阐释的有机理论极为相似——将生命、自然都看成真实世界的主要成分，在物理的自然中加进去生命的观念补足，而有关生命的概念也联系于物理的自然[③]，这种思维方式与过程，形成了独特的生命主体思维引导下的情理交融的生态实践方式。

6.3 都江堰灌区人居实践的地区特征

都江堰灌区人居环境实践体现的生态智慧在营建、调适、治理、成境等几个实践范畴中均有体现，除此以外，综合的实践过程还创造了一个地域单元的人居生态模式（图 6-6），可从以下几个方面理解：

6.3.1 整体的"基本经济区"人居环境

冀朝鼎在《中国历史上的基本经济区与水利事业的发展》[④]一文中论及太湖平原、关中平原，以及本书研究的成都平原都江堰灌区等，将其定义为一种"基

① 朱良志．中国艺术的生命精神 [M]．合肥：安徽教育出版社，1995；23.
② 贺麟．近代唯心主义简释 [M]．上海：上海人民出版社，2009；3.
　哲学家贺麟认为：唯心主义也可以理解为理想主义，在物质发达科学盛行的世界中更需要运用唯心主义（理想论）去寻找创造物质文明、驾驭物质文明的心。……我们既要关注理想主义的实践主体也要关注实践的物质基础，要做到一方面将一般人所谓物观念化，也要将一般人所谓观念实物化。
③ 参考：贺麟．现代西方哲学讲演 [M]．上海：上海人民出版社，2012；122.
④ 冀朝鼎．中国历史上的基本经济区与水利事业的发展 [M]．北京：中国社会科学出版社，1981.

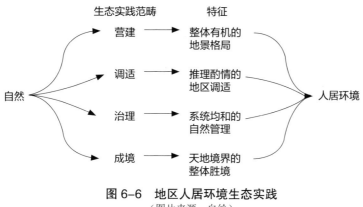

图 6-6　地区人居环境生态实践
（图片来源：自绘）

本经济区"，是以水利区为单元开展辟地安居的活动，综合体现政治、经济、社会等发展目的。明代水利专家徐贞明在《潞水客谈》中阐述的对于西北水利区建设意见中，提出了区域整体发展的"十四利"，涉及经济、防灾、治理、文化等多方面的统筹考虑，是"基本经济区"人居环境建设模式的集中体现，主要包含以下内容：（1）兴修水利形成综合的地区人居环境人工自然系统，旱潦有备；（2）促进农业经济发展，有仓庾之积；（3）形成经济区，减小其他现已形成的经济区的生产负担；（4）利用水网系统减少水患；（5）利用平原水网巩固防御，使田野变金汤；（6）改善地区居民人居条件，使游民有所归；（7）促进国家移民，东西部协调发展，民均田均；（8）田垦而民聚，赋增而北徭可减；（9）以此经济区为基础促进周边欠发达地区的发展，增加粮食积贮，转输；（10）重农业，使人安居；（11）安居与屯兵结合，一举两得；（12）以分土地代发宗禄，减少财政支出压力；（13）可效仿井田制，限民名田，实行养民政策；（14）兴教化、美风俗。①

　　从人居环境建设的视野看，水利区的发展不可单从"水之用"的角度理解，

① （明）徐贞明：《潞水客谈》：西北之地旱则赤地千里，潦则洪流万顷，惟雨旸时若，庶乐岁无饥，此可常恃哉？惟水利兴而后旱潦有备，利一。中人治生必有常稔之田，以国家之全盛独待哺于东南，岂计之得哉？水利兴则余粮栖亩皆仓庾之积，利二。东南转输其费数倍。若西北有一石之入，则东南数石之输，久则蠲租之诏可下，东南民力庶几稍苏，利三。西北无沟洫，故河水横流，而民居多没。修复水田可分河流，杀水患，利四。西北地平旷，寇骑得以长驱。若沟洫尽举，则田野皆金汤，利五。游民轻去乡土，易于为乱。水利兴则业农者依田里，而游民有所归，利六。招徕人以耕西北之田，则民均而田亦均，利七。东南多漏役之民，西北罹重徭之苦，以南赋繁而役减，北赋省而徭重也。使田垦而民聚，则赋增而北徭可减，利八。沿边诸镇有积贮，转输不烦，利九。天下浮户依富家为佃客者何限，募之为农而简之为兵，屯政无不举矣，利十。塞上之卒，土著者少。屯政举则兵自足，可以省远募之费，苏班戍之劳，停摄勾之苦，利十一。宗禄浩繁，势将难继。今自中尉以下量禄之田，使自食其土，为长子孙计，则宗禄可减，利十二。修复水利，则仿古井田，可限民名田。而自昔养民之政渐可举行，利十三。民与地均，可仿古比闾族党之制，而教化渐兴，风俗自美，利十四也。

而应看一种以水道开辟带动土地改造的人居环境建设，这一过程以因地制宜辟地安民为出发点，水道营建、都邑建设、土地改造相辅相成，互为支撑。这种模式强调了非城市中心论的发展理念，建设中以"地宜"为先，以水利和农业作为地区发展的基础。西方学者对此也有认识，他们认为："中国人并不把城市看作他们打入新拓疆土的基本单位——无论是实际的或象征的。重要的步骤是以农村为中心来扩张中国农业。以后哪个地区归化臣服了，人口安定繁衍了，于是就建立起一些村寨，作为帝国政权的中心。与此不同，罗马人只要用武力在敌方领土上取得可以立足的弹丸之地以后，就着手建立一座新的 urbs。"[①] 宋何涉《縻枣堰刘公祠堂记》中用这样的语言描述成都平原："益居三蜀，中地广衍，疏众流以沃民田，以堑都邑。"[②] 其语句描述顺序为"地——流——田——都邑"，恰表达了这一水利区为基础的构成和以地宜为先的营建理念。这一模式以"地区"为单元，面向区域整体进行建设，化育自然形成发达的人工自然生态系统，城市、乡村都孕育其中，发展经济、支撑了大量人口（嘉庆十七年（1812 年）成都府人口约 384 万人[③]）的生活，土地整合于水网，资源均分于人民，经济、社会、文化协调发展，是以水利区限定区域单元，将整体的地区生态实践与人民安居、经济发展的有机结合。

6.3.2 "情理交融"的区域山水人居

都江堰灌区人居环境的发展践行了"情理交融"的山水人居构建，而且这种构建扩展到对区域山水的整体利用，扩展到区域尺度。《蜀中广记·名胜记》取材于蜀地艺文与真实环境，以"借郡邑为规，而纳山水其中；借山水为规，而纳事与诗文其中"的写作方式概括成都平原的风景，充分表达了都江堰灌区为"区域山水人居"的整体模式。在具体的人居环境建设中，山水是区域人居环境创造的起点，反映在城市、乡村居住环境的各个层面。区域的发展是多尺度山水秩序共同作用的结果。灌区人居环境以郡邑为局，山水为道，诗文为子。岷山、峨眉、青城、玉垒镇域构建宇宙秩序；各县、城营建追求形胜，延续地脉，尊重大地之理；人工建筑（奎光塔）主都江堰灌区人居环境整体文风，各县城

---

① 芮沃寿．中国城市的宇宙论 //［美］施坚雅主编，叶光庭等译注．中华帝国晚期的城市 [M]．北京：中华书局，2000：37-38.
② 何涉：《縻枣堰刘公堂记》，《全蜀艺文志·卷 37·记·戊》，清文渊阁四库全书本。
③ 曹树基．清代中期四川分府人口——以 1812 年数据为中心 [J]．中国经济史研究，2003.3.

楼塔建设补充各自形胜，体天地气象，兴一域文风；各县都远借山水风景，将其收纳其中；城市重要建筑多依岷山形势，体天地气象；城市居民庭院、宗教场所亦成山水环境，荡涤心灵。总体上体现着"胜迹"、山水与天地境界的融合，形成整体的区域"胜境"，彰显着形而上的境界实践与形而下的环境塑造的统一，不仅充分体现着生生之理，也从情感方面激发人与自然沟通与联系，是"合天理"的生成之道与"体生意"的场所表达的综合实践，情理交融，表达了整个区域设计中广大和谐的生命精神。（图 6-7）

6.3.3　复合的人工流域生态系统

都江堰灌区人居环境体现着古人运用成熟的水网与人工流域系统掌控地区自然资源的高超智慧。著名的环境史学家约翰·麦克尼尔（John R. McNeill）认为，中国的人工水系架构是一种"整合广大而丰饶的土地之设计"[①]，这种设计在全世界具有独创性，"世界上没有一个内陆水系可与之匹敌"。[②] 这种水系统整合了自然资源也整合了自然、乡村与地区社会的构建（图 6-7）。

以人工流域系统为基础，人们在使用水系的过程中逐渐形成了与其相适应的社会治理方式与文化模式，从主干到细支都精心管理，人工流域中的居民都被充分调动参与整个人工流域的维护中，即便在土地买卖过程中也体现着对毛细水网使用方法的尊重与传承，管理上，自上而下的行政管理与自下而上的乡村自治相协调，形成了全面、整体的水网维护制度，宗教、民俗等也与之适应（建立了区域性的川主祭祀活动等），深入精神层面深层生态的构建，体现着人类社会的构建与自然系统构建的协调统一，是一个人口、水系、风俗、制度等统一和谐发展的复合的区域生态系统。

从整体的"基本经济区"人居环境建设，到"情理交融"的区域山水人居表达，再到灌区流域整体复合生态系统的形成，都江堰灌区人居环境体现着物质与精神层面综合的生态实践，蕴含着丰富的生态哲学理念，是人居环境可持续发展的典范。

---

① 刘翠溶. 中国环境史研究刍议 [J]. 南开学报（哲学社会科学版），2006.2：14-21.
② 同上。

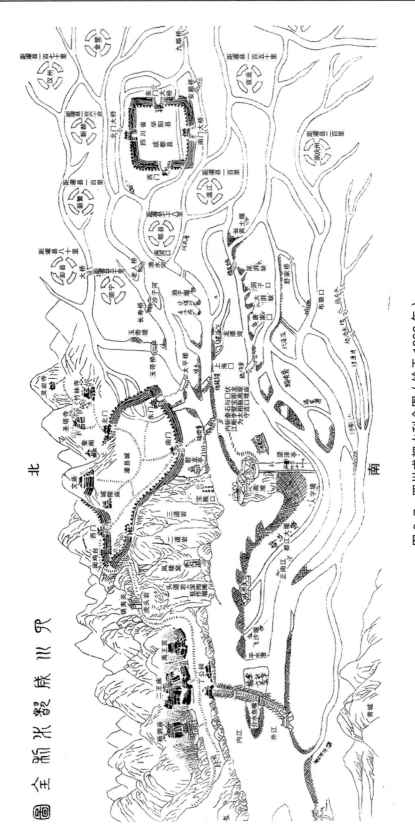

图 6-7 四川成都水利全图（绘于 1886 年）

（底图来源：转引自：成都通史·清时期．成都：四川出版集团，2011：32．）

6.4 总结：人居实践体现生命秩序

在改造自然构建人居环境的过程中，人们一直在探索着物质与精神等方面各种秩序的建立，今人研究中国古代城市与建筑的往往从"空间"秩序入手，而除了这种空间化的秩序范畴，古代人居环境实践还呈现着"生命"特征，体现着对"生命"的追求，人居与大地都被整合于一个相互支撑的、具有普遍联系的生命特征的网，并深入到心灵境界的塑造与生命情感的表达，这是中国古代人居环境生态实践中特有的、区别于西方的重要方面，体现着生命主体思维影响下现实人居环境构建的生命特征，是中国人居环境生态性的基本体现。

第 7 章

综合的改良：生态文明推进中都江堰灌区人居环境的可能发展

7.1　快速城镇化阶段都江堰灌区发展的生态风险与模式批判

近三十年来的快速城镇化发展激烈地改变着都江堰灌区人居环境的面貌。传统的生态格局与当代的发展已经产生了严重割裂，城镇化在数千年来艰辛劳作形成的土地上展开，这一过程中充满了冲突、挑战，以及难以预料的风险。在新的阶段如何合理的引导重构地区人居与自然的关系，促进健康可持续的地区发展，既需要对以往发展模式带来的生态风险及其根源有明确的认识，又需要有针对性地汲取多样的生态实践经验，寻求改良的可能。研究延续多个实践范畴的综合研究方法，对应古代都江堰灌区生态实践研究中的营建、调适、治理、成境四个范畴，从区域格局、洪涝灾害、治理形式、山水风景等几个层面对以往的发展模式做出分析与批判。

7.1.1　区域格局：城镇扩张与都江堰农业地带的快速丧失

改革开放以来，成都平原城市群的城乡建设用地面积快速增长，广大乡村地带被快速吞噬。从官方的统计数据来看，截至 2015 年，成都市建成区面积为 615.71 平方公里，较 1986 年的 95 平方公里增加了 520.71 平方公里。成都平原六市（成都、德阳、绵阳、眉山、乐山、雅安）的建成区总量截至 2015 年达到 985.12 平方公里，较 1986 年的 147 平方公里增加了 838.12 平方公里。成都市市区建成区的面积增长占成都平原各地市建成区总增长面积的 62.13%，单中心增长模式明显。[①] 从官方统计的耕地面积数据来看，从 1991 年到 2011 年，四川省耕地面积减少 6489 平方公里，成都平原六市总计减少了 3603 平方公里，占全省的 55.6%，单成都市耕地面积就减少了 1378 平方公里，占全省 21.2%。[②] 从四川省耕地面积统计数据变化曲线来看，在 2004 年四川推行严格的耕地保护政

---

① 数据来源：四川省统计局．四川统计年鉴．中国统计出版社，2006-2016.
② 数据来源：同上．

策之后，四川省范围总体上耕地数量逐年维持在不变并稍有增加的水平，但包含了成都平原范围的六市耕地数量仍处于明显的减少趋势当中，2004 年到 2011 年六市耕地面积总量减少 483.3 平方公里，其中单成都就减少了 320.2 平方公里 [1]，占 66.3% [2]（图 7-1、图 7-2），可以明显看出成都市的扩张为成都平原腹心地带的农业地区带来的巨大破坏，而这一地区正是都江堰老灌区的主要覆盖范围，历史最悠久、耕地最优质的农业地区。

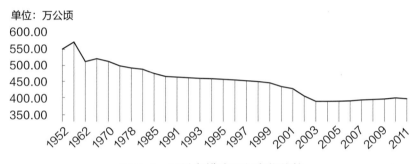

图 7-1　四川省耕地面积变化趋势

图 7-2　成都平原六市建成区面积与耕地面积变化趋势

通过利用成都平原与都江堰老灌区两个边界范围的 LUCC 遥感监测数据进行比较分析，也能反映这种变化趋势。本书研究中成都平原的边界范围包括成都市全境，德阳市下辖的绵竹市、什邡市、广汉市、罗江区、旌阳区，绵阳市下辖的江油市、安州区、涪城区、游仙区，眉山市的洪雅县、丹棱县、东坡区、

---

① 数据来源：四川省统计局．四川统计年鉴．中国统计出版社，2006-2016．
② 2014 年后的耕地统计口径与 2014 年之前有不同，因而无法做直接的统计比较，研究仅截至 2012 年的统计年鉴。

青神县、彭山区，乐山市的夹江县、五通桥区、金口河区等，面积约 29900 平方公里，而都江堰老灌区的范围通过清末民国初年的都江堰灌区古地图所示范围确定，包括了清代民国时期成都平原的核心 14 县，是由岷江、府河、沱江等平原水系限定的扇形地带，面积约 2900 平方公里，这个范围是数千年发展形成的都江堰核心灌溉地带，也是历史上成都平原最精华的农业地区。[①] 对这两个范围 35 年来的土地利用变化开展对比研究发现，自 1980 年到 2015 年，成都平原范围内的建成区面积由 1261 平方公里扩展到 2536 平方公里，而在老灌区范围，建成区面积由 409 平方公里增长到 907 平方公里，老灌区建成区面积增长约达到整个平原地区建成区扩张的 40%；老灌区范围建成区用地占比由 14.1% 增加到 32.1%，灌区的三分之一已经被城市建设用地占据；从 35 年来的耕地面积变化来看，全平原范围耕地面积由 17839 平方公里减少到 16535 平方公里，减少 4.4%，而在老灌区范围内，耕地面积由 2363 平方公里减少到 1836 平方公里，减少了 18.2%。从数据的对比可以明显地看出，城市的扩张区域与老灌区的范围高度重合，丧失最严重的是最精华的都江堰农业地带。如果不转变空间发展方式，探讨有效的保护措施，在未来的 20～30 年，随着城市的继续扩张，可能还会对老灌区施加更大压力，作为遗产与生态价值最高的独一无二的灌区将面临消失的风险（图 7-3～图 7-6）。

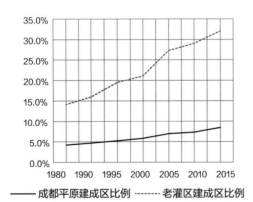

图 7-3　建成区比例变化对比

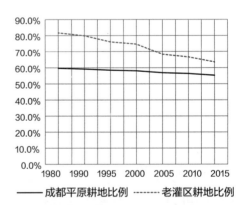

图 7-4　耕地比例变化对比

---

① 李翊. 都江堰灌区"良治"管理模式及应用研究. 北京：水利水电出版社，2009：4. 新中国成立后，都江堰灌区水利管理与发展逐渐现代化、专业化，灌区不断向丘陵地带扩展，目前幅员 2.32 万平方公里，总耕地面积约 1763.25 万亩，受益范围包括成都、德阳、绵阳、乐山、眉山、遂宁、资阳 7 市 37 个县（市、区）但扩展地区均为自然条件相对薄弱的地区，而老灌区的范围由于古人长期的耕作和维护具有不可替代的历史遗产价值。

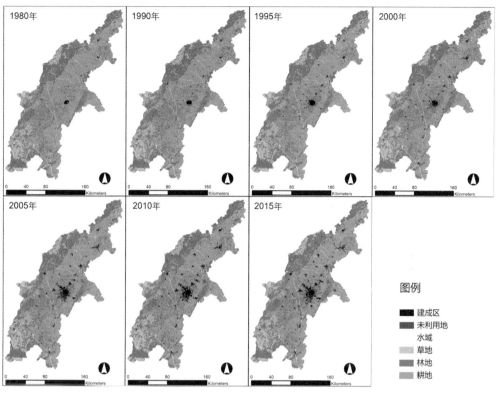

图 7-5　成都平原范围的土地利用变化
（资料来源：LUCC 遥感监测数据）

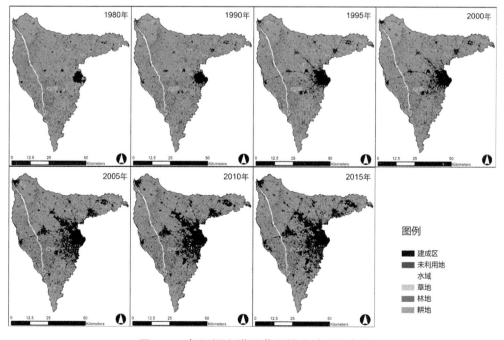

图 7-6　都江堰老灌区范围的土地利用变化
（资料来源：LUCC 遥感监测数据）

7.1.2 洪涝应对：区域与城乡变迁带来的洪涝灾害新风险

近年来，岷江上游森林破坏严重，生态恶化，水源涵养功能下降，导致洪峰增大，容易形成洪灾，同时环境变化与综合的人为因素造成岷江枯水季流量减小，都江堰冬春季节引水不足。[①]2006 年，在众多专家的质疑声中，岷江上游紫坪铺水库工程的竣工，标志着传统都江堰灌区生态结构的彻底改变，由传统的人工流域型转变为水库型与流域并存（虽然其目标是更好地利用与调配水资源），同时水库建设对岷江水文的改变以及都江堰遗产的保护与维护都带来巨大风险。[②]

与此同时，与所有大城市地区一样，成都地区的城市扩张改变了地表水文、植被，形成大面积的硬化地面，传统河网结构经历了硬化与取直，成都地区的抗灾能力已经受到严峻考验。在 2011 年 7 月的一场暴雨中，成都引发严重内涝，交通瘫痪，2013 年 7 月 9 日，成都平原普降暴雨，都江堰灌区还出现了历史上罕见的全域性洪水，金堂等灌区城市也遭受水灾，损失严重（图 7-7、图 7-8）。这些灾害为当前的发展模式敲响了警钟，如不采取恰当的减灾措施，在未来 20 年，伴随着区域发展，以及全球气候变暖可能带来的更不稳定的气象条件，成都平原将会面临更大的洪灾风险。

图 7-7　2011 年 7 月成都暴雨内涝
（图片来源：http://club.autohome.com.cn/bbs/thread-c-555-11045602-1.html）

图 7-8　2013 年 7.9 暴雨洪灾洪水围困金堂城
（图片来源：http://news.163.com/13/0710/05/93D8AQU600014Q4P.html）

7.1.3 治理形式：灌区人居治理带来的乡村文化景观异化

都江堰老灌区三千平方公里的范围，灌口地区已经与青城山一同划入世界自然与文化遗产管理，平原地区除了成都城市扩张占据的地带，大面积的灌区

---

① 毛文永．流域开发规划环境影响评价的战略意义——以岷江上游紫坪铺水库工程与都江堰保护问题为例 [J]．中国人口·资源与环境．2001，11（3）.
② 同上．

都在乡村人居治理的框架下。这些地区既是生态保护的对象，又承担着为满足快速城镇化发展需求提供空间与土地的任务，同时还存在着对农村居住条件进行改善的需求，保护与发展矛盾极其突出。快速城镇化过程中，为促进乡村地区的保护，成都市已经出台并实施了若干相关政策，如推行基本农田保护制度，创设耕地保护基金，编制了《川西林盘保护规划》等。但尽管如此，乡村风貌的异化现象非常突出，这其中有深层的矛盾。

成都市推行城乡统筹和乡村治理工作，其指导思想是"三个集中"，工业向集中发展区集中、农民向城镇集中、土地向规模经营集中。通过"集中策略"实现产业升级、经济发展与快速的城镇化。[①] "三个集中"是过去若干年成都城镇化的总纲领，在农业地区的管理中也成为根本的指导原则，各种政策的运用与管理方式的探索都依附于此。以"三个集中"为原则，成都政府实施了"土地整理"、"金土地工程"和"农民集中居住"等尝试，通过拆并、搬迁集中修建住宅，腾出大量集体土地。

在"三个集中"原则下，农田保护制度与耕地保护基金实施与应用的效果不容乐观。基本农田保护指标的完成主要通过迁村并点、土地整理、占补平衡等方式得以体现，明面上是数字的"动态平衡"，但失去的是数千年耕作的土地，增加的是短期内不可能形成高效农业生态系统的新地。此外，已经实施的耕地保护基金的实际效果也并不显著[②]，农民耕作积极性不高，甚至农业用地转为其他用途的现象也时有发生，传统农业系统正经受严峻考验。

在城乡一体化的同时，成都改革还推进了"农村市场化"[③]，通过出台相关政策，推进农村土地市场化改革，推动农村土地的资本化，并推进农村土地与房屋产权制度改革，推动集体建设用地与农村房屋产权流转[④⑤]，强调推动农村资产

---

① 成都市规划管理局．成都市统筹城乡规划经验总结："成都长期以来以'三个集中'为根本方法推动全市统筹城乡发展进程。'三个集中'是指工业向集中发展区集中、农民向城镇集中、土地向规模经营集中。'三个集中'是谋求城市产业、公共投资和农村产业三大领域规模化和有序发展的关键。通过产业向集中发展区集中实现产业集中集约集群发展，提升产业效率；通过农民向城镇集中实现城镇化有序推进，提升公共服务设施配给效率；通过土地向规模经营集中实现农业高效发展，促进农村产业发展现代化进程。"

② 何小飞、董劲松．传统农业经济效益不高，成都试点耕地保护基金面临挑战，中国商报，2010.7.13 第006版："由于传统农业经济效益不高，收入增长缓慢，部分老百姓从事农业种植的积极性不高，导致农村闲置、抛荒耕地的现象时有发生，而保护土地，杜绝违法建设和任何改变耕地性质的行为，是成都此次实行耕地保护基金的根本目的，但是实际效果并不理想。……从郫县唐元镇千夫村和天星村的桃花工业园现象中不难看出，由于基层政府对此予以支持或默许，就衍生出合乎本地利益的一个特殊投资群体，由此也就催生了修建小产权房和厂房出租的两大暴富群体……"

③ 贺学峰．地权的逻辑——中国农村土地制度向何处去 [M]．北京：中国政法大学出版社，2010：265．

④ 中共成都市委成都市人民政府关于推进统筹城乡综合配套改革试验区建设的意见．2007．

⑤ 成都：土地确权进行时 [J]．中国改革．2009.3．
2008 年 1 月，成都颁布试行《中共成都市委、成都市人民政府关于加强耕地保护，进一步改革完善农村土地和房屋产权制度的意见》，这一文件的重点有五项："开展农村集体土地和房屋确权登记、创新耕地保护机制、推动土地承包经营权流转、推动农村集体建设用地使用权流转、开展农村房屋产权流转试点。"

资本化过程[①]（图 7-9 ～图 7-10）。成都市推行有关政策的逻辑是通过土地运作盘活资本，进入市场，产生交易。这一逻辑认为只要将农村的宅基地流转使用，就可以创造巨大的财富，而之所以目前农村的宅基地没有变成巨大的财富，是因为农民的宅基地没有确权，没有流入市场。[②]成都平原开展的土地确权是农村土地的进一步市场化，是将土地转化为资本的过程，这也从另一方面加剧了迁村并点与土地整理。（图 7-9 ～图 7-11）

土地整理与迁村并点带来的是林盘散居传统聚居风貌的丧失。当地政府于 2004 年和 2006 年开展了两次全面的郫县林盘调查，调查中发现，郫县林盘数量正迅速减少，从 2004 年的 11000 余个降低至 2006 年的 8700 余个，林盘密度从 25 个／平方公里降低至 20 个／平方公里，两年内有如此大的变化引起了相关部门的关注。2007 年开始，成都市各区县编制了《川西林盘保护规划》，这也是目前唯一一个直接针对林盘景观开展保护的政府规划文件。但是，各区县编制的《川西林盘保护规划》同样以"三个集中"原则为大纲，林盘保护将县域土地整理和耕地占补平衡作为前提，而

图 7-9　天马城乡产权服务中心
（图片来源：自摄）

图 7-10　郫县某以林盘为基础的房地产开发项目（1）
（图片来源：自摄）

图 7-11　郫县某以林盘为基础的房地产开发项目（2）
（图片来源：自摄）

---

① 中共四川省成都市委成都市人民政府．中共四川省成都市委成都市人民政府关于加强耕地保护进一步改革完善农村土地和房屋产权制度的意见（试行）．2008.1.
② 贺学峰．地权的逻辑——中国农村土地制度向何处去 [M]．北京：中国政法大学出版社，2010：267.

只认定部分规模较大的、不影响土地整理策略实施的独立林盘作为保护对象。例如：在《郫县林盘保护规划》中对林盘保护的阐释："……川西农居风貌保护性建设规划是对'三集中'规划的补充，是农村新型社区之外的农村建房布局规划，是相对分散居住的小型聚居点和有保存价值的农居院落的布点建设，由此实现农村区域的规划满覆盖。……"[①] 例如《温江区林盘保护规划》中的阐释："温江区林盘分布特点和价值，按照温江区新农村建设布局规划平坝高度集中的原则，对具有一定规模和较高价值的林盘予以定点定位保护。"[②] 再例如在《新津县川西林盘保护规划》中阐释的林盘保护开展逻辑，见表7-1。

成都林盘保护开展的逻辑　　　　　　　　　　　　　　　　　　表 7-1

林盘保护开展的逻辑分析	《新津县川西林盘保护规划》中相关内容[③]
根据规划建设用地需求、新增与现状国土指标计算建设用地土地缺口	依据《新津县总体规划》到2020年县域城镇总人口共计44.3万人，建设用地4611公顷。根据新津县现状数据，全县新增国土指标1249公顷、现状国土指标1362公顷、发展预留区指标1160公顷，最大规模为3771公顷，缺口达840公顷
考虑新农村建设布局	据统计新津县农村居民点总占地约22.5平方公里（含宅基地、林地、晒坝、院坝等），又据《新津县社会主义新农村建设布局规划》到2020年计划在全县农村地区规划布局40个新型社区用于集中居住农村人口，规划集中农村人口6.35万人，新型社区总用地390公顷
林盘保护与土地整理统筹考虑	本次规划保护的林盘聚居保护点共计21个、生态林盘保护点207个，总占地约454公顷，6.7万人农村人口建设总用地约为689公顷（6.89平方公里），通过实施"三个集中规划"及"川西林盘保护规划"将集中全县的农村人口，可以提供1555公顷的现状林盘占地进行土地整理，对保护林盘，主要是生态保护林盘可复耕土地面积251.99公顷，全县共增加土地面积1807公顷，从而达到全县土地的占补平衡
在未进行土地整理的区域对林盘进行局部、单个保护	林盘这种传统农居生活形态，人均占地相对较大，土地利用不经济，林盘保护必须在总体提高土地利用效率的前提下，进行局部林盘保护，同时通过人均宅基地指标，严格控制保护林盘内的建设。保护林盘的选择，是在还未进行土地整理的区域和土地整理后还保留有林地的林盘内进行选择

---

① 成都市城镇规划设计研究院．郫县川西农居风貌保护性建设规划说明书．2007．
② 成都市城镇规划设计研究院．温江区川西农居风貌保护性建设规划说明书．2007．
③ 成都市城镇规划研究院．新津川西林盘保护规划，2007．

从这些论述不难看出，尽管有"林盘保护规划"之名，但是对于都江堰灌区林盘文化景观遗产价值的认识却并不完整，灌区水系—林盘构成的乡村生态整体并没有得到重视，相反，保护的前提是土地占补平衡、土地整理、新农村建设、迁村并点等乡村改造运动的附属。笔者于2010年10月对郫县各镇政府的走访调查中得知，各个镇相关部门对林盘价值的理解各有不同，但总体上都认为应该与土地整理、迁村并点结合，保护大的、迁并小的、抑或拆房留木，或推平还耕，很少注意到林盘与水系的关系，不关心林盘分布的面状特色，对其认知也上未上升到都江堰灌区完整遗产的高度。在这样的保护逻辑下，成都林盘保护非常消极，保护对象碎片化。郫县2006年现状大小林盘总计8700余个，而受到保护的大都为居住人口十户以上的大型林盘，仅占301个（图7-12、图7-13），占总数的3.5%，其他各县从1.9%到7.6%不等（表7-2）。而且，这种保护是孤岛式的，与林盘发育紧密相连的水渠、河道等文化景观都不在此保护体系中，不足的价值识别与迁村并点运动使得传统乡村文化景观持续遭受破坏。

部分区县林盘保护比例   表7-2

区/县	现状林盘数量（个）	受保护林盘个数（个）	受保护林盘比例
都江堰市	11 724	377	3.22%
崇州县	8 086	552	6.83%
新津县	2 986	228	7.64%
郫县	8 700	301	3.46%
大邑县	11 280	210	1.86%
金堂县	19 620	837	4.27%
青白江区	9 008	217	2.41%
温江区	5 680	105	1.85%
邛崃市	6 175	403	6.53%

资料来源：各区县林盘保护规划

这种过去的乡村治理模式以迁村并点和土地整理为主导，带来了传统农村林盘格局的巨大改变，尤其城乡交界地带，大面积破坏的林盘随处可见，从根本上转变着以家庭为单元的耕作形式。2007年以来，尽管有林盘保护规划工作的开展，但是林盘消失的状况在近十年并没有好转。笔者针对2006年与2016年郫县花园镇（纯农业镇）的卫星影像中聚落单元的单体建筑个数进行了识别与对比分析，分析可见，具有 6 个及 6 个以下建筑单体的小聚落单元显著减少，从 618 个减少到 348 个，减少了 43.7%，而建筑单体个数在 7 ～ 13 个之间的聚落单元在显著增加，从 39 个增加到 51 个，增加了 30.7%，14 ～ 27 个建筑的大型聚落单元在 2006 年尚未出现，而在 2016 年这种聚落已经多达 8 个；聚落的总体个数从 665 个减少到 407 个，减少了 38%，林盘的消失速度非常惊人，传统的小林盘散居模式正在被集中居住的大村落的模式所替代，照此下去传统灌区的乡村风貌必然会丧失殆尽（图 7-14、图 7-15）。

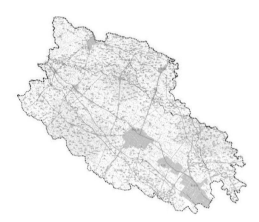

图 7-12　2007 年郫县林盘分布现状
（资料来源：成都市城镇规划研究院．郫县川西林盘
保护规划，2007．）

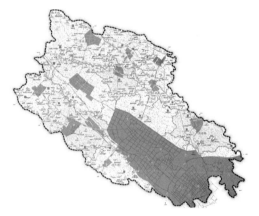

图 7-13　2007 年郫县林盘保护规划
（资料来源：成都市城镇规划研究院．郫县川西林盘
保护规划，2007．）

图 7-14　郫县花园镇 2006 年林盘分布
（资料来源：根据 2006 年郫县现状图绘制）

图 7-15　郫都区花园镇 2016 年林盘分布
（资料来源：根据 2016 年郫都区卫星影像绘制）

7.1.4 山水环境：山水环境的忽视与城乡风景的衰退

快速的城镇化过程造成了平原生态恶化，风景质量不容乐观。总体而言，平原植被在近20年持续遭到破坏，龙门山与龙泉山植被退化，农业用地被大量吞噬，乡村生态环境也呈现明显的恶化，传统精华农业地区不仅破碎化，而且植被状况退化。这也从宏观方面反映了林盘与精耕土地破坏带来的环境后果。如图7-16反映，1990—2007年间，成都市域NDVI指数下降了30%，是生态恶化的直接反应。

现代城市建设方式轻视传统文化的传承，城市建设忽视对山水秩序的考虑，历史上山水环境为人称道的小城市山水环境也并不理想，城市山水境界已经很难体会到，尤其在大城市成都，形成了"胜境"难寻的局面。

深入精华灌区，农村的衰败带来林盘聚居环境的恶化，城市扩张将林盘置于破碎化的状态中。在针对郫县各镇的实地调查中，2010年，笔者走访了多个林盘，林盘内人居环境较差，房屋质量堪忧，植被杂乱（图7-17、图7-18）。而在2016-2018年的在走访中发现，可以远观的林盘散居的景象也很难看到，近年来盲目的苗木种植、迁村并点更是给乡村风景带来了严重破坏。

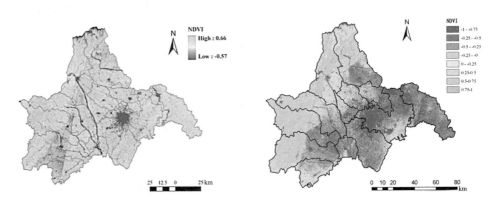

图7-16　NDVI植被指数（1990年（左）、2007年（右））

7.2　生态文明进程中都江堰灌区人居实践的可能发展

近年来生态文明建设的持续推进，习总书记提出了"两山论"、"山水林田湖是一个生命共同体"等理论，使得尊重自然、顺应自然、保护自然的理念深入人心，

图 7-17　郫县典型林盘
（图片来源：自摄）

图 7-18　郫县某林盘内景
（图片来源：自摄）

推进了发展和保护相统一的生态文明发展新范式。与此同时，相关的顶层设计的推进，以及相关的生态文明制度的逐步建立标志着中国逐步走进生态文明新时代[1]，生态文明的推动正期待为全社会带来"最普惠的民生福祉"[2]。在这种历史背景，为都江堰灌区的整体区域发展与生态改善带来了新机遇，研究结合当前生态文明发展的新趋势，继续从区域格局、洪涝应对、治理形式、山水环境等

[1]　徐崇温. 中国道路走向社会主义生态文明新时代. 毛泽东邓小平理论研究. 2016（5），1-9.
[2]　段蕾，康沛竹. 走向社会主义生态文明新时代——论习近平生态文明思想的背景、内涵与意义 [J]. 科学社会主义，2016（2），127-132.

方面，通过对照传统实践经验与部分西方类似地区的历史经验，以对比、转化、说理的方式提出改善地区生态的可能的方向。

7.2.1　区域格局：构建都江堰灌区文化景观保护区

生态整体主义代表罗尔斯顿认为：城镇化使得人们失去了与自然的交融，生活成为人为的；应该建立一个大地生命系统支撑，其理想世界应该是一个给城市、乡村与荒野都留有适当的空间的世界。[①] 然而，近30年的城镇化过程，都江堰灌区在快速的城镇扩张中损失了大量的乡村地带，亟须思考区域空间发展模式的转型。

生态文明新时代的标志之一是一系列生态文明制度的推进与建立，坚定不移地实施主体功能区战略，优化国土空间开发格局，构建科学合理的城镇化推进格局、农业发展格局、生态安全格局，保障国家区域生态安全是这些制度构建的核心组成部分[②]。多年来，都江堰乡村地区遭到吞噬的主要原因之一是城镇的快速扩张，城市空间格局的发展未能充分的认识都江堰灌区的价值，造成成都西部老灌区乡村地带的持续破坏。在生态文明新时代的影响下，都江堰灌区的生态与文化价值正在被重新认识，成都城镇化格局已经有所调整。2016年，政府提出了"东进、南拓、西控、北改、中优"[③]的十字方针引导城乡发展，其中"西控"就是针对成都西部包括广大的都江堰农业地区，提出要持续优化生态功能空间布局。这一策略从价值观方面重视了西部都江堰灌区的整体生态价值，将生态价值高的都江堰老灌区和东部城市扩展地带在空间上分离开来，将有利于促进了乡村保护工作的开展。但是仅仅调整城市发展方向还是不够的，还需要通过一系列措施在平原地带建立可靠的乡村保护体系，这些在欧洲类似地区已经有一定的经验积累。

比如英国，城市化过程中也曾将保护农业地带作为一项关键任务，并对其文化景观的遗产价值颇为重视，还曾尝试利用"国家公园"技术方法进行探索。在英格兰和威尔士，创建国家公园的目的是从整体上为可持续的乡村管理提供

① ［美］霍尔姆斯·罗尔斯顿著，哲学走向荒野［M］. 刘耳，叶平译．长春：吉林人民出版社，2000：317
② 段蕾，康沛竹. 走向社会主义生态文明新时代——论习近平生态文明思想的背景、内涵与意义［J］. 科学社会主义，2016（2），127-132.
③ 《成都市城市总体规划（2016—2035年）》（送审稿）。

可能，人们将"地景"（landscape，包含自然与人文的综合体）认定为国家公园重要的保护对象，并制定最高级别的保护措施。[①] 为了对抗城市化与造林工程对乡村的"威胁"，1926 年，英国专门成立了乡村保护协会。乡村保护协会（CPRE）与其他团体联合起来，积极要求在农业地区建立国家公园。他们对文化地景的浪漫主义的解读昭示于国家公园委员会（National Parks Commission）（1949）之中，其责任是调查和监督乡村发展，防止采矿、农业、旅游以及其他商业利益集团的侵害，目的是通过防御与保护维系"传统"农村生活方式，后在 1968 年，这种保护乡村的国家委员会变身为乡村委员会。[②]

比如生态学家理查德·福尔曼在对巴塞罗那地区开展的生态规划中提到的第一原则就是"土地是家园和遗产"[③]，在对巴塞罗那地区规划中提出"农业公园"的设想。针对巴塞罗那大都市地区，理查德·福尔曼系统的研究地区人与自然的关系，在"地区食物系统"的规划中形成了"农业公园"的设想，认为集中的大面积的保护农业不仅可以降低成本提高质量，而且还可以保存风景与生态价值（图 7-19）。[④] 类似的实践已经在比利时、德国等具有长期农业历史的地区开展，这些国家划定了"高价值（High-value）农业地区"[⑤]，而且保护的范畴已经超出了"开放空间"，向文化地景的方向发展——关注于传统地景的多种功能价值，兼顾生产、防灾、审美、游憩、教育、人居等多方面内容，包括了植被、水道、村落等多重要素，保护传统乡村的可持续发展。

再比如荷兰。如果寻找一个国际大都市地区作为比较，成都平原与荷兰兰斯塔德地区具有直接的可比较性。荷兰兰斯塔德大都市地区经历了上千年的大规模土地改造，有发达的、为世人称道的水利系统、肥沃的农业用地，人居环境的建设与水利改造息息相关，历史上农田的开垦和城镇的建设是伴随着治水活动点滴积累而成；当代城镇化在人类精心改造的土地上发展，形成了整个地区

---

① ［英］伊恩·D·怀特著. 16 世纪以来的景观与历史 [M]. 王思思译. 北京：中国建筑工业出版社，2011：208-209.
② ［英］戴维·佩珀著. 现代环境主义导论 [M]. 宋玉波，朱丹琼译. 上海：格致出版社，上海人民出版社，2011.4：267-268.
③ Richard T. T. Forman. Urban Regions：Ecology and Planning Beyond the City. Cambridge. UK. New York: Cambridge University Press. 2008：244.
④ Richard T. T. Forman. Urban Regions：Ecology and Planning Beyond the City. Cambridge. UK; Now York: Cambridge University Press, 2008.
⑤ B. Pedroli, A. von Doom, G. de Blust, et al. (eds.), Europe's Living Landscapes：Essays Exploring Our Identity in the Countryside. Wageningen, the Netherlands：KNNV Pulishing, 2007.

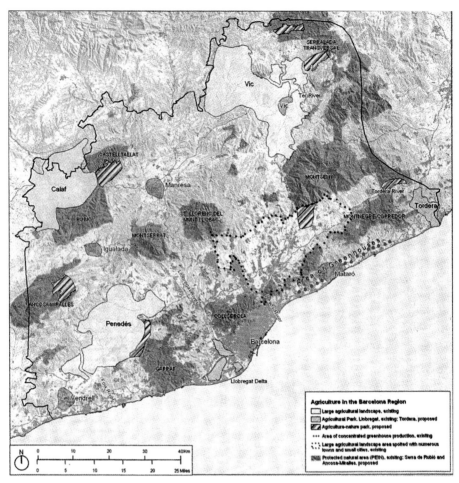

巴塞罗那地区的农业：（1）大型农业地景区，现状；（2）农业公园，现状 Llobregat，建议 Tordera；
（3）建议农业——自然公园；（4）集中的温室生产区，现状；（5）大型的农业地景区，包含了若
干小城镇，现状；（6）自然保护区，现状。Serra deRubio 和 Ancosa-Mirlles 为建议

图 7-19　巴塞罗那"地区食物系统"
（图片来源：Richard T. T. Forman. Urban regions: ecology and planning beyond the
city[M]. Cambridge, UK ; New York : Cambridge University Press, 2008. ）

面积大约 6000 平方公里，人口密度超过 1000 人／平方公里的大都市地区，这
些历史与现状均与成都平原核心地带的都江堰灌区相仿。而这个世界级城市群
大面积保留了农业地带，也就是为世人所了解的"绿心"地区。其实，绿心的
保护过程并非一蹴而就，20 世纪 60、70 年代，20 世纪 90 年代中期都有关于绿
心存废的大讨论，争论的原因还是由于城镇化进程、经济发展与乡村景观、生
态保护的矛盾，而在这种争论过程中，强调保护的共识最终占了上风，到 20
世纪 90 年代，荷兰政府正式划定了绿心边界，形成了占兰斯塔德 1/4 约 1600

平方公里的绿心地区，到 21 世纪初，荷兰还借鉴英国保护显著自然风景地带
（AONB：Areas of Outstanding Natural Beauty）的做法，将"绿心"划定为
国家地景区（National Landscapes）进行保护，强调这一地区景观的遗产价
值[①]（图 7-20）。当前，绿心地区已经成为兰斯塔德地区的独立管理地区，与南
部（包括了 Leiden、Hague、Delft、Rotterdam 和 Dordrecht）、北部（包括了
Amsterdam 及其区域）、乌德勒支地区并列，成为四区之一，是国家政府管理的
专门对象。这一地带包含了众多乡村人口，包括了若干城镇（Alphen aan den
Rijn,Gouda 以及 Woerden 等），同时也包括了大面积的自然保护地。在此基础上，
兰斯塔德地区也因"绿心"获得了更好的区域生态格局，在最新的"三角洲大
都市"（Delta Metropolis）的理念中，人们将三角洲地景设想成一个大都市地
区的公园体系，中央绿心的生态功能也进一步被强化。[②]

　　当代成都平原城镇化展开的基底是数千年劳动人民艰辛劳作创造的都江堰
精华农业地区，具有很高的遗产价值与生态价值。早在 1991 年就有人提及："要
像建立自然保护区、保护珍稀动植物资源一样，建立优质耕地保护区。"[③] 而近年
来虽建立了基本农田保护制度，但耕地保护基本在占补平衡的逻辑中开展，重
视农田的数量，而对质量的考虑较少。历史地看，传统都江堰农业地区还不单
单是高质量的农田，而是整体的适用于传统都江堰人工流域的人居系统，包括
人工水网、林盘等要素，还包含承载着传统文化生活的县镇、祠庙等场所。自
宋代以来，古人所称"都江堰"已经不单指渠首工程，而已经代指平原整体人
工流域系统。历史学家谭继和认为："都江堰作为世界文化遗产，应该是一个完
整的概念，所以，可以将目前作为世界文化遗产的都江堰渠首区域，扩展到整
个灌区,作为延伸项目再整体申报世界文化遗产。"[④] 现状都江堰文化遗产主要指
渠首水利工程，并未扩展到平原水道与人居环境，谭继和的观点正是重视整个
灌区的遗产价值，将乡村地区生态保护与整体的遗产保护结合起来。

　　当代都江堰灌区乡村地带应当借鉴前述保护经验，可以将对都江堰渠首的遗
产保护扩展到平原地带。这种保护形式一方面由于平原灌溉地区与渠首在生态、

---

① Janssen, J. Protected landscapes in the Netherlands：changing ideas and approaches. Planning Perspectives, 2009. 24（4），435-455.
② 袁琳. 荷兰兰斯塔德"绿心战略"60 年发展中的争论与共识——兼论对当代中国的启示［J］. 国际城市规划 . 2015（6），50-56.
③ 刘宇. 建立成都平原耕地保护区问题初探［M］. 地理学与国土研究，1991.5：32.
④ 四川新闻网－成都日报（成都）. 2010-04-02.

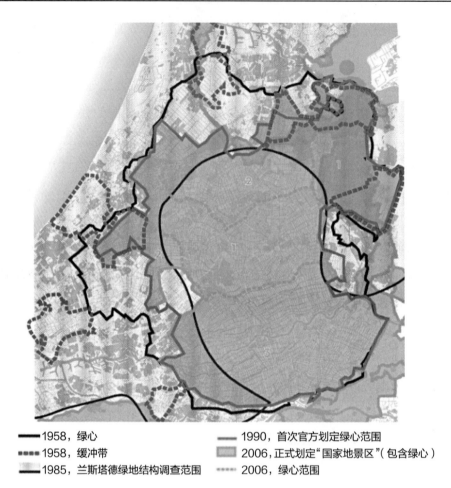

- ▬ 1958，绿心
- ▰▰▰ 1958，缓冲带
- ▬ 1985，兰斯塔德绿地结构调查范围
- ▬ 1990，首次官方划定绿心范围
- ▦ 2006，正式划定"国家地景区"（包含绿心）
- ▰▰▰ 2006，绿心范围

图7-20 荷兰兰斯塔德：从绿心控制到国家地景区

（资料来源：袁琳．荷兰兰斯塔德"绿心战略"60年发展中的争论与共识——
兼论对当代中国的启示 [J]. 国际城市规划，2015(6)，50-56.）

文化等多方面一体性（比如：郫县三道堰镇，在开水节，有迎水的风俗，在渠首放水半日后，都江堰水可流到三道堰镇），另一方面也是在快速城镇化过程中保护农业地区免受侵害的另一条路径。我们要发展农业地区，但更要重视其遗产与完整的生态价值。当代传统都江堰精华农业地区已经遭到破坏，但崇州、郫县、新津、都江堰等县仍保存有大量古河道和大量林盘聚落，可以多县统筹，突破各县林盘聚落逐个保护、农业土地占补平衡的保护现状，结合都江堰老灌区涉及范围，共同拟定历史遗产价值较高、生态环境较好的农业地区，运用遗产保护理念划定"都江堰文化景观保护区"，将城镇、林盘、古河道、精华农田、祠庙、水文化等作为整体，用"都江堰文化景观保护区"的保护形式提升农业地区的主体地位，促进成都平原区域新格局的建立。如能够探索将都江堰老灌区寻找一个具体的有明确边界的保护对象，将有助于顶层设计，促进保护共识的形成，通过自上而下的引导有利于促进"集体行动"[①]，进而突出保护其作为文化景观的生态、文化与遗产价值，避免目标不清晰、长远价值被忽视的混乱局面。

按照荷兰绿心的发展过程，经历了 1958 年的提出，到城镇化进程中经历争论、达成共识，到 1990 年正式划定范围，再到 21 世纪初纳入"国家地景"，绿心保护的历史发展过程勾画了大都市地区农业地带大面积保护措施发展的演化过程，体现着价值观的转变、政府强有力的顶层设计与社会动员力量对于大规模保护乡村景观的关键作用。这种过程恰恰形成了一个可为成都地区发展与推进都江堰灌区保护行动的参照坐标，可以帮助我们明晰当前的战略选择。相比而言，我们对于都江堰灌区乡村地带的局部保护策略以及成都城镇空间发展战略方面已经有所探讨，而大规模、整体保护都江堰灌区乡村地带的政策制定以及实际的保护边界的划定等都还没有提上日程，社会与政府也尚未对推进大面积的保护达成共识。我们需要继续深化顶层设计，进一步推进对于都江堰灌区整体遗产价值的认识和识别，探索将岷江、沱江、府河等平原水系限定的历史最为悠久的老灌区扇形地带中尚未被城市扩张吞噬的农业地区划为文化景观保护区，这将对推进灌区乡村与生态保护带来重要保障。

7.2.2　洪涝应对：加强历史水系恢复为基础的调适减灾

当代快速城镇化过程带来大地表面的剧烈变化，城乡人居环境正在承受更加严峻的洪涝灾害挑战。灾害应对不单是工程技术问题，根本上与生态伦理息息相关，不同的生态伦理将导致不同的减灾思路。传统都江堰灌区蕴含着丰富的减灾智慧，传统的"推理酌情"的地区调适方法对当代减灾措施的发展仍具有借鉴意义。

古代都江堰灌区河道密布，扇状水系既灌溉农田，又能有效疏导洪水，精华农田水道与池塘串联结合如长藤结瓜，整个平原系统既可吸纳洪水又可储水御旱，城市水网也与地区扇状水网紧密联系，将城市小系统与地区大系统有机串联，

[①] 2009 年诺贝尔经济学奖获得者美国的曼瑟尔·奥尔森（Mancur Olson）在《集体的行动逻辑》(The Logic of Collective Action：Public Goods and the Theory of Groups) 一书中谈到："除非一个集团中人数很少，或者除非存在强制或其他某些特殊手段以使个人按他们的共同利益行事，有理性的、寻求自我利益的个人不会采取行动以实现他们共同的或集团的利益。"（［美］曼瑟尔·奥尔森著．陈郁，郭玉峰等译．集体行动的逻辑 [M]．上海：上海三联书店，1995：2.）

形成了高质量的减灾防灾地区系统。历史上凡遇灾害，古人常自省反思，以尊重自然之道为根本原则对地区人居环境进行调适。古人重视历史地理，不论城市还是乡村遇到灾害均有智者遍访年长之人，寻找古水道，及时做水道的恢复与水系疏导，这一方法看似简单，但极为有效。

当代西方减灾措施也更加重视土地利用调适，重视自然的恢复。罗伯特·凯茨把调适定义为一个居住安排的过程，或者说"人类占领或生活在一个区域并且导致原始地形改变的过程"①，从理论上提出了土地利用调适对灾害抵御的重要性。近年来美国若干城市治理洪灾的已经开始从重视工程技术（建设堤坝、增加排水管径等）转向了利用河道、土地恢复等生态措施，比如美国艾奥瓦州的迪比克地区为抵御暴雨带来的城市内涝，于2010年开始恢复已经被城市建成区覆盖了的整个比布兰奇河（Bee Branch Creek），该项目投资2100万美元拆除河流故道上的房屋，修建公园，将恢复的河道（已经恢复了610米的河道）贯穿其中，还计划修建两个蓄水池；②如在美国基恩市，政府采用可渗透水泥建设城市道路，减小暴雨带来的内涝风险；③再如旧金山海湾地区东部海岸海沃德地区通过沿海湿地恢复抵御洪水等。④这些被誉为"前沿方法"的西方当代探索与中国传统调适伦理极为相似，都是通过恢复和调适局部的人居环境给自然系统的运转留有余地，增加人居环境抵御灾害的能力。

---

① 转引自：罗伯特·凯茨. 人类调适 // [美] 苏珊·汉森. 适改变世界的十大地理思想 [M]. 北京：商务印书馆，2009：97-98.

② 该案例参考：约翰·A·加里. 改造城市应对洪灾 // 环球科学. 2012年1月1日版，总第73期：38.
一百年前，大量美国人移居到艾奥瓦州的迪比克地区，城市建设逐渐覆盖了整个比布兰奇河（Bee Branch Creek）。河水逐步远离人们的视线，逐渐被居民淡忘。1999年5月16日，大雨降临，24小时降雨142毫米，城市严重内涝，之后政府仅仅修整了被浸泡和冲毁的房屋。2002年6月，两天降雨152毫米，在居住环境再次受到严重的破坏之后，政府采取措施，通过了一项2100万美元的河流重建计划，计划需要拆除大量居民住宅，修建公园，河流穿越其中，同时修建两个蓄水池。但这一计划进展缓慢。……2010年7月，又一场暴雨造成了数百万美元的损失，之后，重建工程正式动工。至今，该计划已经重建610米的河流，可以承受24小时内降水250毫米规模的降雨。

③ 该案例参考：约翰·A·加里. 改造城市应对洪灾 // 环球科学. 2012年1月1日版，总第73期：40-41.
基恩市的案例。2005年10月，一场大暴雨袭击，降雨量高达280毫米。洪水不仅摧毁了涵洞和公路，也破坏了桥梁和住宅，并有多人死亡。计划制定者雷特·兰姆（Rhett Lamb）领导制定了"适应性方案"，并为今后的改进募集了资金，这是美国该类方案的第一批，具有深远影响。如：城市的主路——华盛顿大街两旁，人行道的建造材料替换为可渗透水泥。人行道的两侧也种植青草。这样降水时，雨水能够顺着路面散开，并缓缓深入地下，不会形成洪水。
艾奥瓦州的查尔斯城的解决方案是拆除了16个街区的路面，铺设了一层厚厚的碎石地基，并在上面铺装由可渗透材料制造的人行道。这样当暴雨来临时，雨水能够渗入地下。人行道下面的碎石层中包含微生物，能够在雨水最终排入河流之前，就分解其中大部分油类和其他杂质。

④ 该案例参考：约翰·A·加里. 改造城市应对洪灾 // 环球科学. 2012年1月1日版，总第73期：41.
旧金山海湾地区东部海岸海沃德地区，在比尔·寇克（Bill Quirk）（曾为NASA的气象分析员）的要求下，海沃德区海岸规划局花费3万元研究海平面上涨引起洪水的解决方案。……过去的几个世纪，小溪和河流带来的沉积物在海湾地区形成了许多湿地，当暴风和海浪来袭时能起到缓冲作用。但当小溪和河流的水被引导至涵洞和管道中时，水中的沉积物转而开始在码头和运输通道内沉淀，而不是到达海湾形成湿地。因此规划局希望开展一个引导计划，将一部分水和沉积物重新引入海湾，帮助这里的湿地重建。

当代成都平原快速城镇化进程中，传统水网破坏严重，尤其城市古水道破坏更是严重，应对洪涝灾害，积极展开水系与缓冲地的恢复是一项重要策略。长远来看，不仅是水系保护，城市规划应该结合历史上的水网格局，从区域系统做整体研究，对关键的传统水系统做科学恢复重建，应当扩展自然地带，将传统水道的恢复明确写进长远的城乡规划当中。

7.2.3 治理形式：推进小规模、生态化乡村人居改造试点

古代都江堰灌区自然资源大都整合于扇状人工流域水网体系中，除了国家对于灌区的整体管理、协调，还促进了乡村林盘散居的住户自主开展水系与环境管理，发展精耕农业，体现着居民自主的、广泛的对于乡村生态系统的精细构建。当代城镇化推进中，大规模的迁村并点和土地整理工作引导下的乡村治理已经严重地破坏了传统灌区自然与居住系统。

近些年，生态文明的推进也在改变着乡村人居环境的发展模式，郫县、都江堰市等地的乡村也开始尝试新的乡村人居环境保护与更新方式。例如郫县政府改变了以往对"三个集中"原则的强调，转而倡导"宜聚则聚、宜散则散"的乡村建设策略，主动探索"小规模、组团式、微田园、生态化"[1]的新农村建设模式，部分地区已经改变了简单粗暴强调迁村并点的村庄集中化建设，开始更多地考虑散居农户与周边环境的生态和谐发展，在这种指导思想的指引下，一些地区的发展较好地维持了林盘散居的文化景观。比如郫县安龙村，农户采用生态农业的发展方式，结合农家乐和乡村教育维持经济，一直保持林盘散居，林盘中自建了小型湿地、污水处理设施等开展生态化的污水处理，整个村子形成了避免集中式改造依然维持可持续发展的环境友好型发展模式，为更好地保护乡村文化景观带来了新思路（图 7-21、图 7-22）。除此以外，2016 年以来，随着对都江堰遗产价值完整性的深入认识，郫县也已经开始启动农业申遗等事宜，拟在走马河水源保护区等局部林盘景观较好的区域划定遗产区，进而更好地推进都江堰乡村文化景观的保护工作。[2]

区别于以往一刀切的迁村并点与"三集中"的乡村建设方式，小规模、生态化改造与发展方式为乡村保护注入了新方向。如果说推进文化景观保护区的形成

---

① 黄晓兰．以"小组微生"模式促进新农村建设——成都市的探索与实践 [J]．中国土地 2017 (1)，43-45．
② 成都市郫都区农林局牵头申遗工作。

图 7-21　郫县安龙村林盘生态化改造试点
（图片来源：自摄）

图 7-22　郫县安龙村林盘生态农业推广
（图片来源：自摄）

是在推进社会共识与集体行动，这种小规模、生态化的改造方式则是为了兼顾了传统乡村格局与居民生活的改善。当前，这种方式还在试验阶段，应当积极总结基于分散林盘格局的人居环境改建更新模式，基于都江堰灌区传统景观格局的环境修复模式以及适宜于分散林盘人居布局的基础设施建设模式，在乡村改造更新中充分反映都江堰灌区整体遗产特征与价值；为应对分散林盘聚落发展的经济可行性与可持续性的不足，当前阶段还需要探索充分调动农户、政府、企业等多方力量开展改造与经营的多元模式，根据不同的灌区区位、不同的自然环境基础、不同的社会结构基础，因地制宜地探索多样的经营环境与政策环境；在多地区持续推进更多的试点工作，探索更好的政策环境支持与更多试点经验的积累将对未来持续探索普适性的乡村保护策略与可持续发展策略奠定坚实基础。

7.2.4　山水环境：充分运用传统生态信息改善地区风景

地理学家马克·安特罗普（Marc Antrop）曾论："传统地景的形成过程、管理方式以及人们对于可认知环境的多种多样的关系，以及其产生的象征意义，都为未来地景更可持续的发展和管理提供了有价值的知识。当代地景正经历着快速的变化，这种变化改变着数千年来因人类作用形成的大地的传统面貌，这种变化是剧烈的，但也是消极的，新的要素和结构被引入所有地方，地域特征正在消失，一个区域内一致的协调的结构体系正在瓦解。"[1] 西方学者也认为：

---

[1] MarcAntrop. Why landscapes of the past are important for the future. Landscape and Urban Planning 70(2005), 21-34.

"本土社会在其历史时期积累下来的知识具有重要意义。把人类视为自然界的一部分的观点，和一个强调尊重自然界其他成分的信仰体系，对于与自然资源基础之可持续关系的演进是很有价值的。"[①] 传统中国，在经历了数千年农业耕作的地区，本土的生态知识就更加的丰富，体现在传统地景、各类诗文与图像资料中。

在荷兰，其地形地貌是千年来苦心经营，这一点与中国相同，但其国民性格与生态认知层面却与中国传统不同。这个国家向来享有善于控制自然和利用自然的声誉。荷兰人孜孜不倦地利用科学技术治理水与陆地的传统塑造了荷兰人对环境的实用主义态度，但在浪漫的自然主义方面，他们尽管受到过浪漫主义画派的影响，却没有拥有恬淡的思维方式，荷兰的现代生态思想，着实体现着实用主义的特征，是一种理性的生态主义。[②] 这种理性主义也可以从荷兰传统城市形态与乡村园林体现的人居与自然的关系中一窥，其场所表现与中国山水城市、园林生活大相径庭，缺乏了浪漫主义色彩，而以理性的自然格局为主。

西方生态实践重视理性与科学，至今日发展至综合，也强调文化与审美要素在实践中的重要作用。传统中国除了自然改造中体现的理性与实用倾向，还体现着与信仰和情感紧密联系的深层生态实践特征，心物交融，形成了具有"天地境界"的传统地区胜境。李泽厚称其为"人化的自然"，从地区山水全景到人居生活景象再到地区宗教场所的构建都集中表现着这种山水境界，山水诗文、画作往往成为今人解读与体会这种境界的直接文本。

传统山水长卷的创作"搜妙创真"，通过地区胜景的组织、提炼表现着地区风景的独特魅力。为应对快速城市化进程中风景衰退的普遍现象，吴良镛院士曾提出"借名画之余晖，点江山之异彩"的风景建设理论，阐释了古代山水画卷在当代风景建设中可以发挥的重要作用。倡导以古代名画发掘乡土本色，避免千城一面的风景建设方式。吴良镛先生曾利用《鹊华秋色图》为济南谏言，提出建设"鹊华历史文化公园"的建议，提出要在城市发展过程中保护自然、改造生态、发扬文化、重振山河，让原有的自然美景熠熠生辉，造福千秋万代。[③]

---

① Gadgil, Berkes and Folke, 1993：151 /［加］布鲁斯·米切尔著，蔡云龙等译. 资源与环境管理 [M]. 北京：商务印书馆，2004：326.
② 莫里·科恩. 荷兰的生态现代化、环境知识与国民性格——初步分析 //［荷］阿瑟·莫尔、［美］戴维·索南菲尔德著，张鲲译. 世界范围的生态现代化——观点和关键争论 [M]. 北京：商务印书馆，2011：131-132.
③ 吴良镛. 借名画之余晖，点江山之异彩——济南"鹊华历史文化公园"刍议 [J]. 中国园林，2006.1.

并进一步强调，对待传统山水人文景观的发掘，不是复旧，更不是复古，而是在于萌生新的创作之理念，使之更富文化内涵，别具一格。[①]

今日成都平原风景，一方面要利用遗产区的方法进行整体的保护，防止传统风貌的退化与生态环境的恶化，另一方面，在风景的塑造方面应该善于利用历史文化中隐藏的丰富的风景信息。通过发掘，体会境界，保护风景，甚至恢复和重建，在城镇化的过程中推进自然化，应充分利用《蜀川胜概图》等山水长卷、各种游记、艺文，从大地景观的视野进行风景的统一筹划，将山水秩序与城市规划建设相结合，尤其在城镇化尚未破坏或干扰较小的平原下游的地区，如新津（图7-24）、眉山、青神、乐山等地，都应更加关注山水秩序在城市设计中的重要作用，努力使其不失山水情怀。

西方公认，荒野的发现促进了自然保护主义的诞生，在中国，尤其在历史悠久的人居地带，除了荒野自然或天然自然的认识，经由传统文化孕育的人化自然对于地区生态亦非常重要。西方偏重理性与分析的生态实践方法提高了精确性，源自情感与符号认知的生态实践更能体现天地精神与深层生态的需要。在普及西方生态规划方法的同时应推动传统生态信息的保护与再利用。

在成都平原关注生态，应情理交融，这也为风景的发展提出了更高的要求。我们要借鉴西方，开展精细的生态要素分析，同时更要注重山水体验与情感的培养，要超越西方荒野的自然审美，在山水中提升人类居住的境界，通过境界

图7-23　新津山水环境
（图片来源：自摄）

---

① 吴良镛．"济南鹊华历史文化公园"刍议后记［J］．中国园林，2006.1.

的提升与超越达到精神层面与自然的共生与和谐。

7.3　总结：生态文明为基础的综合改良

都江堰灌区是全世界独一无二具有示范意义、人与自然和谐相处的人类聚居地带，过去三十年由于对这一地区的生态与遗产价值认识不足，快速的城镇化已经造成这一地区大量被蚕食，乡村文化景观快速衰退，岌岌可危，同时也引起了严重的生态退化。区域发展模式的转变与生态改善需要多个方面的综合努力，而当前阶段的生态文明建设正在为有效保护和修复都江堰灌区提供可能，但仍然需要进一步明确科学、适宜、具有前瞻的保护思路。结合本土与部分西方经验，笔者建议通过推进顶层设计探索都江堰老灌区文化景观保护区；加强传统水道恢复为基础的调适减灾；积极探索推广小规模、生态化乡村人居更新试点工作；并倡导充分运用传统生态信息改善地区风景。都江堰灌区保护与发展的问题涉及许多方面，极为复杂，需要长期的观察、试验与探索，如何在积极保护乡村文化景观、提升生态系统服务功能的同时能够切实的改善乡村居民生活条件，寻找适宜的保护与发展相统一的模式，还有待进一步的深入持续探索。

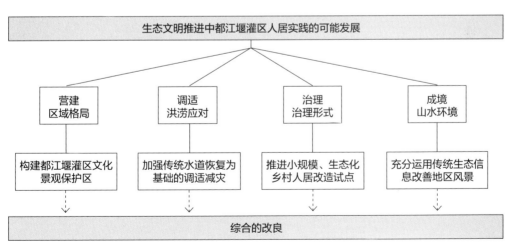

图 7-24　都江堰灌区人居实践的综合改良
（图片来源：自绘）

第 8 章

——

结语：生态地区的创造

8.1 "人类世"的生态地区

地球已经进入人类世（Anthropocene），历史上从来没有任何一个时期像今天这样，人类活动如此深刻地改变着地球的面貌。通常意义上的地理学概念中天然的以流域与生物地理为基础的生态地区已经越来越密切的与人类活动关联与融合起来。"生态地区"（ecological region）的概念已经不仅用于描述自然生态地带，也可以包含人类活动深刻影响的聚居地带，这一概念被理解为容纳着自然、人与社会及其之间交互关系的有机整体，常被当作一个"活的有机体"[①]。

20 世纪以来，不少重要的区域与生态规划的先驱都在其代表性理论著述中论述了对于生态地区的理解。路易斯·芒福德（Lewis Mumford）在《城市文化》中曾经以"作为家园的大地"论述"地区"的概念，将城市发展看作地区发展中的地理现象，并强调要以自然单元定义地区范围，他将地区整体看做人与自然共同形成的集体艺术品，强调以自然地区为单元开展有机规划[②]；马克·卢卡里利（Mark Luccarelli）专著《路易斯·芒福德与生态地区》[③]一书，肯定了芒福德的思想在"重塑城市生活，缓解城市化带来的危机，倡导将城市再次融入自然"等方面做出的努力；[④]作为生态学家与规划师的本顿·麦克凯耶（Benton MacKaye）将地区与人类生态学直接联系起来，明确提出要将生态地区作为其确定的、基本的组织单元，并倡导且直接影响了 TVA 的建设；[⑤]麦克·哈格（Ian McHarg）在 20 世纪六七十年代的研究工作先是致力于大地生态适宜性的研究，

---

① ［英］戴维·佩珀著，宋玉波，朱丹琼译. 现代环境主义导论［M］. 上海：格致出版社，上海人民出版社，2011：222-224.
② ［美］刘易斯·芒福德著. 宋俊岭，李翔宁等译. 城市文化［M］. 北京：中国建筑工业出版社，2009.
③ Luccarelli, M. Lewis Mumford and the ecological region：The politics of planning. New York, NY：Guilford Press, 1997.
④ Edited by Ian L. McHarg and Frederick R. Steiner. To heal the earth：selected writings of Ian L. McHarg. Washington, D.C.：Island Press, c1998：85
⑤ ［英］戴维·佩珀著，宋玉波，朱丹琼译. 现代环境主义导论［M］. 上海：格致出版社，上海人民出版社，2011.4：222-224.

后来转而推动人类生态学与人类学方面的地区研究，强调生态问题解决的综合性与人文属性，更为直接的深化了对生态地区的认识及与其相关的城乡规划的方法；① 罗伯特·贝利（Robert G. Bailey）在《基于生态地区的可持续发展》一书中将生态地区看成区域尺度的生态单元，并倡导以此为基础进行区域与城市设计，以区域生态学为基础展开综合的土地管理②；另外还有不少学者倡导"生态地区主义"（Bioregionalism）（或称生物地区主义），提倡全面的认识一个自然区域的生物活动和自然系统，他们认为在一个自然区域内研究和理解生物学和聚居的自然系统将发现很多能有效维持人类可持续发展的重要原则，他们认为基于自然系统的地区设计是城市规划和设计专业的新责任③；弗里德里克·斯坦纳（Frederick Steiner）在《人类生态学——遵循自然的引导》一书中讨论了生态地区（ecological region）的建设理论，他认为人居环境都依赖于更大的地区，要认识到城乡与其赖以存在的地区之间的广泛联系，应以整体的视角关注容纳了人居环境、承载了人类活动的完整的生态地区④；生态学家理查德·福尔曼（Richard T.T. Forman）又将生态学原理的研究扩展到城市地区的方向，研究如何在城乡建设的过程中对大地进行有机的重塑，构建合理的人地秩序，充分体现了以生态地区为基础开展生态规划的探索。

人居发展中，倡导积极推动营造生态地区的理论基础是"生态整体主义"。生态整体主义（ecological holism）的核心思想是：把生态系统的整体利益作为最高价值，把是否有利于维持和保护生态系统的完整、和谐、稳定、平衡和持续存在作为衡量一切事物的根本尺度，作为评判人类生活方式、科技进步、经济增长和社会发展的终极标准⑤；"生态整体主义"的倡导不否认人在自然中的能动性。奥尔多·利奥波德（Aldo Leopold）认为，人类的发展非冻结现有的生态系统，而提倡对其进行"改造、管理和利用"⑥，霍尔姆斯·罗尔斯顿（Holmes Rolston）认为，人类完全可以改造他们的环境，但这种改造应是对大地生态系统之美丽、完

---

① Edited by Ian L. McHarg and Frederick R. Steiner. To heal the earth : selected writings of Ian L. McHarg. Washington, D.C. : Island Press, c1998 : 85.
② Robert G. Bailey. Ecoregion-Based Design for Sustainability. Springer, 1987 : 33.
③ Daniel Williams. Biourbanism and Sustainable Urban Planning//Edited by Charles J. Kibert. Reshaping the Built Environment. Island Press, 1999 : 222-224.
④ Frederick Steiner. Human Ecology : Follow the nature's leads. Washington D.C. : Is laud press, 2002 : 102.
⑤ 王诺. "生态整体主义"辩[J]. 读书, 2004. 2 : 25.
⑥ [美]奥尔多·利奥波德著, 张富华, 刘琼歌译. 沙郡年鉴[M]. 北京：外语教学与研究出版社, 2010. 7 : 253。

整和稳定的一种补充，改造活动应该是合理的，能够丰富地球生态系统的。[①] 生态整体主义倡导者讨论的生态系统的整体利益是包含了人类子系统的，还突出强调人类这个子系统的内部关系对于母系统的平衡稳定的重大作用，重视人类子系统内部关系的改善对于整个生态系统生死攸关的重大影响。[②] 这种生态整体主义旨在重构人与大地的关系。从哲学层面讲，生态整体主义[③] 完成了世界观和方法论由生态学向形而上学的转换[④]，其所关注的问题从整体的生态系统延伸至人类社会与精神的层面，成为应对人地关系断裂的重要哲学原理。

从生态整体主义的角度理解人类世的生态地区并非十分困难，而目前，有关这方面的阐述仍是理论层面的探讨较多，在实际中，我们更需要的是促进人居和生态环境的共同发展、生成高质量支撑人类可持续发展的生态地区的能力。

8.2　都江堰灌区本土人居智慧的当代价值

1930 年代 TVA 的田纳西流域实践被西方认为是整合生态发展与人居建设的典范。其发展以流域为基础，开展"有机规划"[⑤]，其目的是使土地恢复生态平衡，人们不违抗自然，并强调对自然的理解与合作，使得每年带给人们灾难的河流能造福人民。这一地区的发展关注到多种生态要素以及他们之间富有生机的生态关系，强调"土地、水与人三位一体"，形成"无缝的天衣"，探讨河川、森林、城市、矿产、农业、工业的协调发展，并充分重视大地风景对人类精神的积极作用（建立了一百多个国家公园）。[⑥] 针对这一西方经典，费孝通曾评论其是"为了一个与中国人的观念很接近的目的而努力"[⑦]，这一评论从另一个侧面充分肯定中国人的本土智慧，同时也为我们提出了疑问，我们到底应该如何了解、描述、阐释和总结这类中国智慧，使其能够更好地服务于未来的发展。

---

① [美]霍尔姆斯·罗尔斯顿著，刘耳，叶平译. 哲学走向荒野 [M]. 长春：吉林人民出版社，2000.1：30-31
② 王诺."生态整体主义"辩 [J]. 读书，2004.2：28.
③ 清华大学雷毅教授也曾使用"环境整体主义"的概念。曾请教雷毅教授，"环境整体主义"与"生态整体主义"本身来讲没有严格的区分，"生态整体主义"更多的包含了人的因素。
④ 雷毅. 环境整体主义的生态学基础 [J]. 清华大学学报（哲学社会科学版），2006.4：132.
⑤ BRIAN BLACK. Organic Planning：The Intersection of Nature and Economic Planning in the Early Tennessee V alley Authority. Journal of Environmental Policy & Planning 4:157 - 168 (2002).
⑥ D. E. Lillienthal 著，徐仲航译述. 民主与设计——美国田纳西河流域管理局实录 [M]. 上海：商务印书馆，1944：39.
⑦ 费孝通. 中国士绅 [M]. 北京：生活·读书·新知三联书店，2009.12：101-102

图 8-1　都江堰
（图片来源：自摄）

本书研究的对象都江堰灌区，是公认的生态实践的典范。[1] 本研究的开展并不拘泥于某种现成的生态理论，而努力从不同的实践范畴通过原始的、丰富的历史文献、考古资料、图像资料的整理、发掘和分析，尽可能直接的反映整个灌区人居环境的实践模式。从这些被重新条理化的历史材料的梳理和解读中我们不难认识，古人对于该地区生态的整体发展在营建、调适、治理、成境等不同的实践范畴都有充分的体现：在大地的改造与利用过程中，古人以发达的水网联系、整合、掌控地区自然资源，通过建立庞大的人工流域孕育城乡、抵御灾害，通过均水、田、发展精耕农业为居民带来广泛福祉，形成了水网、水塘、城市、乡村林盘高度连接、自然与人工交融、整体有机的地区格局；在灾害的适应过程中，古人不求毕其功于一役，体现着长期应对各种自然变化与突发情况的积极调适过程，这种调适过程不是局部的、短见的，而是区域性的、结合区域水网和整个平原地景结构的完善与发展，彰显着为古人推崇的推理酌情的地区调适精神[2]；古人精心设计了一套适应于庞大、精细、多层级人工水系的社会治理框架维持水系统的可持续运转，在这种治理框架下，国家有监管、各县有协作、居民自组织，灌区的居民都被调

① Xiang, W. N. (2014). Doing real and permanent good in landscape and urban planning: ecological wisdom for urban sustainability. Landscape & Urban Planning, 121(1), 65-69.
② 袁琳. 传统调适经验对当代人居环境洪涝减灾的启示——古代都江堰灌区为例 [J]. 城市规划, 2014, 38(8)：78-84.

动到维护自然系统的日常劳作中，官民协调，上下一体，形成了依存于庞大精细的地区人工流域并服务于人工流域的社会治理模式[①]；与此同时，人居环境又以郡邑为局，山水为道，诗文为子，整体地域综合为一弈，体现着山水人居的诗意，从物质构建到精神体验都表现着人居与地区山水的有机融合，体现着广大和谐的天地境界。[②] 整个都江堰灌区的人居实践充分展示了古人对整个地区的驾驭与发展能力，这些实践可以被看作生态实践，因为其实践过程都致力于地区自然与人居的共同和谐发展，其基础是古人对大地生生之理充分的认知，遵循自然又能再造自然的能力，国家政治治理体系的保障，古代文人对人居山水意境的高远追求，以及根本的生命为主体思维的观念无所不在的渗透。这种人居实践超出了单一的城市或乡村聚落，而涉及区域自然系统与人类社会的整体构建，充分体现了"生态地区的创造"过程，这种过程正如古人表达的都江堰灌区人与自然的辩证关系："天地之生殖资民之用，人事之生殖育民之天"[③]——将"道法自然"与"妙造自然"的理念相融合，整合人居、大地，其呈现的为人类可持续繁衍与广大居民福祉的改善发展出来的创造生态地区的能力，是都江堰灌区人居智慧与当代价值的核心体现。

8.3　生态文明新时代的展望

西方历史唯物主义者认为，现代生态危机根源于人与大地关系的断裂。这一观点在早期马克思、恩格斯的著作中就有印证，他们认为是资本主义经济方式造成了人与土地的分离，进而引起了人与大地有机关系的破坏。[④]19 世纪中

---

① 袁琳，袁琳（女）．生态基础设施建设中的地区协作——古代都江堰灌区水系管治的启示 [J]．城市规划，2016，40（8）：36-43.

② 袁琳．心灵境界与人居胜境——以古代成都为例论一种深层生态实践 [J]．中国园林，2014（6）：32-36.

③ 此语源自《天启成都府志》：成都有天地之生殖，有人事之生殖也。大蓬雪岭青城瓦屋岷嶓环绕，周如城垣，而殖货业茂，此天地之生殖也。神禹导江浚川，李冰穿江疏渠，令蛟蜃怖藏，卒开沃野千里之利，此人事之生殖也。天地之生殖资民之用，人事之生殖育民之天。

④ 《马克思恩格斯全集》卷 23 卷，人民出版社 1972 年版，第 552-553 页。需要"恢复"土壤成分的观点，是马克思直接从李比希 1862 年版《农业化学》的"导论"中吸取过来的。李比希："导论"，第 97 页："资本主义生产使它汇集在各大中心的城市人口越来越占优势，这样一来，它一方面聚集着社会的历史动力，另一方面又破坏着人和土地之间的物质变换。"；《马克思恩格斯全集》卷 20 卷，人民出版社 1971 年版，第 321 页："城市和乡村的对立的消灭不仅是可能的。它已经成为工业生产本身的直接需要，正如它已经成为农业生产和公共卫生事业的需要一样。只有通过城市和乡村的融合，现在的空气、水和土地的污毒才能排除，只有通过这种融合，才能使现在城市中日益病弱的群众的粪便不致引起疾病，而是用来作为植物的肥料。"马克思强调在人与土地的可持续性关系的改善需要周密的计划，"首先需要旨在消灭城乡之间对立劳动分工的措施。这还包括人口更为均匀的分布，农业和工业的结合，以及通过土地营养物质循环而实现的土地恢复和改良"。（［美］约翰·贝拉米·福斯特著，刘仁胜，肖峰译著．马克思的生态学——唯物主义与自然 [M]．北京：高等教育出版社，2006：188）

叶，发生在美国西雅图的联邦政府向前土著族酋长购买土地的事件恰说明了现代经济变革的过程，西雅图酋长在离开土地时发表的最后演说《这土地是神圣的》在今天仍被西方尊为环境保护的"圣经"。环境思想家卡洛琳·麦茜特（Carolyn Merchant）称这一西方现代化的过程为"自然之死"[①]，土地被视为商品，人类群体与自然浑然一体的有机联系不复存在。路易斯·芒福德（Lewis Mumford）认为现代文明削弱了人类与家乡土地的紧密关系，工业的发展和城镇扩张所到之处，地价上涨，但事实上是大地失去了大部分的价值，这种破坏是当代环境危机的根源。[②] 在这种现代文明的影响下，虽然有科学技术的进步与经济的快速增长，人们始终感觉解决生态问题的困难，也在逐渐丧失生态地区维护的能力。

经历了过去三十几年的快速城镇化过程，都江堰灌区被城市建设用地大量吞噬，传统乡村景观被严重破坏，山水环境恶化，同时也引起了更多潜在的生态风险。近几年来，国家生态文明建设持续推进，"绿水青山就是金山银山"、"山水林田湖是一个生命共同体"、"良好生态环境是最普惠的民生福祉"等理论正在带来全社会自然观和价值观的转变。这种根本观念的转变对于转变都江堰灌区的城乡发展模式，重建地区生态起到至关重要的基础作用，近年来成都地区空间发展战略的制定及乡村改造策略的制定都已经有所转变，从忽视灌区生态到重视西部灌区的保护，从推进"三集中"的迁村并点的乡村改造到开始探索保存林盘文化景观，都体现出了生态文明推进的作用，但同时也面临诸多困境，需要继续推进共识、发展新的策略与方法。笔者根据本土生态实践经验与欧洲相关地区经验的研究，提出了一系列建议，包括构建都江堰灌区文化景观保护区，加强传统水道恢复，推进小规模、生态化乡村人居改造试点，运用传统生态信息改善地区风景等，这些策略都不是一击制胜的终极药品，而是根据历史经验和现实阶段提出的应当把握和推动的若干改良方向。相较于过去三十多年人们追求"现代化"的发展进程，生态文明的建设尚显稚嫩[③]，需要点滴积累不断推进各方面的改革，也需要长期的根据实际情况进行尝试、调整，发展改善生态的政策、技术和方法，推进生态

① ［美］卡罗琳·麦茜特著，吴国盛译．自然之死——妇女、生态和科学革命 [M]．长春：吉林人民出版社，2004.
② ［美］刘易斯·芒福德著．宋俊岭，李翔宁等译．城市文化 [M]．北京：中国建筑工业出版社，2009.
③ 卢凤，曹孟勤主编．生态哲学：新时代的时代精神．北京：中国社会科学出版社，2017.

地区的重塑。积跬步而成千里。我们必须满怀憧憬，持续探索，通过生态文明新时代的持续积累，我们终将重获在高度发达的人类聚居地带创造生态地区的能力，为人类发展带来更可持续的广泛福祉。

参考文献

古籍类

[1]《荀子》

[2]《老子》

[3]《孟子》

[4]《墨子》

[5]《易传》

[6]《道藏》

[7]《国语》

[8]《管子》

[9]《礼记》

[10]《周礼》

[11]《淮南子》

[12]《史记》

[13]《汉书》

[14]《后汉书》

[15]（汉）董仲舒：《春秋繁露》，清武英殿聚珍版丛书本

[16]（汉）杨雄：《太玄经》，清文渊阁四库全书本

[17]（汉）杨雄：《蜀都赋》，清文渊阁四库全书本

[18]（晋）陈寿：《三国志·蜀志》

[19]（北魏）郦道元：《水经注》，清武英殿聚珍版丛书本

[20]（唐）王勃：《王子安集》，四部丛刊景明本

[21]（唐）杜甫：《杜诗详注》，清文渊阁四库全书本

[22]（唐）杜甫：《杜诗全集》，天地出版社，1999 年.

[23]（唐）李白：《李太白集》，宋刻本

[24]（唐）《柳宗元集》，北京：中华书局，2006 年.

[25]（唐）李贺：《高轩过》，四部丛刊景金刊本

[26]（后梁）荆浩：《笔法记》

[27]（后唐）《旧唐书》

[28]（宋）韩拙《山水纯全集》

[29]（宋）张唐英撰，王文才、王炎校笺：《蜀梼杌校笺》，巴蜀书社，1999.

[30]（宋）程遇孙：《成都文类》，清义渊阁四库全书补配清文津阁四库全书本

[31]（宋）苏轼：《苏文忠公全集》，明成化本

[32]（宋）苏轼：《东坡全集》

[33]（宋）欧阳修：《新唐书》

[34]（宋）袁说友等编著：《成都文类》，北京：中华书局，2011.

[35]（宋）韩琦：《安阳集》，明正德九年张士隆刻本

[36]（宋）罗泌：《路史》

[37]（宋）佚名：《宣和画谱》，明津逮秘书本

[38]（宋）范成大，富寿荪标校：《范石湖集》，上海：上海古籍出版社，2006.

[39]（宋）张君房：《云笈七签》，四部丛刊景明正统道藏本

[40]（宋）吕陶：《净德集》，清武英殿聚珍版丛书本

[41]（宋）黄休复：《茅亭客话》，清光绪琳琅秘室丛书本

[42]（元）脱脱：《宋史》，清乾隆武英殿刻本

[43]（元）费著：《岁华记丽谱》

[44]（明）莫是龙：《画说》

[45]（明）曹学佺：《蜀中广记》，清文渊阁四库全书本

[46]（明）曹学佺：《蜀中名胜记》，重庆：重庆出版社，1984.

[47]（明）杨慎编，刘琳、王晓波点校：《全蜀艺文志》，选装书局出版社，2003.

[48]（明）何宇度：《益部谈资》，清钞本

[49]（明）王圻，王思义编集：《三才图会》，上海：上海古籍出版社，1988.

[50]（明）王士性：《五岳游草》，清康熙刻本

[51]（明）王士性：《广志绎》，清康熙十五年刻本

[52]（明）王樵：《使蜀记》，清文渊阁四库全书本

[53]（明）董其昌：《画禅室随笔》，清文渊阁四库全书本

[54]（明）李贤：《明一统志》，清文渊阁四库全书本

[55]（明）杜應芳：《补续全蜀艺文志》，明万历刻本

[56]（明）朱让栩：《长春竞辰稿》，明嘉靖蜀藩刻本

[57]（清）张廷玉：《明史》

[58]（清）黎翔凤：《管子校注》．北京：中华书局，2004.

[59]（清）王人文：《历代都江堰功小传》

[60]（清）顾炎武：《日知录》

[61]（清）叶燮：《已畦文集》

[62]（清）清江子：《宅谱问答指要》

[63]（清）石涛：《大涤子题画诗跋》

[64]（清）戴震：《读易系辞论性》，《戴震集》第一册．北京：清华大学出版社，1991.

[65]（清）《全唐文》，清嘉庆内府刻本

[66]（清）《全唐诗》

[67]（清）《唐宋诗醇》，清文渊阁四库全书本

[68]（清）笪重光：《画筌》，清知不足斋丛书本

[69]（清）王泽霖：《新开长同堰暨建祠碑》

[70]（清）傅崇矩：《成都通览》，成都：巴蜀书社，1987.

[71]（清）张宗法原著，邹介正等校释：《三农纪校释》，北京：农业出版社，1989.

[72]（民国）《灌志文征》

[73]（民国）四川省水利局编．都江堰水利述要．四川省水利局，民国 27 年

[74]（民国）钟朝镛《成都省城形势脉络说明书》，石印本，国家图书馆数字方志数据库

方志类

[75]（东晋）《华阳国志》

[76]（宋）王象之：《舆地纪胜》，清影宋钞本

[77] 嘉靖《四川总志》

[78] 天启新修《成都府志》

[79] 康熙《崇庆州志》（善本），不分卷

[80] 雍正《四川通志》

[81] 乾隆五年《直隶绵州罗江县志》，1745

[82] 乾隆五十一年《灌县志》，1786

[83] 嘉庆十八年《彭县志》1813

[84] 嘉庆十九年《彭山县志》，1814

[85] 嘉庆十九年《双流县志》，1814

[86] 嘉庆二十年《温江县志》，1815

[87] 嘉庆二十一年《成都县志》，1816

[88] 嘉庆二十三年《邛州直隶州志》，1818

[89] 道光十九年《新津县志》，1839

[90] 道光二十四年《新都县志》，1844

[91] 同治《重修成都县志》

[92] 同治九年《郫县志》，1870

[93] 同治十二年《新繁县志》，1873

[94] 光绪三年《青神县志》，1877

[95] 光绪十年增修《崇庆州志》，1884

[96] 光绪十三年《乐山县志》，1887

[97] 光绪十八年《华阳县志》，1892

[98] 光绪三十四年《郫县乡土志》，1908

[99] 宣统元年《温江县乡土志》，1909

[100] 宣统元年《新津乡土志》，1909

[101] 嘉庆《崇宁县志》

[102] 同治六年《金堂县志》

[103] 嘉庆《眉州属志》

[104] 民国 3 年增修《灌县志》，1914

[105] 民国 10 年《金堂县续志》

[106] 民国 12 年《眉山县志》，1923

[107] 民国 18 年《新都县志》1929

[108] 民国 21 年《绵阳县志》，1932

[109] 民国 26 年《双流县志》，1937

[110] 民国《温江县志》

[111] 民国《华阳县志》

[112] 民国《汉州志》

[113] 民国《新繁县志》

[114] 王文才纂：《青城山志》，成都：四川人民出版社，1982.7.

今人著作类

[115] 北京大学图书馆．皇舆遐览（北京大学图书馆藏清代彩绘地图）．北京：中国人民大学出版社，2008.

[116] 曹婉如等编．中国古代地图集．北京：文物出版社，1995.

[117] 陈昌笃．走向宏观生态学——陈昌笃论文选集．北京：科学出版社，2009.

[118] 陈鼓应主编．道家文化研究（第 4 辑）．上海：上海古籍出版社，1994.

[119] 陈廷湘，李德琬主编．李思纯文集（未刊印论著卷）．成都：巴蜀书社，2009.

[120] 陈霞主编．道教生态思想研究．成都：四川出版集团，巴蜀书社，2010.

[121] 成都统计年鉴．北京：中国统计出版社，2011.

[122] 成都文物考古研究所编著．成都考古研究．北京：科学出版社，2009.

[123] 程静宇．中国传统中和思想．北京：社会科学文献出版社，2010．

[124] 程相占主编．中国环境美学思想研究．郑州：河南人民出版社，2009．

[125] 邓云特．中国救荒史．北京：商务印书馆，2011．

[126] 都江堰建堰2260周年国际学术论坛组委会编著．纪念都江堰建堰2260周年国际学术论坛论文选编．北京：中国水利水电出版社，2005．

[127] 段永．乾隆"四美"与"三友"．北京：紫禁城出版社，2008．

[128] 段渝．成都通史．成都：四川出版集团．2011．

[129] 方东美．生生之美．北京：北京大学出版社，2009．

[130] 费孝通．江村经济．上海：上海世纪出版集团，2007．

[131] 费孝通．中国士绅．北京：生活·读书·新知三联书店，2009．

[132] 冯广宏，肖炬主编．成都诗览．北京：华夏出版社，2008．

[133] 冯广宏主编．都江堰文献集成．成都：巴蜀书社，2007．

[134] 冯友兰．新原人·境界．商务印书馆，1946．

[135] 冯友兰．中国哲学史．上海：华东师范大学出版社，2000．

[136] 傅佩荣．儒道天论发微．北京：中华书局，2010．

[137] 傅衣凌．中国传统社会：多元的结构．中国社会经济史研究，1986（2）．

[138] 高大伦，国家文物局．中国文物地图集（四川分册·上）．北京：文物出版社．2009．

[139] 苟子平，王国平．都江堰——两个世纪的影像记录．济南：山东画报出版社，2007．

[140] 郭涛．四川城市水灾史稿．成都：巴蜀书社，1989．

[141] 贺麟．近代唯心主义简释．上海：上海人民出版社，2009．

[142] 贺麟．现代西方哲学讲演．上海：上海人民出版社，2012．

[143] 贺学峰．地权的逻辑——中国农村土地制度向何处去．北京：中国政法大学出版社，2010．

[144] 赫治清主编．中国古代灾害史研究．北京：中国社会科学出版社，2007．

[145] 胡晓明．中国山水诗的心灵境界．北京：北京大学出版社，2005．

[146] 冀朝鼎．中国历史上的基本经济区与水利事业的发展．北京：中国社会科学出版社，1981．

[147] 金吾伦．生成哲学．保定：河北大学出版社，2000．

[148] 金耀基．《重传统到现代》补篇（卷二）．北京：法律出版社，2010．

[149] 金岳霖．道、自然与人．北京：生活·读书·新知三联书店，2005．

[150] 金岳霖．论道．北京：中国人民大学出版社，2010：18．

[151] 蓝勇．西南历史文化地理．重庆：西南师范大学出版社，1997．

[152] 李丰楙．仙境与游历：神仙世界的想象．北京：中华书局，2010.

[153] 李根蟠．中国传统农业的可持续发展思想论纲 // 中国环境科学学会，中国风水文化研究院主编．传统文化与生态文明．北京：中国环境科学出版社，2010.

[154] 李均明，何双全编．秦汉魏晋出土文献：散见简牍合辑．北京：文物出版社，1990.

[155] 李仕根主编．巴蜀灾情实录．北京：中国档案出版社，2005.

[156] 李翊．都江堰灌区"良治"管理模式及应用研究．北京：水利水电出版社，2009.

[157] 李泽厚．中国古代思想史论．北京：生活·读书·新知三联出版社，2008.

[158] 梁启超．新史学．梁启超史学论著四种．长沙：岳麓书社，1998.

[159] 梁漱溟．中西方文化比较．上海：上海世纪出版集团，2007.

[160] 林庚．唐诗综论．北京：商务印书馆，2011.

[161] 刘琳．成都城池变迁史考述 // 何一民主编．川大史学（城市史）．成都：四川大学出版社，2006.

[162] 刘培林．风水：中国人的环境观．上海：上海三联出版社，1995.

[163] 龙显昭主编．巴蜀佛教碑文集成．成都：巴蜀书社，2004.

[164] 吕思勉．中国社会史．上海：上海古籍出版社，2007.

[165] 吕思勉．中国文化思想史九种．上海：上海古籍出版社，2009.

[166] 蒙培元．情感与理性．北京：中国人民大学出版社，2009.

[167] 蒙培元．人与自然——中国哲学生态观．北京：人民出版社，2004.

[168] 蒙培元．心灵超越与境界．北京：人民出版社，1998.

[169] 蒙培元．中国哲学主体思维．北京：人民出版社，1993.

[170] 蒙培元．朱熹哲学十论．北京：中国人民大学出版社，2010.

[171] 孟昭华，彭传荣．中国灾荒史．北京：水利电力出版社，1989.

[172] 孟兆祯．孟兆祯文集——风景园林理论与实践．天津：天津大学出版社，2011.

[173] 孟兆祯．园衍．北京：中国建筑工业出版社，2012.

[174] 牟宗三．中西哲学之会通十四讲．上海：上海世纪出版集团，2008.

[175] 彭邦本．都江堰．东亚本土知识及其普世意义的一个案例 // 全球化进程中的东方文明：中国哈佛-燕京学者 2005 北京年会暨国际学术研讨会论文集．北京：北京大学出版社，2007.

[176] 钱钟书．谈艺录．北京：生活·读书·新知三联书店，2010.

[177] 秦晖．传统十论——本土社会的制度、文化及其变革．上海：复旦大学出版社，2004.

[178] 丘挺．宋代山水画造境研究．济南：山东美术出版社，2006.

[179] 饶宗颐．老子想尔注校证．上海：上海古籍出版社，1991.

[180] 任继愈．天人之际——任继愈学术思想精粹．北京：人民日报出版社，2010.

[181] 石汉生．农政全书校注．上海：上海古籍出版社，1979.

[182] 水利部长江水利委员会编．四川两千年洪灾史料汇编．北京：文物出版社，1993.

[183] 水利水电科学研究院水利史研究室编．水利史研究室五十周年学术论文集．北京：水利电力出版社，1986.

[184] 四川大学古籍整理研究所．宋代文化研究（第11辑）．北京：线装书局，2002.

[185] 四川大学古籍整理研究所．宋代文化研究（第12辑）．北京：线装书局，2003.

[186] 四川省档案馆编．巴蜀撷影（四川省档案馆藏清史图片集）．北京：中国人民大学出版社，2009.

[187] 四川省水利电力厅编着．四川历代水利名著汇释．成都：四川科学技术出版社，1989.

[188] 四川省文史研究馆．成都城坊古迹考．成都：成都时代出版社，2006.

[189] 四川省文史研究馆．成都城坊考．成都：成都时代出版社，2006.

[190] 四川水利厅、四川省都江堰管理局．都江堰水利词典．北京：科学出版社，2004.

[191] 宋治民．蜀文化．北京：文物出版社，2008.

[192] 谭红主编．巴蜀移民史．成都：巴蜀书社，2006.

[193] 谭徐明．都江堰史．北京：中国水利水电出版社，2009.

[194] 唐嘉弘．论青州墓群文化及政治经济问题 // 先秦史新探．郑州河南大学出版社，1988.

[195] 王纯五．天师道二十四治考．成都：四川大学出版社，1996.

[196] 王笛．走出封闭的世界——长江上游区域社会研究（1644-1911）．北京：中华书局，2001.

[197] 王国维．人间词话．上海：上海古籍出版社，1998.

[198] 王世襄．中国画论研究．桂林：广西师范大学出版社，2010.

[199] 隗瀛涛．治蜀史鉴．成都：巴蜀书社，2002.

[200] 吴良镛．人居环境科学导论．北京：中国建筑工业出版社，2001.

[201] 吴庆洲．中国古城防洪研究．北京：中国建筑工业出版社，2009.

[202] 熊敬笃．清代地契档案史料．四川新都县档案局，新都县档案馆，1986.

[203] 宿白．隋唐城址类型初探 // 纪念北京大学考古专业三十周年论文集．北京：文物出版社，1990.

[204] 徐复观．中国艺术精神．上海：华东师范大学出版社，2001.

[205] 许蓉生．水与成都——成都城市水文化．成都：巴蜀书社，2006.10.

[206] 许倬云．汉代农业：中国农业经济的起源及特性．王勇译．桂林：广西师范大学出版社，2005.

[207] 严耕望．严耕望史学论文集（中）．上海：上海古籍出版社，2009.

[208] 严文明，李伯谦，徐萍芳．浓墨重彩2008年度全国十大考古新发现．中国文化遗产，2009.2.

[209] 杨联升．从经济角度看帝制中国的公共工程 // 杨联升．国史探微．北京：新星出版社，2005.

[210] 杨守森．艺术境界论．上海：上海人民出版社，2008.

[211] 杨新，班宗华等．中国绘画三千年，台北：联经出版事业公司，1999.

[212] 叶朗．中国美学史大纲．上海：上海人民出版社，1985.

[213] 叶维廉．中国诗学．北京：人民文学出版社，2006.

[214] 尹伟伦，严耕主编．中国林业与生态史研究．北京：中国经济出版社，2012.

[215] 应金华，樊丙庚．四川历史文化名城．成都：四川人民出版社，2001.

[216] 袁行霈．中国诗歌艺术研究．北京：北京大学出版社，2009.

[217] 詹石窗．道教文化十五讲．北京：北京大学出版社，2003.

[218] 张岱年．心灵与境界．西安：陕西师范大学出版社，2008.

[219] 张岱年．中国哲学史纲——中国哲学问题史（上）．北京：中国社会科学出版社，1982.

[220] 张光直．考古学专题六讲．北京：生活·读书·新知三联书店，2010.

[221] 张蓉．先秦至五代成都古城形态变迁研究．北京：中国建筑工业出版社，2010.

[222] 张学君、张莉红．成都城市史．成都：成都出版社，1993.

[223] 郑午昌．中国画学全史．上海：上海古籍出版社，2008.

[224] 中国画像石全集编辑委员会编．中国画像石全集·四川汉画像石．郑州：河南美术出版社，济南：山东美术出版社，2000.

[225] 中国人民政治协商会议四川省眉山县委．眉山县文史资料（第8辑）．1992.6

[226] 周绍泉，林甘泉等．中国土地制度史．台北：问津出版社行，1997.

[227] 朱良志．中国美学十五讲．北京：北京大学出版社，2006.

[228] 朱良志．中国艺术的生命精神．合肥：安徽教育出版社，1995.

[229] 宗白华．美学与意境．北京：人民出版社，2009.

西方著作类

[230] ［德］恩斯特·伯施曼著，段芸译．中国的建筑与景观（1909-1909）．北京：中国建筑工业出版社，2010.

[231] ［德］马丁·海德格尔著，孙周兴译．演讲与论文集．北京：生活·读书·新知

三联书店，2011.

[232] ［荷］阿瑟·莫尔，［美］戴维·索南菲尔德著，张鲲译．世界范围的生态现代化——观点和关键争论．北京：商务印书馆，2011.

[233] ［加］布鲁斯·米切尔著，蔡云龙等译．资源与环境管理．北京：商务印书馆，2004.

[234] ［美］霍尔姆斯·罗尔斯顿著，刘耳、叶平译．哲学走向荒野．长春：吉林人民出版社，2000.

[235] ［美］卡罗琳·麦茜特著，吴国盛译．自然之死——妇女、生态和科学革命．长春：吉林人民出版社，2004.

[236] ［美］刘易斯·芒福德著．宋俊岭，李翔宁等译．城市文化．北京：中国建筑工业出版社，2009.

[237] ［美］曼瑟尔·奥尔森著．陈郁、郭玉峰等译．集体行动的逻辑．上海：上海三联书店，1995.

[238] ［美］施坚雅主编．叶光庭等译．中华帝国晚期的城市．北京：中华书局，2000.

[239] ［美］苏珊·汉森．改变世界的十大地理思想．北京：商务印书馆，2009.

[240] ［美］唐力权．蕴徼论——场有经验的本质．北京：中国社会科学出版社，2001.

[241] ［美］巫鸿．武梁祠——中国古代画像艺术的思想性，北京：生活·读书·新知三联书店，2006.

[242] ［美］巫鸿著．梅枚，肖铁，施杰等译．时空中的美术．北京：生活·读书·新知三联书店，2009.

[243] ［美］伊恩·伦诺克斯·麦克哈格著．芮经纬译．设计结合自然．天津：天津大学出版社，2006.

[244] ［美］约翰·贝拉米·福斯特著，刘仁胜、肖峰译．马克思的生态学——唯物主义与自然．北京：高等教育出版社，2006.

[245] ［英］戴维·佩珀著，宋玉波，朱丹琼译．现代环境主义导论．上海：格致出版社、上海人民出版社，2011.

[246] ［英］雷蒙·威廉斯．关键词：文化与社会的词汇．北京：生活、读书、新知三联书店，2005.3:139-140）

[247] ［英］伊恩·D·怀特著，王思思译．16世纪以来的景观与历史．北京：中国建筑工业出版社，2011.

[248] B. Pedroli, A. von Doom, G. de Blust, et al.(eds.), Europe's Living Landscapes: Essays Exploring Our Identity in the Countryside.

Wageningen, the Netherlands: KNNV Pulishing. 2007.

[249] D. E. Lillienthal 著，徐仲航译述．民主与设计——美国田纳西河流域管理局实录．上海：商务印书馆，1944.

[250] Edited by Ian L. McHarg and Frederick R. Steiner. To heal the earth : selected writings of Ian L. McHarg. Washington, D.C.: Island Press, c1998.

[251] Frederick Steiner. Human Ecology: Follow the nature's leads. Island Press. Washington. D. C. 2002.

[252] Luccarelli, M. Lewis Mumford and the ecological region: The politics of planning. New York, NY: Guilford Press. 1997.

[253] Mark Elvin. The Retreat of the Elephants. An Environmental History of China. New Haven and London: Yale University Press, 2004.

[254] Richard T. T. Forman. Urban Regions: Ecology and Planning Beyond the City. Cambridge, UK; New York: Cambridge University Press. 2008.

期刊文章类

[255] ［美］约翰·A·加里．改造城市应对洪灾 // 环球科学．2012 年 1 月 1 日版，总第 73 期．

[256] BRIAN B LACK. Organic Planning: The Intersection of Nature and Economic Planning in the Early Tennessee V alley Authority. Journal of Environmental Policy & Planning 4: 157-168 (2002).

[257] Janssen, J. Protected landscapes in the Netherlands: changing ideas and approaches. Planning Perspectives, 2009. 24(4), 435-455.

[258] MarcAntrop. Why landscapes of the past are important for the future. Landscape and Urban Planning 70(2005).

[259] Xiang W N. Doing real and permanent good in landscape and urban planning: Ecological wisdom for urban sustainability[J]. Landscape & Urban Planning, 2014, 121(1):65-69.

[260] 曹婉如，郑锡煌．试论道教的五岳真形图．自然科学史研究，第 6 卷第 1 期（1987）.

[261] 陈德安，陈显丹等．广汉三星堆遗址一号祭祀坑发掘简报．文物，1987.10.

[262] 陈剑．大邑县盐店和高山新石器时代古城遗址．中国考古学年鉴，2004.1.

[263] 陈显丹、陈德安等．广汉三星堆遗址二号祭祀坑发掘简报．文物，1989.5.

[264] 陈显丹．广汉三星堆一、二号坑两个问题的探讨．文物，1989.5.

[265] 成都：土地确权进行时．中国改革，2009.3.

[266] 段蕾，康沛竹．走向社会主义生态文明新时代——论习近平生态文明思想的背景、内涵与意义．科学社会主义，2016(2)，127-132.

[267] 段鹏、刘天厚．林盘——蜀文化生态家园［M］．成都：四川科学技术出版社，2004.11.

[268] 段渝．巴蜀古代城市的起源、结构和网络体系．历史研究，1993.1.

[269] 段渝．论秦汉王朝对巴蜀的改造．中国历史研究，1999.1.

[270] 段渝．先秦蜀国的都城和疆域．中国历史研究，2012.1.

[271] 葛兆光．思想史研究视野中的图像．中国社会科学，2002（04）.

[272] 黄晓兰．以"小组微生"模式促进新农村建设——成都市的探索与实践．中国土地，2017（1），43-45.

[273] 蓝勇．宋《蜀川胜概图》考．文物，1999（4）.

[274] 雷玉华．唐宋明清时期的成都城垣考．四川文物，1998（1）.

[275] 李零．郭店楚简校读记 // 陈鼓应主编．道家文化研究（第十七辑）．北京：生活·读书·新知三联书店，1999.

[276] 李远国．洞天福地：道教理想的人居环境及其科学价值．西南民族大学学报（人文社科版），2006.12.

[277] 刘翠溶．中国环境史研究刍议．南开学报（哲学社会科学版），2006.2.

[278] 刘蓬春．清代东山客家的"风水"实践与"风水"观念——以四川成都洛带镇宝胜村刘氏宗族石刻族规碑文为例．四川师范大学学报，2008.6.

[279] 刘宇．建立成都平原耕地保护区问题初探．地理学与国土研究，1991.5.

[280] 卢风．"天地境界说"对生态伦理的启示．学术月刊，2002.4.

[281] 罗开玉．论都江堰与蜀文化的关系．四川文物，1988(3).

[282] 毛求学，刘平．五代后蜀孙汉韶墓．文物，1991.5.

[283] 毛文永．流域开发规划环境影响评价的战略意义——以岷江上游紫坪铺水库工程与都江堰保护问题为例．中国人口·资源与环境．2001，11（3）.

[284] 蒙培元．生的哲学——中国哲学的基本特征．北京大学学报（哲学社会科学版），2010.11.

[285] 蒙培元．中国哲学生态观的两个问题．鄱阳湖学刊，2009.7.

[286] 庞朴．一种有机的宇宙生成图式 // 陈鼓应．道家文化研究（第十七辑）．北京：生活·读书·新知三联书店，1999.

[287] 四川文物管理委员会，四川博物馆等．广汉三星堆遗址．考古学报，1987.2.

[288] 王利华．经济转型时期的资源危机与社会对策——对先秦山林川泽资源保护的重新评说．清华大学学报（哲学社会科学版），2011.3.

[289] 王如松．系统化、自然化、经济化、人性化——城市人居环境规划方法的生态转型．城市环境与城市生态，2001(03)．

[290] 魏达议．成都平原古代人工河流考辨．中国史研究，1979（4）．

[291] 魏达议．天彭阙·离堆·汶水（上）．文史杂志．1986.03．

[292] 吴良镛．"济南鹊华历史文化公园"刍议后记．中国园林，2006.1

[293] 吴良镛．借"名画"之余晖点江山之异彩——济南"鹊华历史文化公园"刍议．中国园林，2006（1）．

[294] 徐崇温．中国道路走向社会主义生态文明新时代．毛泽东邓小平理论研究．2016（5），1-9．

[295] 杨国荣．存在与境界——冯友兰新理学本体论的内在向度．中国社会科学，1996.9．

[296] 杨重华．"丞相诸葛令"碑．文物，1983（5）．

[297] 袁琳，袁琳（女）．生态基础设施建设中的地区协作——古代都江堰灌区水系管治的启示［J］．城市规划，2016，40(8)：36-43．

[298] 袁琳．传统调适经验对当代人居环境洪涝减灾的启示——古代都江堰灌区为例．城市规划，2014，38(8)：78-84．

[299] 袁琳．荷兰兰斯塔德"绿心战略"60年发展中的争论与共识——兼论对当代中国的启示．国际城市规划．2015（6），50-56．

[300] 袁琳．心灵境界与人居胜境——以古代成都为例论一种深层生态实践．中国园林，2014(6)：32-36．

[301] 张震．董邦达《四美具合幅图》的创作、陈设及其意涵．故宫博物院院刊，2012.3．

[302] 朱鸿伟．川西农村林盘文化资源的保护与利用．成都史志，2010．特刊．

[303] 朱良志．试论中国古代生命哲学——以"生"字为中心．传统文化与现代化，1996（2）．

规划、政府文本等非正式出版物

[304]《成都市城市总体规划（2016—2035年）》（送审稿）．

[305]《成都市中心城非城市建设用地城乡统筹规划——成都市"198"地区控制规划》，2007．

[306] 成都市城镇规划设计研究院．郫县川西林盘保护规划文本．2007．

[307] 成都市城镇规划设计研究院．郫县川西农居风貌保护性建设规划说明书．2007．

[308] 成都市城镇规划研究院．新津县川西林盘保护规划，2007．

[309] 成都市房产管理局．成都房地产契证品鉴．

[310] 成都市规划管理局. 成都市统筹城乡规划经验总结.

[311] 何炳棣. 国史上的"大事因缘"解密——从重建秦墨史实入手. 2010年5月清华大学演讲稿.

[312] 四川省成都天府新区总体规划（2010-2030）.

[313] 四川省统计局. 四川统计年鉴. 中国统计出版社，2006-2016.

[314] 中共成都市委成都市人民政府关于推进统筹城乡综合配套改革试验区建设的意见. 2007.

[315] 中共四川省成都市委成都市人民政府. 中共四川省成都市委成都市人民政府关于加强耕地保护进一步改革完善农村土地和房屋产权制度的意见（试行）. 2008.1.

后记

从 2008 年 4 月深入成都平原考察，接触到都江堰，到出版本书，一晃已经十年。

2006 年，我有幸进入清华大学，在吴良镛先生的指导下开展研究工作。回想那时，我的学术研究基础近乎"一张白纸"，至今天，能完成此书，初尝研学之乐，是与吴先生不断鼓励、耐心引导紧紧相连的。2008 年，吴先生在博爱医院康复期间便与我谈起论文方向与研究方法，希望我在生态方面有所研究，同时又提出要传统、西方、当代兼顾的高要求，并鼓励从传统做起，同时寻找线索延伸出来。我自觉传统文化功底浅薄，难以胜任，常感焦虑，吴先生却一直不断鼓励，教我如何发掘材料，建立体系，还曾在病床上专为我重读《小石潭记》，启发我如何从相同的经典文献中发现不同的解读可能，形成自己的观点，至今记忆犹新。之后我在吴先生的引领下全程参与国家最高科学技术奖支持项目——"中国人居史"这一重大课题，充分领略了中华五千年文明史中博大精深的人居文化，大大开阔了我的视野，激发了我运用历史方法开展研究的勇气。2013 年，我以《从都江堰灌区发展论成都平原人居环境的生态文明》为题完成了博士论文，获得了清华大学优秀博士论文一等奖。毕业后，我一度在香港大学任教，后又回到清华，虽然工作几经变化，但由于各种机缘，我对于都江堰灌区的关注非但没有减少反而日益增加，我也很幸运能够将这一地区的研究持续下来，形成一个阶段性的成果。

这本书的完成得到了很多学者、前辈和朋友的支持与帮助。感谢成都考古所的王毅、江章华、陈剑老师为考察成都平原人居环境古代遗址提供的帮助；感谢四川社会科学研究院的谭继和先生为我提供了清代成都房契资料，并耐心解答了我有关成都平原历史的相关问题；感谢中国城市规划设计研究院的刘剑锋（已任职北京建筑大学）、杨斌、陈怡星等同志为我提供了参与郫县战略规划工作的机会，为我提供了大量资料，并同行展开调查；感谢中国工程院"中国特色城镇化道路战略研究"课题组，为我提供的深入调查成都平原城镇化的机会；感谢都江堰规划周俊局长对该研究的大力支持，并提供了深入灌区开展人居环境调查的机会；感谢西南建筑设计研究院的黄淮海同学、赵坚学长在成都调研中的帮助；感谢四川大学吴潇老师近两年来的合作与支持。

衷心感谢清华大学建筑与城市研究所的各位老师，左川、毛其智、吴唯佳、武廷海、张悦、刘健、黄鹤等教授都在我博士论文研究过程中给予了诸多鼓励与帮助；感谢北京大学吕斌教授、重庆大学赵万民教授、西安建筑科技大学王树声教授对我博士论文提出的宝贵意见，他们的意见都成为本书完善工作中的重要指导。要特别感谢武廷海教授，不论在读博期间的集体工作中还是在我独立的职业发展中都给予了很多中肯的建议；更要特别感谢我的博士后合作导师景观学系的杨锐教授，在我博士后工作阶段为我提供了宽松而独立的研究环境、难得的对外交流机会，并传授了很多有关职业发展的宝贵经验。

感谢陈宇琳、李孟颖、孙诗萌、周政旭、郭璐等同窗好友的互相激励；感谢我的父母，他们的支持是我无尽的动力；更感谢我的爱人，有她共勉，让我勇于在学术的道路上大胆的前行。

生态文明新时代，回望历史，为的是展望未来，我相信这本书提供了一个有价值的议题。囿于本人学识，请各位同道不吝赐教，愿与大家共同探讨！

2018 年 8 月
清华园